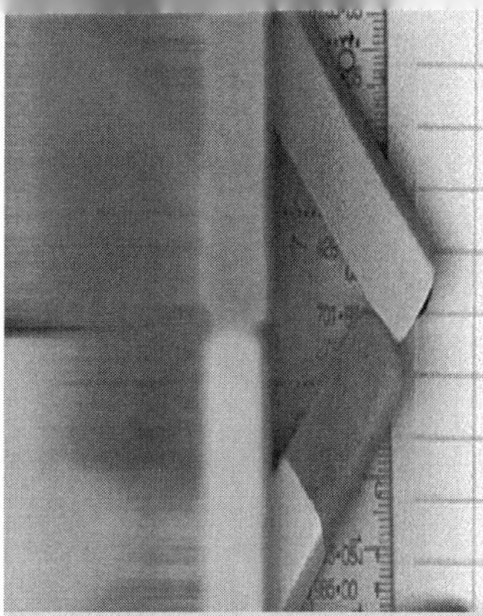

이공학을 위한

MATLAB 활용 수치해석

김군찬 · 김경찬 지음

KM 경문사

머리말

수치해석은 자연과학, 공학, 사회과학 등 많은 분야에서 유도되는 다양한 문제들의 해를 다루는 방법을 연구하고 나아가 컴퓨터를 이용하여 이들의 해를 수치적으로 구하는 학문이다. 수치해를 구하기 위해서는 프로그래밍 언어를 사용하여 프로그램을 작성해 주어야 하는데 이 책에서는 수치계산에 매우 적합한 MATLAB을 활용하였다. MATLAB은 포트란 또는 C-언어 보다 다루기가 편리하며 프로그래밍 언어에 대하여 잘 모르는 독자도 쉽게 접할 수 있는 수치계산용 소프트웨어이다.

이 책은 주어진 문제에 대한 수치해법의 유도과정을 살펴보고 해법의 이론과 원리를 이해하기 위하여 적절한 예제를 선정하고 다루었다. 그리고 예제에 대한 프로그램(M-파일)을 작성하여 컴퓨터로 실행시켜 수치해를 구하고 그 결과를 표로 나타내어 독자들이 전반적인 내용을 이해하는데 도움이 되도록 하였다. 이 책은 학부과정의 두 학기 강의용으로 구성하였으나 필요에 따라 강의 범위를 적절히 선정하여 한 학기 강의용으로 사용해도 무방하다. 특히 독자들이 MATLAB에 대하여 쉽게 이해하며 깊이 있게 배울 수 있도록 첫 두 장을 MATLAB의 사용법, 기본 명령어, MATLAB 프로그래밍, M-파일 작성, 기본적인 그래프, 고수준의 2, 3차원 그래픽 기능 등에 할애하였다.

이 책의 내용은

- 1장에서는 MATLAB의 사용법과 기본 명령어, MATLAB 프로그래밍, M-파일 작성 등을 다루고
- 2장에서는 MATLAB 그래픽 기능과 기본에서부터 고수준까지의 다양한 2, 3차원 그래프들의 작성에 대해서 살펴본다.
- 3장에서는 수치해석 관련 수학기초, 수의 표시법, 오차의 종류, 부동소수점에 대해서 알아보며
- 4장에서는 비선형 방정식의 해를 구하는 이분법, Newton 방법 등의 수치해법을 소개한다.
- 5장에서는 Lagrange, Newton, spline 보간법을
- 6장에서는 1계, 2계도함수의 근사공식을 이용한 수치미분과 사다리꼴법칙, 심슨법칙,

Gaussian적분과 같은 수치적분을 다룬다.

- 7장에서는 선형 연립방정식의 해를 구하는 직접적인 수치방법과 반복적인 수치방법에 대해서 살펴보고
- 8장에서는 비선형 연립방정식의 수치해법인 Newton 방법을 다룬다.
- 9장에서는 상미분방정식의 해를 구하는 간단한 Euler 방법부터 시작하여 4차 Runge-Kutta 방법, 다단계 방법까지 여러 수치해법을 유도하고 장단점을 비교 분석한다.
- 10장에서는 선형, 비선형 최소자승법을
- 11장에서는 고유값을 다루는 다양한 수치방법에 대해서 알아본다.
- 12장에서는 경계값 문제를 해결하는 사격법과 유한차분법을 살펴보고
- 13장에서는 포물형, 타원형, 쌍곡형의 편미분방정식의 해를 구하는 수치해법을 다룬다.

수치해석은 이론과 방법론도 중요하지만 작성된 프로그램에 대한 실행과 수치의 의미, 결과 분석 등 많은 실습과 경험을 가져보아야 한다. 따라서 각 장 끝 부분에 이론에 관한 연습과 실습을 할 수 있는 문제들을 적절하게 수록하였고 각 장마다 개인 또는 조별로 도전할 수 있는 프로젝트도 삽입하였다. 각 장의 이론 관련 예제에 대한 풀이는 가능하면 독자들의 이해를 높이기 위하여 자세히 기술하였다. 실습 관련 예제에 대한 MATLAB 프로그램은 M-파일로 작성하였으며 예제 위주로 코드화하였기 때문에 다른 문제를 다루고 싶을 땐 기존의 M-파일에 적절히 수정을 해 주면 된다.

여러 가지 미비한 점이 많으리라 생각되지만 이 교재를 통하여 수치방법을 통한 문제해결 능력을 배양하고 나아가 MATLAB의 사용법과 기능을 익히는데 많은 도움이 되기를 바란다. 이 책의 출판을 위해 많은 노력을 해 주신 경문사 임직원 여러분께 진심으로 감사의 말씀을 드린다.

2007년 6월
저자 씀

차 례

제2장 MATLAB 그래픽

제3장 수학적 기본 개념과 진법 및 오차

제4장 비선형 방정식의 수치해법

제9장 상미분방정식의 수치해법

제10장 최소자승법

제11장 고유값 문제

제12장 경계값 문제

제13장 편미분방정식의 수치해법

제 1 장

MATLAB 사용법

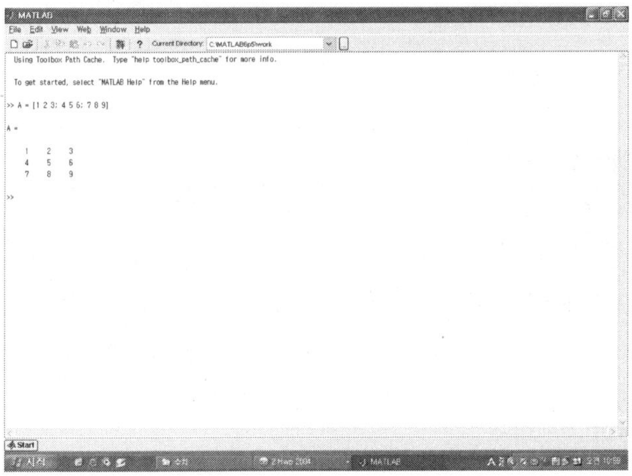

이 장의 내용

제 1 장

MATLAB 사용법

MATLAB은 행렬과 벡터 연산을 기초로 하여 과학계산을 할 수 있는 대화형 프로그래밍 언어를 제공한다. 특히 프로그램과 함수 및 데이터를 쉽게 그래프로 표현할 수 있는 기능 사용자 메뉴를 쉽게 만들 수 있는 기능(GUI)을 제공한다. 또한 신호처리와 신경회로망, 최적화 등의 계산이 가능하도록 추가 가능한 분야별 응용 프로그램인 toolbox와 동적 시스템을 그래픽하게 시뮬레이션 할 수 있게 하는 SIMULINK도 제공한다(그림 1.1 참조).

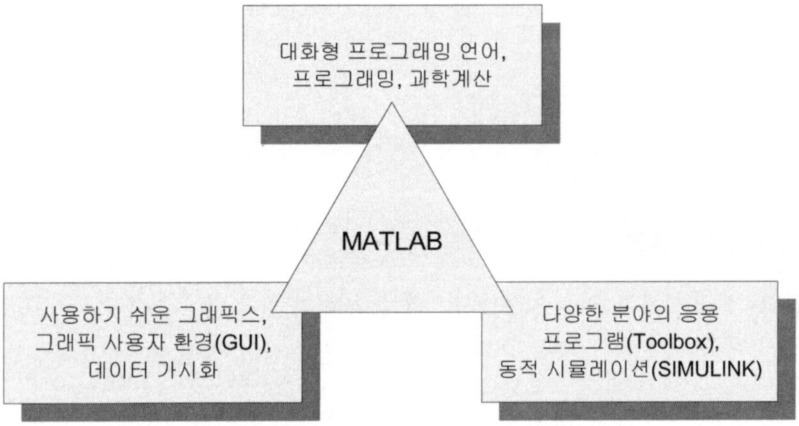

그림 1.1 MATLAB의 구성

이 장에서는 대화식 계산을 위한 MATLAB의 명령어를 간단하게 소개하고, 내장함수에 대한 이해와 MATLAB의 도움말(help) 기능 사용법, 수치해석에 필요한 실수와 복소수를 지정하는 방법, 배열과 행렬의 사용법, 수식을 구성하는 방법, 그래프를 그리는 방법 등에 대해서 다룬다.

1.1 개요

MATLAB은 MATrix LABoratory의 단어가 의미하는 것과 같이 프로그래밍 언어를 잘 모르는 사람도 행렬연산이 가능하도록 대화적 처리 방법으로 개발된 언어이다. 그러나 현재는 행렬연산뿐만 아니라, 수치해석, 신호처리 및 간편한 그래픽 기능 등을 통합하여 고성능의 과학계산 및 결과의 가시화 기능을 제공한다. 따라서 물리현상에 대한 기술을 상세하게 할 수 있으면서도, 대화형의 실행에 의해서 모델의 변수와 인수의 변경이 가능하므로 동적인 수치실험이 가능하다.

MATLAB은 문법이 간단하고 정수형 실수형 등의 변수를 미리 지정할 필요가 없으며 배열의 크기를 미리 지정할 필요가 없다. 또한 행렬계산이 간단하며 계산 결과를 간단한 명령문을 사용하여 즉시 눈으로 확인(가시화)할 수 있으므로, 지금까지 개발되어 사용되는 프로그래밍 언어들 중에서 수치해석 분야에 가장 적합한 언어라고 할 수 있다.

1.2 기본적 사항

1.2.1 MATLAB의 실행

MATLAB을 표시하고 있는 아이콘을 더블 클릭하면 그림 1.2와 같은 명령창이 열리게 된다.

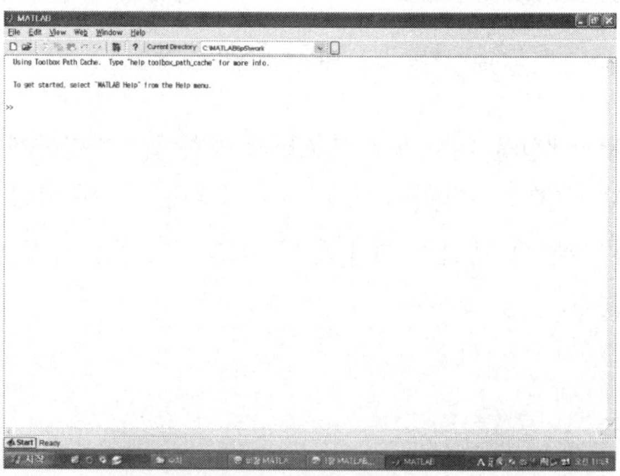

그림 1.2 MATLAB 6.5 버전의 명령창

MATLAB 프로그램의 프롬프트는 위와 같이 일반 버전에서는 '≫'로 표시되나 학생용 버전에서는 'EDU≫' 또는 'EDU?'(한글 윈도우에서)로 표시된다. 학생용 버전 이외의 일반적 사용을 위해서 본서에서는 '≫'의 프롬프트를 사용한다. 프롬프트는 명령어를 받아들이는 기능을 하므로, 사용자는 프롬프트에서 MATLAB 명령어를 입력하고 실행할 수 있다. 예를 들면,

```
≫1+2
```

를 프롬프트에서 입력하고 Enter 키를 치면, MATLAB은 다음과 같이 실행한다.

```
ans =
      3
```

사용하고 있는 창을 깨끗이 지우고 싶을 때는 아래와 같이 입력한다.

```
≫clc
```

1.2.2 MATLAB의 경로(path)

프롬프트에서

```
≫path
```

를 입력하면, 다음과 같이 기본 경로인 MATLABPATH가 출력된다.

```
        MATLABPATH

d:\matlab\toolbox\matlab\general
d:\matlab\toolbox\matlab\ops
d:\matlab\toolbox\matlab\lang
d:\matlab\toolbox\matlab\elmat
              ⋮
```

```
d:\matlab\toolbox\signal
d:\matlab\toolbox\control
d:\matlab\toolbox\control\obsolete
d:\matlab\toolbox\local
```

MATLAB에서 대부분의 명령어와 함수는 'M-파일'로 구성되어 있다. 이러한 명령어와 함수의 파일들은 기본 경로 내에 저장되어 있으며, 사용자가 작성한 M-파일도 기본 경로 내에 있어야 MATLAB에서 불러 사용할 수 있다. 이 기본 경로에 자신이 사용하는 'work'라는 이름의 부경로(subdirectory)를 등록하고자 할 때에는 MATALB의 메뉴창에서 'File'을 선택하고 부메뉴에서 'Set Path'를 선택하면 경로를 추가 또는 새로 설정할 수 있다.

1.2.3 도움말(help) 기능

프롬프트에서 'help' 명령을 입력하면,

```
≫help
```

다음과 같이 MATLAB 명령어에 대한 기본적인 정보를 도움말로 얻을 수 있다.

```
        HELP topics:

matlab\general     -  General purpose commands.
matlab\ops         -  Operators and special characters.
matlab\lang        -  Programming language constructs.
matlab\elmat       -  Elementary matrices and matrix manipulation.
                      ⋮
toolbox\symbolic -  Symbolic Math Toolbox.
toolbox\signal     -  Signal Processing Toolbox.
toolbox\control    -  Control System Toolbox.
control\obsolete   -  (No table of contents file)
toolbox\local      -  Preferences.
```

For more help on directory/topic, type "help topic".

어떤 특정한 명령어에 대한 자세한 도움말을 알고자 할 때에는 help 다음에 자세히 알고자 하는 명령어를 입력하면 된다. 예를 들어 기초 수학 함수를 알고 싶을 때, 프롬프트에서

```
≫help elfun
```

을 입력하면, 기초 수학 함수에 관한 도움말이 다음과 같이 자세하게 나타난다.

```
Elementary math functions.

Trigonometric.
  sin        - Sine.
  sinh       - Hyperbolic sine.
  asin       - Inverse sine.
  asinh      - Inverse hyperbolic sine.
  cos        - Cosine.
  cosh       - Hyperbolic cosine.
  acos       - Inverse cosine.
  acosh      - Inverse hyperbolic cosine.
  tan        - Tangent.
  tanh       - Hyperbolic tangent.
  atan       - Inverse tangent.
  atan2      - Four quadrant inverse tangent.
  atanh      - Inverse hyperbolic tangent.
  sec        - Secant.
  sech       - Hyperbolic secant.
  asec       - Inverse secant.
  asech      - Inverse hyperbolic secant.
  csc        - Cosecant.
```

csch	- Hyperbolic cosecant.
acsc	- Inverse cosecant.
acsch	- Inverse hyperbolic cosecant.
cot	- Cotangent.
coth	- Hyperbolic cotangent.
acot	- Inverse cotangent.
acoth	- Inverse hyperbolic cotangent.

Exponential.

exp	- Exponential.
log	- Natural logarithm.
log10	- Common (base 10) logarithm.
log2	- Base 2 logarithm and dissect floating point number.
pow2	- Base 2 power and scale floating point number.
sqrt	- Square root.
nextpow2	- Next higher power of 2.

Complex.

abs	- Absolute value.
angle	- Phase angle.
conj	- Complex conjugate.
imag	- Complex imaginary part.
real	- Complex real part.
unwrap	- Unwrap phase angle.
isreal	- True for real array.
cplxpair	- Sort numbers into complex conjugate pairs.

Rounding and remainder.

fix	- Round towards zero.
floor	- Round towards minus infinity.
ceil	- Round towards plus infinity.
round	- Round towards nearest integer.

```
mod       - Modulus (signed remainder after division).
rem       - Remainder after division.
sign      - Signum.
```

또한 사용자가 만든 M-파일의 정보도 얻을 수 있다. 예를 들어 사용자가 만든 M-파일이 'test.m'이고 그 내용이 다음과 같을 경우,

```
% cosine 함수의 그래프 출력
x = 0 : 0.01 : 5*pi ;
y = cos(x) ;
plot(x, y)
```

MATLAB 프롬프트에서 'help test'를 실행하면 다음과 같이 된다.

```
≫help test

    cosine 함수의 그래프 출력
```

즉, 'test.m' 파일의 제일 앞에 있는 %문에 있는 문장이 도움말로 화면에 표시된다. 그러나 Help 다음 항목이 MATLAB 내부 명령어가 아니거나 MATLAB 경로상의 M-파일이 아닐 경우에는 그 항목을 찾을 수 없다. 이때에는 검색 명령어인 'lookfor'를 사용하면 찾고자 하는 항목과 관련된 모든 내용을 검색할 수 있다. MATLAB에서 기호 '%'는 주석을 의미한다. 따라서 % 다음에 오는 문장은 실행하지 않는다. 기호 ';'는 한 문장의 끝을 나타내거나 출력 내용을 화면에 보이지 않게 하는 역할을 한다. 기호 ':'는 반복 실행 때 시작값, 증감값, 종료값을 구분하는데 사용하거나 벡터를 생성하고 행렬의 한 행의 끝을 나타낼 때 사용한다.

도움말에 명령어와 함수에 관한 설명과 사용법이 상세하게 설명되어 있으므로 사용자 매뉴얼을 별도로 보지 않고 도움말만으로도 MATLAB 사용에 어려움이 없다. M-파일은 문서작성기(MATLAB 문서작성기, 메모장 등)로 작성하여 MATLAB 6.5 디렉터리 내의 WORK 폴더에 저장해야 한다.

1.2.4 MATLAB의 종료와 저장

MATLAB을 종료하기 위해서는 프롬프트에서

≫quit

또는

≫exit

를 입력한다. 그러나 이렇게 MATLAB을 종료하면 작업공간(workspace)에 존재하는 모든 변수들을 삭제하게 된다.

만일 지금까지 사용자가 작업한 모든 과정을 텍스트 파일로 저장하고 싶을 때, 다음 명령어를 사용하면

≫diary fname

그래픽을 제외한 모든 입력·출력을 파일 'fname'에 저장한다.

지금까지 사용자가 사용한 변수를 저장하였다가 다시 사용하고자 할 때, 다음 명령어를 사용하면

≫save fname A B C

변수들을 파일 'fname.mat'에 변수 'A', 'B', 'C'를 저장한다. 이 파일에 저장된 변수들을 다시 불러 사용하고자 할 때,

≫load fname

라고 입력하면 파일 'fname.mat'에 있는 모든 변수들이 현재의 작업공간으로 불러들여진다. 'save' 명령에 특정한 파일의 이름과 변수들의 이름을 지정하지 않으면 'MATLAB.mat'라는 설정된 이름의 파일에 모든 변수들을 저장한다. 단, 'save' 명령어에 의해 확장자가 'mat'인 파일로 저장되면 내용이 이진수(binary)로 되어 있기 때문에 문서 편집기를 사용하여 읽거나 편집할 수 없다. 그러나 확장자가 'mat'가 아닌 ASCII

파일은 'load' 명령어를 사용하여 읽어 들일 수 있다. 이때 파일 이름이 읽어 들이는 변수 이름이 된다.

1.3 MATLAB 기본 명령어

1.3.1 행렬의 입력 방법

MATLAB에서 행렬은 사각 배열($m \times n$)을 기본 형식으로 하며, 행렬의 원소로는 실수나 복소수이며 문자도 사용 가능하다. 1×1의 스칼라와 하나의 행($1 \times n$) 또는 하나의 열($m \times 1$)만으로 구성된 벡터도 포함된다. MATLAB에서 사용되는 행렬 입력 규칙은 다음과 같다.

- 행렬 원소들은 행으로 입력
- 원소들은 빈칸 또는 쉼표를 사용하여 분리
- 전체 원소들은 대괄호([ ])로 둘러 쌈
- 행의 끝에 세미콜론(;)을 붙이거나 Enter를 넣어 행을 구분

예를 들면 다음과 같이 명령창의 프롬프트에서 행렬을 입력할 수 있다.

```
≫A = [1 2 3 ; 4 5 6 ; 7 8 9]
```

또는

```
≫A = [1 2 3
      4 5 6
      7 8 9]
```

다른 방법으로 M-파일을 사용하여 구성한 행렬을 불러들이는 방법이 있다. 만일 'matrixA.m' 파일이 다음의 내용을 갖고 있을 때,

```
A = [1 2 3 ; 4 5 6 ; 7 8 9]
```

MATLAB 프롬프트에서 다음과 같이 입력하면,

```
≫matrixA
```

MATLAB은 'matrixA.m'을 읽어 행렬 A를 생성한다. 그 외에 내부명령 또는 함수들을 사용하여 행렬을 생성할 수도 있으며, load 명령이나 fread 함수를 사용하면 이전의 작업에서 생성하여 저장하였던 행렬이나 다른 프로그램에서 만든 행렬들을 불러올 수 있다.

MATLAB은 스칼라 변수나 행렬 변수를 지정할 때, 다른 프로그래밍 언어들과 달리 차원의 선언이나 형선언이 필요 없다. 컴퓨터가 사용 가능한 크기까지 자동적으로 저장 공간을 할당해 준다.

1.3.2 행렬의 원소들

MATLAB에서 사용되는 수치, 함수, 수식, 문자 등의 임의의 표현들은 모두 행렬의 원소로 사용될 수 있다. 단 수치, 함수 또는 수식을 문자와 함께 행렬의 원소로 지정할 수 없다.

```
≫x = [-1.5    exp(1.5)    2*3/4]
  x =
       -1.5000       4.4817       1.5000

≫y = ['Hello' ; 'x''y''z']
  y =
       Hello
       xyz
```

행렬의 원소 중에 어느 한 원소만을 추가하거나 바꾸고 싶을 때는 인수(index)를 지정하고 원하는 값을 입력하면 된다. 예를 들어 x = [1 2 3 4 5]인 경우, x의 5번째 원소 x(5)를 첫 번째 원소 x(1)의 값으로 바꾸면

```
≫x = [1  2  3  4  5]
```

```
x =
      1     2     3     4     5

≫x(5) = x(1)
x =
      1     2     3     4     1
```

새로운 행렬을 생성할 때 자신의 행렬을 이용하여 만들 수 있다. 행을 추가하고 싶으면 자신의 행렬 A뒤에 세미콜론(;)을 사용하여 벡터를 추가하면 되고, 열을 추가하고 싶으면 자신의 행렬 A뒤에 행의 크기가 같은 벡터를 그냥 적어 주면 된다.

```
≫x = [5  6] ;

≫A = [1  2 ;  3  4]

≫A = [A ;  x]
A =
      1     2
      3     4
      5     6

≫y = [5 ;  6] ;

≫A = [1  2 ;  3  4]

≫A = [A  y]
A =
      1     2     5
      3     4     6
```

명령어 size는 행렬의 크기를 length는 벡터의 길이를 구해준다. 위의 경우 size(A)라고 입력하면 '2   3', length(y)라고 입력하면 '2'라는 결과가 출력된다.

1.3.3 복소수와 복소행렬

MATLAB에서는 어떤 숫자 뒤에 'i' 또는 'j'를 붙임으로써 복소수를 표현한다. 다음의 예는 몇 가지 복소수 표현을 보여준다.

```
≫z = 1+2i
  z =
      1.0000+2.0000i

≫z1 = 1-2*j
  z1 =
      1.0000-2.0000i

≫z2 = sqrt(-2)
  z2 =
      0+1.4142i

≫z3 = 3+sin(.5)*i
  z3 =
      3.0000+0.4794i
```

복소행렬을 입력할 때 주의할 사항은 '+' 또는 '−' 부호 전후에 공백을 두어서는 안된다는 것이다. 만약 복소행렬을 '1+2i'와 같이 입력한다면, 이 값은 '1+2i'의 한 개의 원소가 아니라 '1'과 '2i'의 두 개의 원소로 인식될 것이다. 그러나 행렬의 원소가 아닌 하나의 수식을 입력하는 경우라면 공백이 있어도 상관없다. 다음의 예는 복소행렬을 나타낸 것이다.

```
≫z = [1+2i  3+4i ;  5+6i  7+8i]
  z =
      1.0000+2.0000i    3.0000+4.0000i
      5.0000+6.0000i    7.0000+8.0000i
```

1.3.4 MATLAB 수식과 변수들

MATLAB은 해석언어(interpreter)이기 때문에 입력된 수식을 해석하고 계산을 수행한다. MATLAB의 산술문은 다음과 같은 형태를 갖는다.

```
≫변수 = 수식
```

또는

```
≫수식
```

수식은 연산자, 함수, 변수 등으로 구성될 수 있으며, 이 수식을 계산한 결과는 행렬로 생성된다. 수식 뒤에 ';'를 붙이지 않으면 수식의 결과가 변수에 할당되는 동시에 화면에도 표시되며, 변수를 지정하지 않았을 때는 수식의 결과가 해답(answer)을 의미하는 'ans'라는 변수에 자동으로 할당된다. 다음은 산술문의 예이다.

```
≫x = exp(2)
  x =
      7.3891

≫exp(3)
  ans =
      20.0855

≫y = exp(4) ;
≫
```

위에서와 같이 ';'를 사용하면 결과를 화면에 출력하지 않는다. 그러나 MATLAB에서는 이 변수를 y에 기억하고 있으며, y를 호출해서 확인할 수 있다.

```
≫y =
      54.5982
```

하나의 수식이 너무 길어서 한 줄에 모두 나타낼 수 없을 때는 각 줄마다 적당한 위치에서 하나 이상의 공백과 생략기호('. . .')를 붙이고 Enter 키를 누른 후 다음 줄에 계속 이어 쓰면 된다.

```
≫S = 1-1/2+1/3-1/4+1/5-1/6+1/7-1/8+1/9 . . .
      -1/10+1/11-1/12+1/13
```

MATLAB에서는 영문자로 시작되는 19자 이하의 문자 및 숫자를 사용하여 변수 또는 함수의 이름으로 지정할 수 있다. 또한 MATLAB에서는 대문자와 소문자를 구별하며, 함수의 이름은 항상 소문자이어야 한다. 즉 'A'와 'a'는 서로 다른 변수로 인식되며, 'inv(A)'는 행렬 A의 역행렬을 의미하지만 'INV(A)'는 사용자가 특별히 정의하지 않는 한 정의되지 않은 함수(undefined function)로 취급된다.

MATLAB 수식에서는 소수점과 음수 부호(−)를 포함한 전통적인 십진 기수법을 사용하며, 10의 거듭제곱(E 또는 e)과 복소수를 나타내는 접미사(i 또는 j)를 사용할 수 있다.

수식의 계산에 사용되는 산술 연산자들은 다음과 같으며,

+	더하기(addition)
−	빼기(subtraction)
*	곱하기(multiplication)
/	오른 나누기(right division)
\	왼 나누기(left division)
^	거듭제곱(power)

일반적인 수식에 사용되는 것들과 같다. 또한 연산의 우선순위도 마찬가지이다. 나누기의 경우 두 가지의 나누기가 있는데 이것은 행렬 연산의 편의를 위한 것이다. 산술연산의 경우 오른 나누기와 왼 나누기는 같은 값을 갖게 되지만, 행렬 연산의 경우 다른 결과를 가진다.

특수한 상수로 'inf'는 '1/0'의 무한대를 의미하고, 'NaN'은 '0/0' 또는 'inf/inf'와 같은 무의미한 수 즉 부정을 의미한다.

1.3.5 출력 형식

MATLAB에서는 산술문의 결과가 화면에 표시되며, 이때 표현되는 수치의 자릿수는

MATLAB의 기본 설정 값에 따라 정해져 있다. 표현의 형식을 변경하기 위해서 'format'이라는 명령을 제공하고 있다. 그러나 'format' 명령은 변수의 내용을 형식에 따라 실제로 정밀도를 바꾸는 것이 아니라, 단지 화면상에 표시되는 수치의 표현 형식만을 변경시킬 뿐이다.

```
≫pi
  ans =
        3.14159265358979

≫format short ; pi
  ans =
        3.1416

≫format short e ; pi
  ans =
        3.1416e+000

≫format long ; pi
  ans =
        3.14159265358979

≫format long e ; pi
  ans =
        3.141592653589793e+000

≫format bank ; pi
  ans =
        3.14

≫format hex ; pi
  ans =
        400921fb54442d18
```

다음 표는 여러 가지 표현 형식과 그에 따라 표시되는 결과를 나타낸 것이다.

표현 형식	pi(π)	1.23456e-5	-12345.6
short	3.1416	1.2346e-005	-1.2346e+004
short e	3.1416e+000	1.2346e-005	-1.2346e+004
long	3.14159265358979	1.234560000000000e-005	-1.234560000000000e+004
long e	3.141592653589793e+000	1.234560000000000e-005	-1.234560000000000e+004
bank	3.14	0.00	-12345.60
hex	400921fb54442d18	3ee9e3fe580f5495	c0c81cccccccccd
+	+	+	-

1.3.6 작업공간에 대한 정보

MATLAB에서는 작업공간(workspace)이라고 부르는 메모리 영역에 사용한 변수들이 저장된다. 이러한 작업공간에서 사용된 변수들을 알아보기 위해서는 다음과 같이 하면 된다.

```
≫who
Your variables are:
A        i        x        y        z
```

현재 MATLAB 작업공간에서 사용자가 사용하는 변수는 A, i, x, y, z이다. 저장된 변수에 대해 좀 더 자세히 알아보기 위해서 'whos' 명령어를 사용한다.

```
≫whos
Name        Size        Bytes  Class
A           4x3          96   double array
i           1x1           8   double array
x           1x5          40   double array
y           2x3          12   char array
z           1x1          16   double array (complex)
Grand total is 25 elements using 172 bytes
```

'whos'를 사용하면 현재 작업공간상에 존재하는 변수들에 대해 크기와 데이터 형들에 관한 자세한 정보를 얻을 수 있다.

MATLAB 작업공간에 어떤 변수가 정의되어 있는지를 알기 위해서는 명령어 exist를 사용하면 된다.

```
≫exist('x')
  ans =
        1
```

만일 변수 x가 정의되어 있으면 1이 출력되고, 그렇지 않으면 0이 출력된다.

1.3.7 기본 수학 함수

MATLAB에서 기본적으로 많이 쓰이는 수학함수들을 요약하면 표 1.1과 같다.

표 1.1 기본 수학 함수

수학 함수	의미
abs(x)	|x|
cos(x)	cosine
sin(x)	sine
tan(x)	tangent
asin(x)	arc sine
acos(x)	arc cosine
atan(x)	arc tangent
sinh(x)	hyperbolic sine
cosh(x)	hyperbolic cosine
tanh(x)	hyperbolic tangent
exp(x)	e^x
log(x)	ln x
log10(x)	log10 x
rand(n)	난수
randn(n)	정규분포 난수
sqrt(x)	$\sqrt{x}$
rem(x,y)	x를 y로 나눈 나머지

수학 함수의 사용에 대해서 몇 가지 예를 든다면 cos(pi)는 $\cos\pi = -1$, exp(−1)은 e^{-1}, log(1)은 $\ln 1 = 0$, rem(5,3) = 2를 의미한다.

1.4 행렬 및 벡터의 연산

1.4.1 전치 행렬

MATLAB에서는 어떤 행렬의 전치 행렬을 표시하기 위해서 작은따옴표(')를 사용한다.

```
≫A = [1 2 3 ; 4 5 6 ; 7 8 9 ; 1 3 5]
  A =
       1    2    3
       4    5    6
       7    8    9
       1    3    5

≫A'
  ans =
       1    4    7    1
       2    5    8    3
       3    6    9    5
```

작은따옴표(')는 A'와 같이 행렬 변수에 붙일 수도 있고, [1 2 3]'와 같이 행렬 표현 자체에 붙일 수도 있다.

복소행렬의 경우 작은따옴표를 붙이면 단순한 전치 행렬이 아닌 공액 복소전치행렬을 얻게 된다. 그러므로 복소전치행렬을 수행하기 위해서는 전치한 행렬에 공액(conj)을 취하면 된다.

```
≫Z = [1−2i 3+4i 5−6i ; 2+1i 4−3i 6+5i]
  Z =
```

```
    1.0000-2.0000i   3.0000+4.0000i   5.0000-6.0000i
    2.0000+1.0000i   4.0000-3.0000i   6.0000+5.0000i

≫Z'
  ans =
      1.0000+2.0000i   2.0000-1.0000i
      3.0000-4.0000i   4.0000+3.0000i
      5.0000+6.0000i   6.0000-5.0000i

≫conj(Z')
  ans =
      1.0000-2.0000i   2.0000+1.0000i
      3.0000+4.0000i   4.0000-3.0000i
      5.0000-6.0000i   6.0000+5.0000i
```

1.4.2 행렬의 사칙연산

행렬의 덧셈과 뺄셈

행렬의 덧셈 및 뺄셈에는 숫자의 덧셈 및 뺄셈과 마찬가지로 '+'와 '−'기호를 사용한다. 단 행렬 연산의 대상이 되는 두 행렬의 차원이 같아야 한다. 행렬 또는 벡터의 덧셈과 뺄셈은 각 행렬의 같은 위치, 즉 행렬 상의 색인이 같은 원소끼리 이루어진다. 서로 차원이 다른 경우에 연산이 불가능하지만, 예외적으로 1×1 행렬인 스칼라의 경우에는 어떤 한 행렬이나 벡터와도 연산이 가능하다. 이 경우에는 행렬이나 벡터의 모든 원소들에 스칼라를 더하거나 빼면 된다.

```
≫A = [1  2  3 ;  4  5  6] ;

≫B = [1  3  5 ;  2  4  8] ;

≫C = A+B
  C =
     2     5     8
```

```
        6     9    14

≫D = C-6
  D =
       -4    -1     2
        0     3     8
```

행렬의 곱셈

행렬의 곱셈은 '*'를 사용하여 표시한다. 연산의 대상이 되는 두 행렬 또는 벡터의 내부 차원(inner dimension)이 일치할 경우에만 정의된다. 즉, 행렬 A가 $m \times p$이고 행렬 B가 $q \times n$이면 행렬 A와 B의 곱셈은 $p = q$일 때 가능하며, 두 행령의 곱 AB는 $m \times n$ 행렬이 된다.

```
≫A = [1  2  3 ;  4  5  6]
  A =
        1     2     3
        4     5     6

≫B = [1  2 ;  3  4 ;  5  6]
  B =
        1        2
        3        4
        5        6

≫A*B
  ans =
        22       28
        49       64
```

행렬의 나눗셈

MATLAB에서 행렬의 나눗셈은 사용 용도가 다른 왼 나누기(left division) '\'(한글 윈도우에서는 '\'로 표시)와 오른 나누기(right division) '/'의 두 가지가 있다. 행렬의 나눗셈은 스칼라와는 달리 일반적으로 왼 나누기와 오른 나누기의 결과가 일치하지 않는다. 행렬 A가 역행렬을 갖는 정방 행렬이면 선형 방정식 Ax = b의 해 x를 구하기 위해 다음 왼 나눗셈을 사용한다.

A*x = b의 해 : x = A\b (x = inv(A)*b와 동일하며 inv(A)는 A의 역행렬을 의미한다)

```
≫A = [3 5 −3 ; 5 3 2 ; 2 1 −3] ;

≫b = [8 22 1]'
  b =
        8
       22
        1

≫x = A\b
  x =
       3.0000
       1.0000
       2.0000

≫inv(A)*b
  ans =
       3.0000
       1.0000
       2.0000
```

오른 나눗셈은 행렬 방정식 X*A = B의 해 X를 구하기 위해 사용한다.

x*A = b의 해 : x = b/A (x = b*inv(A)와 동일하다)

오른 나눗셈 ‘B/A’는 다음과 같은 왼 나눗셈과 같다.

B/A = (A‘\B’)'

1.4.3 벡터와 행렬의 연산 및 조작

스칼라의 생성

행렬에서 한 행이나 한 열만으로 존재하는 것을 행벡터와 열벡터라고 하고, 한 행과 한 열만으로 존재하는 것을 스칼라(상수)라고 한다. 스칼라의 생성은 다음과 같이 여러 가지 방법으로 할 수 있다.

아래와 같이 명령창에서 직접 입력할 수 있다.

```
≫a = 5
```

M-파일을 이용하여 생성할 수 있다. 문서 편집기를 사용하여 다음의 내용을 'scalar.m' 파일에 저장하고 명령창에서 scalar를 입력하여 사용한다.

```
% This is M-file for scalar input example
a = 5 ;

≫scalar
```

위에서 시행한 'scalar' 명령어를 통해서 스칼라 a가 생성되었는지 다음과 같이 확인해 볼 수 있다.

```
≫a
  a =
        5
```

문서 편집기를 사용하여 'a.txt' 파일에 ASCII 수치 데이터 5를 입력시켜 저장한 다음 'load' 명령어를 사용하여 파일로부터 스칼라 데이터를 읽어올 수 있다. 단, 확장자를 제외한 파일의 이름이 변수의 이름이 된다.

```
≫load a.txt
```

벡터의 생성

벡터를 만들고자 할 때는 '시작값 : 증분값 : 최종값'의 형식으로 지정하면 된다. 증분값을 지정하지 않고 '시작값 : 최종값'의 형태로 입력하면 자동적으로 증분값은 1이 된다.

```
≫x = 1 : 5
  x =
      1     2     3     4     5

≫y = 0 : .5 : 2
  y =
      0     0.5000    1.0000    1.5000    2.0000

≫z = 3 : −1 : −3
  z =
      3     2     1     0     −1     −2     −3
```

위와 같이 콜론(:)을 사용하여 벡터를 생성하면 기본적으로 행벡터(row vector)가 생성된다. 열벡터(column vector)로 만들고자 한다면 작은따옴표(')를 사용하여 열벡터로 전환시키면 된다.

```
≫x = (0 : 0.3 : 3)' ;

≫y = exp(x) ;

≫[x  y]
  ans =
        0           1.0000
        0.3000      1.3499
        0.6000      1.8221
        0.9000      2.4596
        1.2000      3.3201
        1.5000      4.4817
        1.8000      6.0496
        2.1000      8.1662
```

```
    2.4000      11.0232
    2.7000      14.8797
    3.0000      20.0855
```

그 밖의 벡터 생성 함수로는 대수적으로 등간격인 벡터를 생성하는 logspace와 원소들 간의 간격이 아닌 원소의 개수를 지정하여 선형적으로 벡터를 생성하는 linspace가 있다. 예를 들면, logspace(a, b, n)는 n개의 점들을 10^a와 10^b사이에서 생성하고 linspace(a, b, n)은 n개의 균등한 점들을 a와 b사이에서 만들어 낸다.

첨자 붙이기

MATLAB에서는 첨자(subscript)를 사용함으로써 행렬의 각 원소들을 표시할 수 있다. 즉 행렬의 이름 다음에 오는 괄호 안에 첨자(원소의 인수)를 입력함으로써 해당원소를 표시할 수 있다. 첨자에 정수대신 수식을 사용할 경우에는 그 수식의 결과 값과 가장 가까운 정수가 대입되어 원소의 인수로 사용된다.

```
≫A = [1 2 3 ; 4 5 6 ; 7 8 9]
 A =
      1   2   3
      4   5   6
      7   8   9

≫A(1,1) = A(2,2)−A(3,3)
 A =
     −4   2   3
      4   5   6
      7   8   9

≫A(1.24*2, 6/2.5)
 Warning : Subscript indices must be integer values.
 ans =
      5
```

행렬에 벡터 첨자를 사용하여 행렬내의 일부분, 즉 부행렬(submatrix)을 지정할 수 있다. 부행렬의 지정방법은 'A(시작행 : 끝행, 시작열 : 끝열)'이다. 예를 들어 행렬 A가 10×10의 정방 행렬이라고 가정하면, A(1 : 5, 3)는 1행부터 5행까지의 원소 중에 3번째 있는 원소들(열벡터)을 의미한다. A(1 : 5, 5 : 10)는 1행부터 5행까지의 원소 중 7열부터 10열까지의 원소들(5×3의 부행렬)을 의미하고, A(:, 5)는 5번째열에 있는 원소들(10×1의 열 벡터)을 의미하며, A(1 : 2, :)는 1행부터 2행까지의 모든 원소들(2×10의 부행렬)을 의미한다.

벡터를 행렬의 첨자로 사용하면 각 벡터의 원소들이 행렬의 첨자로 지정된다. x와 y가 벡터일 때 'A(x,y)'라고 입력하면 행렬 A의 원소들 중에서 벡터 x의 원소들과 벡터 y의 원소들이 각각 행 첨자와 열 첨자를 나타내는 행렬 A의 원소들로 구성된 새로운 행렬을 만든다. 예를 들면, x가 1, 2, 3이고 y가 3, 2, 1인 벡터라 하고 A는 아래와 같다고 할 때 A(x,y)와 A(y,x)를 나타낸 것이다.

```
≫A
  A =
        1     2     3
        4     5     6
        7     8     9

≫A(y,x)
  ans =
        3     2     1
        6     5     4
        9     8     7

≫A(x,y)
  ans =
        7     8     9
        4     5     6
        1     2     3
```

원소로 콜론 하나만 있는 'A(:)'의 경우, 'A(:)'가 산술문에서 등호(=)의 우측에 있을 때에는 행렬 A의 원소들이 열 위주로 일렬로 된 열벡터가 구성된다. 그리고 'A(:)'가 등호(=)의 좌측에 놓이게 되면 행렬의 형태 또는 크기를 바꾸게 된다.

```
≫A = [1  2 ; 3  4]
 A =
      1     2
      3     4

≫b = A(:)
 b =
      1
      3
      2
      4

≫A(:) = 2 : 2 : 8
 A =
      2     6
      4     8
```

다음과 같이 행렬 $A = (a_{ij})$의 원소 또는 일부 원소를 이용한 부행렬을 구성할 수 있다.

A(i, j)	행렬 A의 원소 a_{ij}를 선택
A(:, j)	행렬 A의 j번째 열을 선택
A(i, :)	행렬 A의 i번째 행을 선택
A(:, q:r)	행렬 A의 q번째 열부터 r번째 열까지 선택
A(i:j, :)	행렬 A의 i번째 행부터 j번째 행까지 선택
A(i:j, q:r)	행렬 A의 i부터 j까지 행과 q부터 r까지 열을 선택

빈행렬

변수는 존재 하지만 원소가 하나도 없는 빈 행렬 즉 0×0 행렬을 의미한다.

```
≫x = [ ]
  x =
      [ ]
```

임의의 행렬 중에서 특정한 행이나 열을 제거하는데 효과적인 방법으로 빈행렬이 사용된다. 다음의 예는 A 행렬에서 1행과 3행을 제거하는 것이다.

```
≫A = [1  2  3 ; 4  5  6 ; 7  8  9]
  A =
      1     2     3
      4     5     6
      7     8     9

≫A([1  3], :) = [ ]
  A =
      4     5     6
```

행렬을 지우기 위해서는 'clear' 이후에 변수의 이름을 쓰면 된다.

특별한 행렬

MATLAB에서는 선형대수학이나 신호처리 분야에서 취급되는 특별한 행렬들을 생성하는 함수들을 다음과 같이 제공한다(다른 유용한 함수들은 부록 C 참조).

compan	- 동반 행렬(companion matrix)
diag	- 대각 행렬(diagonal matrix)
gallery	- 시험 행렬(test matrix)
hadamard	- Hadamard 행렬
hankel	- Hankel 행렬
hilb	- Hilbert 행렬
invhilb	- Hilbert 행렬의 역행렬
kron	- Kronecker 텐서 곱(tensor product)
magic	- 마방진

pascal - Pascal의 삼각형
toeplitz - Toeplitz 행렬
vander - Vandermonde 행렬
rand - 난수 행렬
randn - 정규분포 난수 행렬

그 이외에 다음은 MATLAB에서 유용하게 사용되는 실용적인 행렬들이다.

zeros - 0만으로 구성된 행렬
ones - 1만으로 구성된 행렬
eye - 단위 행렬

예를 들면 rand(3,4)는 3×4 난수 행렬을 생성하고 zeros(5) 또는 zeros(5,5)는 5×5 영행렬을 만들며 eye(10)은 10×10 항등행렬을 생성한다.

1.5 배열 연산

배열 연산(array operation)이란 *, \, /, ^ 또는 ' 기호에 의하여 이루어지는 일반적인 선형 행렬 연산이 아닌 행렬의 원소와 원소 사이에 성립되는 산술 연산을 가리킨다.

1.5.1 배열의 사칙연산

배열 연산의 덧셈과 뺄셈

일반적으로 행렬의 덧셈과 뺄셈은 행렬의 원소 대 원소의 연산으로 정의되기 때문에 배열 연산의 덧셈과 뺄셈과 차이가 없다.

배열 연산의 곱셈 및 나눗셈

'.*'는 배열 연산의 곱셈을 나타내며, 두 행렬의 차원이 같을 때 각 행렬의 같은 위치에 있는 원소들끼리 곱셈을 하여 새로운 행렬을 구성한다.

```
≫A = [1 2 3 ; 4 5 6] ;
```

```
≫B = [1  3  5 ; 2  4  8] ;

≫A.*B
  ans =
        1     6    15
        8    20    48
```

배열 연산의 나눗셈에는 './'와 '.\'의 두 가지가 있는데 모두 각 행렬의 원소들 사이의 몫을 구해 준다. 위 예의 A 행렬과 B 행렬을 그대로 사용하면,

```
≫A./B
  ans =
       1.0000      0.6667      0.6000
       2.0000      1.2500      0.7500

≫A.\B
  ans =
       1.0000      1.5000      1.6667
       0.5000      0.8000      1.3333

≫B./A
  ans =
       1.0000      1.5000      1.6667
       0.5000      0.8000      1.3333
```

배열을 사용한 거듭제곱

'.^'은 원소 사이의 거듭제곱을 나타낸다. 다음의 예는 원소 사이의 거듭제곱 계산을 보여준다.

```
≫x = [1  2  3] ;
```

```
≫y = [4 5 6] ;

≫x.^y
  ans =
        1      32     729

≫y.^2
  ans =
        16     25     36

≫2.^[x y]
  ans =
        2      4      8      16     32     64
```

1.6 MATLAB 프로그래밍

1.6.1 관계 연산자와 논리 연산자

관계 연산자

MATLAB에서는 차원이 같은 두 행렬에 대하여, 두 원소를 비교할 수 있는 6가지의 관계 연산자가 있다. 두 원소를 비교하여 참이면 1, 거짓이면 0을 비교한 원소의 위치에 나타낸다.

연산자	의 미
<	미만(less than)
<=	이하(less than and equal)
>	초과(greater than)
>=	이상(greater than and equal)
==	같음(equal)
~=	같지 않음(not equal)

```
≫x = [1 2 3 -2 1] ;
```

```
≫y = [1  5  3  -3  1] ;

≫x>y
  ans =
         0      0      0      1      0

≫x ~= y
  ans =
         0      1      0      1      0

≫x <= y
  ans =
         1      1      1      0      1
```

논리 연산자

MATLAB에서 사용되는 논리 연산자는 &, |, ~가 있으며, 그 결과가 참이면 1, 거짓이면 0을 나타낸다.

연산자	의 미
&	논리곱(and)
|	논리합(or)
~	논리부정(not)

주어진

```
≫x = [4  -3  7  2  9  -5  1  6  8] ;
```

에 대하여

```
≫(x > 5)  &  (x < 9)
  ans =
         0      0      1      0      0      0      0      1      1
```

이다. 1이 나타난 원소의 위치의 x 원소들은 5보다 크고 9보다 작음을 의미한다. 다음 명령어를 사용하면 x의 원소중 5보다 크지 않은 원소의 위치에 1이 나타난다.

```
≫~(x > 5)
  ans =
        1    1    0    1    0    1    1    0    0
```

1.6.2 흐름 제어문

MATLAB은 일반적인 프로그래밍 언어들과 마찬가지로 for문, while문, if문 등의 흐름 제어문(flow control)을 갖고 있다.

For문

하나 이상의 문장을 미리 정해진 횟수만큼 반복 수행하도록 하는 명령어이다. For문의 일반적인 형식은 다음과 같다.

```
for 변수 = 배열(array)
    <실행문>
end
```

일반적으로 배열은 벡터 배열을 생성할 때 사용하는 것과 같은 방법인 '시작값 : 증분값 : 최종값'으로 구성되며, 그 외의 임의의 배열도 사용가능하다. 증분값이 생략되었을 경우 1씩 증가함을 의미한다. 몇 가지 예를 들면

```
for i = 10 : 20          % 10에서 20까지 1씩 증가 %
for j = 1 : 2 : 100      % 1에서 100까지 2씩 증가 %
for k = 10 : -0.1 : 0    % 10에서 0까지 0.1씩 감소 %
```

다음은 for문에 대한 구체적인 예이다.

```
for n = 1 : 10
  x(n) = sin(n*pi/10) ;
```

```
end

≫x
  x =
      0.3090    0.5878    0.8090    0.9511    1.0000    0.9511
      0.8090    0.5878    0.3090    0.0000
```

위의 예에서 <실행문>의 뒤에 ';'을 붙이면 루프가 한번 실행 때마다 모니터 화면상에 수행 결과가 표시되는 일을 방지할 수 있다.

다음과 같은 임의의 배열도 for문에 사용할 수 있다. 배열 data에서 한 열에 2개의 원소가 한조로 사용되며, 행의 개수만큼 총 4번의 순환(loop) 결과를 출력한다.

```
≫data = [3 9 36 7 ; 6 15 8 -5]
  data =
        3     9    36     7
        6    15     8    -5

≫for n = data
      x = n(1)-n(2)
  end
      x =
          -3
      x =
          -6
      x =
          28
      x =
          12
```

for문을 이용하여 1에서 100까지의 합

$$S = \sum_{k=1}^{100} k$$

을 구하는 MATLAB 프로그램을 작성하면 아래와 같다.

```
≫S = 0 ;
≫for  k = 1 : 100
       S = S+k ;
   end
```

While문

조건문에 따라서 하나 이상의 문장들을 불확정적인 횟수만큼 반복하여 실행한다. While문의 일반적인 형식은 다음과 같다.

```
while 조건문
      <실행문>
end
```

여기서 조건문은 수식이 될 수도 있고 또는 조건이 될 수도 있다. 이 조건이 참(0이 아니면)일 때 수행되고 거짓(0 이면)이 될 때까지 수행한다. 다음의 예는 n!의 값이 100000보다 커지는 n의 값을 구하는 것이다. 함수 prod(x)는 x = 1 : n일 때 n! = 1 x 2 x ··· x n을 계산한다.

```
n = 1 ;
while  prod(1 : n) <= 100000
       n = n+1 ;
end

≫n
   n =
       9
```

```
≫prod(1 : 8)
  ans =
        40320

≫prod(1 : 9)
  ans =
        362880
```

n!의 값이 100000보다 커지는 n의 값이 9임을 알 수 있다.

while문을 이용하여 1에서 100까지의 합

$$S = \sum_{k=1}^{100} k$$

을 구하는 MATLAB 프로그램은 다음과 같이 작성할 수 있다.

```
≫S = 0 ;
≫k = 1 ;
≫while  (k <= 100)
  S = S+k ;
  k = k+1 ;
  end
```

Break문

break문은 루프를 빠져나가기 위한 명령어이다. for문, while문 등과 같은 루프 안에서 빠져나가기를 원하는 위치에 'break'라고 쓰면 된다.

If문

조건문이 참일 때 실행문을 수행한다. 여기서 '참'이란 조건문이 '0'이 아닌 수이거나 임의의 조건을 만족할 때이다. If문의 일반적인 형식은 다음과 같다.

```
if 조건문
  <실행문>
end
```

if문을 이용하여 x가 음수이면 −x를 계산하는 MATLAB 프로그램은 아래와 같다.

```
≫x = −7.0 ;
≫if (x < 0)
  x = −x ;
  end
```

If문이 한 개의 실행문을 수행할 것인지 아닌지를 선택할 수 있게 해준다. 반면에 if-else문은 두 개의 실행문 사이의 선택을 할 수 있게 해주며 elseif를 사용하면 두 가지 이상의 많은 실행문 사이에서 선택할 수 있도록 하여준다. 다음은 if-elseif-end의 일반적인 형식이다.

```
if 조건문1
    <실행문1>
elseif 조건문2
    <실행문2>
elseif 조건문3
    <실행문3>
else
    <실행문4>
end
```

다음은 if-elseif-end의 예이다.

```
for i = 1 : 5
    for j = 1 : 5
        if i == j
            A(i,i) = 5 ;
        elseif abs(i−j) == 1
            A(i,j) = 1 ;
```

```
                else
                    A(i,j) = 0 ;
                end
            end
        end

        >>A
          A =
               5    1    0    0    0
               1    5    1    0    0
               0    1    5    1    0
               0    0    1    5    1
               0    0    0    1    5
```

Switch문

Switch문은 변수나 표현에 의해서 임의의 실행문이 선택적으로 수행된다. Switch문의 일반적인 형식은 다음과 같다. 표현에 해당하는 값이 있으면 그 값에 해당하는 실행문을 수행하고, 해당하는 값이 없을 때는 'otherwise'의 실행문을 실행한다.

```
switch 표현 (스칼라 또는 문자열)
    case 값1
        <실행문1>
    case 값2
        <실행문2>
            ⋮
    otherwise
        <실행문n>
end
```

switch문에 대한 아래의 예를 살펴보도록 하자.

```
x = 2.7 ;
units = 'm' ;
switch units % x centimeter를 각 단위로 변환
```

```
        case {'inch', 'in'}
            y = x*2.54 ;
        case {'feet', 'ft'}
            y = x*2.54*12 ;
        case {'meter', 'm'}
            y = x/100 ;
        case {'milimeter', 'mm'}
            y = x*10 ;
        case {'centimeter', 'cm'}
            y = x ;
        otherwise
            disp(['Unkown Units : ' units])
            y = nan ;
end

≫y
  y =
      0.0270
```

결과에서 2.7 cm가 0.027 m로 변환되었음을 볼 수 있다.

1.6.3 M-파일 작성 : 스크립트와 함수

MATLAB은 명령창에서 사용자가 한 줄의 명령을 입력하면 곧바로 그 명령에 대한 결과를 출력하는 인터프리터 언어이다. 인터프리터 언어의 대표인 BASIC과 같이 MATLAB에서도 여러 줄로 되어 있는 일련의 명령어를 수행할 수 있다. 명령창에서 한 줄씩 한 줄씩 입력하여도 되고, 윈도우의 메모장이나 워드패드와 같은 문서 편집기(editor)를 사용하여 일련의 명령들을 파일 내에 저장했다가 한꺼번에 실행할 수도 있다. 이와 같이 MATLAB의 실행문장을 포함하고 있는 디스크 파일을 'M-파일'이라고 부르는데, 이것은 스크립트를 모아놓은 매크로 파일(macro file)을 의미한다. 이 파일의 확장자는 '.M'이다.

M-파일은 일련의 MATLAB 명령어 실행문장으로 구성되어 있으며, 실행문장 중에는

다른 M-파일을 참조하는 문장도 있을 수 있다. 또한 M-파일은 자체 M-파일 내에서 그 자신을 부를 수도 있다(recursive call). 이러한 M-파일은 문자 편집기나 워드 프로세서를 사용하여 작성할 수 있는 ASCII 코드로 구성되어 있다. MATLAB 4.0과 그 이하 버전에서는 M-파일 편집기가 특별히 있지 않고 단순히 윈도우의 문서 편집기인 메모장이나 워드패드를 사용하는데 이 프로그램은 모든 파일의 확장자를 무조건 '.txt'로 하여 약간의 불편함이 있었다. 그러나 MATLAB 5.0과 이후 버전에서는 M-파일 편집기가 따로 있다. 편집기로 M-파일을 작성한 후 WORK 폴더에 'filename.m'의 형태로 저장하면 된다. 이 파일에 대한 내용을 실행하고자 할 때는 MATLAB 프롬프트에 파일명(확장자는 제외)을 적어주면 된다(예. ≫filename). 특히 파일명은 영문으로 8자 내로 사용하는 것이 바람직하다. 관련되는 명령어로는 type, what, which 등이 있는데 type은 M-파일의 내용을 화면에 출력하고(예. ≫type filename), what은 M-파일, MAT-파일, MEX-파일을 보여주며(예. ≫what C:\matlab6p5\work), which는 함수와 파일이 있는 위치를 알려준다(예. ≫which filename).

M-파일로는 스크립트 파일과 함수 파일이 있다. 스크립트 파일은 일련의 긴 명령들을 한꺼번에 자동적으로 수행해 주는 파일로 BASIC의 서브루틴(subroutine)에 해당한다. 함수 파일은 스크립트 파일과 비슷하나 인자를 줄 수 있으며, BASIC의 함수(function)에 해당한다.

스크립트 파일

스크립트 파일을 실행시키면, MATLAB은 단순히 파일 내에 들어있는 명령을 차례대로 실행시킨다. 스크립트 파일 내의 문장들은 MATLAB 작업공간상의 자료들을 전역변수로 취급하여 처리한다. 즉 스크립트 파일에 의해 생성되거나 사용된 변수들은 현재의 명령창 작업공간 상에 그대로 남아있게 된다.

함수 파일

파일이 시작되는 첫 줄에 'function'이라는 단어가 들어 있는 M-파일이 함수 파일이다. 이것이 스크립트와의 가장 큰 차이점이다. 다음 사용 예와 같이 M-파일의 첫 줄에 'function'과 파일이름과 함수에서 사용될 변수들이 정의되어 있어야 하며, 'function' 정의가 없으면 스크립트로 인식된다.

```
function 변수(스칼라 또는 배열) = 함수이름(인수(스칼라 또는 배열))
```

함수이름은 사용할 M-파일의 이름과 같아야 한다. 그리고 MATLAB의 모든 경로에 동일한 파일이름 즉, 함수이름이 없도록 주의해야 한다. 함수 내에서 사용될 변수와 인수의 값을 줄 수 있다. 다른 프로그래밍 언어에서는 함수이름의 괄호 안에 입·출력변수가 같이 있고 변수의 위치에 따라 입·출력변수가 결정된다. 그러나 MATALB에서는 등호(=)의 왼편에 있는 변수는 출력변수이며, 오른편의 함수이름 안에 사용되는 인수는 입력변수로 기능이 정해져 있다. 함수 파일 정의에 사용된 모든 변수와 인수는 지역변수이므로 함수 파일이 실행된 후에 작업공간상에 존재하지 않는다. 즉, 함수 파일의 변수들은 그 함수에 국한될 뿐이다. 그러나 함수 정의에 사용되는 변수나 인수와 달리 함수 파일 내에서 사용되는 일반 변수는 스크립트의 변수와 같이 전역변수가 된다.

부함수(Subfunctions)

함수 파일은 하나 이상의 함수를 가질 수 있다. 첫 번째 함수는 주함수(primary function)이고 이 함수가 M-파일의 이름이 된다. 한 M-파일 안의 두 번째 함수부터 부함수가 된다. 각각의 부함수들은 함수 파일의 첫 번째 줄에서의 형식과 동일한 형식을 가지나 함수의 이름은 달라야 한다. 부함수로 정의된 함수들을 주함수(또는 다른 부함수)에서 사용할 수 있다. 다음은 함수 파일에 부함수를 사용한 예이다.

```
function [tot, avg]=test1(A)
% 벡터 A의 평균과 합을 구함
n = length(A) ;
tot = total(A,n) ;
avg = mean(A,n) ;

function t=total(v,n)
% 합을 계산
t = 0 ;
for i = 1 : n
    t = v(i)+t ;
end

function m = mean(v,n)
% 평균을 계산
```

```
m = sum(v)/n ;
```

전역변수

M-파일로 정의된 MATLAB 함수들은 자체적으로 지역변수들을 사용한다. 지역변수들은 다른 함수의 변수들과 기본 작업 공간의 변수들 및 스크립트 파일의 변수들과 분리되어 취급된다. 변수를 전역변수로 선언하면 선언한 함수와 MATLAB 작업공간은 물론이고 다른 함수에서도 그 변수를 공유하게 된다. 전역변수 설정은 다음과 같다.

```
global 변수이름
```

문자열

MATLAB에서 문자열을 입력하고자 할 때에는 원하는 문자열의 전후에 작은따옴표(')를 붙이면 된다.

```
≫s = 'MATLAB'
  s =
      MATLAB

≫size(s)
  ans =
        1     6

≫abs(s)
  ans  =
        77    65    84    76    65    66
```

문자열 s에 문자열 'MATLAB'이 대입되었고, 'size' 함수를 사용하여 문자열 s는 원소가 6개인 행벡터임을 알 수 있다. 'abs' 함수를 사용하여 각 문자들의 ASCII값을 알 수 있다.

작은 문자열들을 하나의 긴 문자열로 합치고자 할 때에는 다음과 같이 대괄호([])를 사용하여 그 안에 문자열을 나열하면 된다.

```
≫[s, ' function']
  ans =
        MATLAB  function
```

수치값을 문자열로 바꾸고 싶을 때에는 'num2str' 함수와 'int2str' 함수를 사용한다. 'eval' 함수는 문자열을 인수로 사용하여 강력한 문자 매크로 기능을 수행하는 함수이다. 즉, 'eval(t)'라고 입력하면 문자열 t에 해당하는 함수를 실행한다. 다음의 예와 같이 만약 문자열 t가 함수이나 수식이라면, 이 문자열에 해당하는 함수나 수식을 수행한다. 함수는 아래와 같이 따옴표 안에 기술해야 한다.

```
≫f = 'x^2 + 1' ;
≫x = 2 ;
≫y = eval(f)
  y =
      5

≫g = '1/(i+j)' ;

≫for i = 1 : 3
    for j = 1 : 4
      A(i,j) = eval(g) ;
    end
  end

≫A
  A =
      0.5000     0.3333     0.2500     0.2000
      0.3333     0.2500     0.2000     0.1667
      0.2500     0.2000     0.1667     0.1429
```

M-파일 사용을 편리하게 하는 명령들

'echo' 명령을 사용하면 M-파일이 실행될 때 각각의 명령들이 모니터 화면에 나타나므로 오류 디버깅에 유용하다.

'input' 명령은 M-파일이 실행될 때 사용자가 자료를 입력할 수 있도록 해준다. 이 명령은 대화식으로 프로그램을 진행시킬 때 유용하다. 'input'을 실행시키면 자료가 입력될 때까지 더 이상 프로그램을 실행하지 않고 대기상태로 머무르게 된다. 이를테면, 변수에 대한 어떤 값을 대화식으로(키보드로) 입력받고자 할 때는 input 함수를 이용하여 다음과 같이 작성한다.

```
≫n = input('다항식의 차수 n = ') ;
```

위의 경우 컴퓨터는 화면에

```
다항식의 차수 n =
```

을 출력하고 어떤 값이 입력될 때까지 기다려 준다. 사용자가 어떤 값을 입력하고 Enter 키를 치면 그 값은 변수 n에 저장된다. 예를 들면 x의 값을 키보드로부터 입력받고 함수 $f(x) = 2x^2 + \cos x - 10$의 값을 계산하는 M-파일(Mfiletest.m)은 아래와 같이 작성할 수 있다.

```
% input 함수 및 M-파일 작성 연습 %
f = '2*x^2+cos(x)-10.0' ;
x = input(' x = ') ;
y = eval(f) ;
fprintf('f(x) = %10.4f\n', y) ;

실행결과 :
≫Mfiletest
  x = 2
  f(x) = -2.4161
```

'keyboard' 명령은 컴퓨터의 자판을 마치 스크립트 파일처럼 사용하도록 해준다. M-파일 내부에 이 함수를 삽입해 놓으면, 파일의 잘못된 곳을 고치거나 파일이 수행되는 동안에 변수를 수정하는데 유용하게 사용될 수 있다.

'pause' 명령은 프로그램의 실행을 일시적으로 중지시키는 기능을 수행한다. 'pause'가 실행되면 사용자가 자판을 누를 때까지 프로그램의 실행이 중지한다. 'pause(n)'이라고 입력하면 n 초 동안 정지한 다음 계속해서 프로그램이 실행된다.

1.6.4 파일의 입·출력

MATLAB의 파일 입·출력 함수들은 C언어의 파일 입·출력 함수에 근거를 두고 있다.

파일 열고 닫기

파일을 읽거나 쓰기 전에 먼저 다음과 같이 'fopen' 명령을 사용하여 파일을 열어야 하며, 이때 열어야 할 파일의 이름과 파일 접근 허용 문자열을 지정하여야한다.

```
≫fopen('dat.dat','r') ;
```

파일을 열 때, 파일의 용도에 따라 지정하는 파일 접근 허용 문자열은 다음과 같다.

- r : 자료 읽기
- w : 자료 쓰기
- a : 자료 추가
- r+ : 자료 읽기와 쓰기

함수 'fopen'은 파일에 할당되는 음이 아닌 정수의 파일 식별자(fid)와 오류 메시지(message)를 반환한다. 파일을 읽기용인 'r'상태로 설정했으나 파일이 존재하지 않아서 실제로 파일을 열수 없는 경우, 함수 'fopen'은 파일 식별자로 −1을 반환한다. 두 번째 반환 값은 오류에 대한 부가적인 정보를 제공한다. 정상적으로 작업을 수행했을 때는 1 이상의 값을 반환하며, 작업할 파일을 동시에 여러 개 열었을 때 그 값(fid)을 통하여서 현재 쓰기와 읽기 작업을 할 파일을 정할 수 있다.

```
≫[fid, message] = fopen('dat.dat','r')
  fid =
       −1
  message =
```

```
Cannot open file. Existence? Permissions? Memory? . . .

≫[fid, message] = fopen('data.out','r')
fid =
        3
message =
           ''
```

파일을 읽거나 쓰는 작업을 완료한 후에는 다음과 같이 함수 'fclose'를 사용하여 쓰기 작업이 끝난 파일을 닫아야 한다.

```
≫status=fclose('fid')
status =
          0

≫status = fclose('all')
status =
          0
```

작업이 정상적으로 끝나면 'status'에 0을, 그렇지 않으면 −1을 반환한다.

형식화된 문자 파일과 문자열 쓰기

함수 'fprintf'는 자료를 문자열로 변환하여 그 결과를 모니터 화면 또는 파일에 출력한다. 다음의 형식 지정자를 사용하여 표시되는 최소 필드폭과 숫자의 정밀도를 조정한다.

- %e - 지수적 표기
- %f - 부동소수점 표기
- %g - %e와 %f의 표기 중에서 자동적으로 짧은 것을 선택

문자열 내에서 '\n' (키보드에는 ₩n)은 줄 바꾸기(Enter)의 기능을 한다. 다음 예는 형식 지정자를 사용하여 파일을 출력하는 것을 보여준다.

```
≫x = 0 : .05 : 0.2 ;
≫y = [x ; exp(x)] ;
≫fid = fopen('exp.txt','w') ;
≫fprintf(fid, 'Exponential function\n\n') ;
≫fprintf(fid, '%7.2f %12.5f\n',y) ;
≫fclose(fid) ;
≫type exp.txt
 Exponential  function
    0.00       1.00000
    0.05       1.05127
    0.10       1.10517
    0.15       1.16183
    0.20       1.22140
```

파일 exp.txt는 WORK 폴더에 생성된다. fprintf문에 사용된 %7.2f는 소수점을 포함하여 모두 7자리를 사용하는데 소수점 이하의 수는 2자리를 사용하여 부동소수점(실수) 형태로 출력하라는 뜻이다. 만약 정수형으로 출력하고 싶다면 %7.0f로 적어주면 된다.

함수 'fprintf'와 관련 있는 함수 'sprintf'는 결과를 파일이나 모니터 화면에 출력하는 대신에 다음과 같이 문자열로 보낸다.

```
≫sine5 = sprintf('Sine value of %f is %10.4f.\n',.5,sin(.5))
 sine5 =
 Sine value of 0.500000 is     0.4794.
```

형식화된 문자 파일과 문자열 읽기

MATLAB의 문자 입력 함수인 'fscanf'는 'fprintf'와 그 형식이 비슷하다.

변수 = fscanf(파일 식별자,'format')

함수 'fscanf'는 일반적인 문자들과 형식 지정자를 포함하는 문자열과 현재 열려있는 문자 파일의 파일 식별자를 인수로 사용한다. 형식 지정자는 다음과 같다.

- %s - 문자열 읽기
- %d - 정수 읽기
- %f - 부동소수값 읽기

다음의 예에서, 첫 번째 'fscanf'는 'exp.txt' 파일의 제목을 읽고, 두 번째 'fscanf'는 파일의 끝에 도달할 때 까지 지수 함수의 값들을 한 줄씩 읽어 들인다.

```
≫fid = fopen('exp.txt','r') ;
≫title = fscanf(fid,'%s') ;
≫[table, count] = fscanf(fid, '%f %f') ;
≫fclose(fid) ;
```

다음과 같은 표현도 가능하다.

```
≫A = fscanf(fid,'%5d',100) ;
≫A = fscanf(fid,'%5d',[10,10]) ;
```

각각의 표현은 5자리 정수(%5d)를 100개 읽어서 열 벡터 A에 할당하고, 다음 문장은 10×10의 행렬로 읽어서 A에 할당한다.

제 1 장

연습문제

MATLAB 사용법

1. $y=\dfrac{\sqrt{x+1}-x\cos x+5x^2}{e^x+2}$ 를 MATLAB 수식으로 나타내고 MATLAB을 실행하여 $x=1$에 대한 y의 값을 구하여라.

2. $A=\begin{pmatrix} 2 & 0.15 & 0 & -4 \\ -38 & e^{1.5} & 0.01 & 2\pi \\ 0 & 0.01 & \sqrt{3} & 1 \\ -4 & 2\pi & 1 & 2 \end{pmatrix}$ $b=\begin{pmatrix} 24.0000 \\ -32.0177 \\ 7.0000 \\ 6.0000 \end{pmatrix}$

일 때 MATLAB으로 $Ax=b$의 해 x를 구하여라. MATLAB에서 π는 pi로 나타낸다.

3. 0에서 π까지 10등분한 벡터 x를 MATLAB으로 생성하고 x의 각 원소에 대한 $\cos x$와 x^3를 계산하여 x, $\cos x$, x^3의 값들을 다음과 같은 테이블 형태로 모두 출력하는 MATLAB 문장들을 작성하고 실행하여라.

x	$\cos x$	x^3
0.0000	1.0000	0.0000
⋮	⋮	⋮

4. if문을 이용하여 x를 입력받고 x의 절대값을 구하는 MATLAB 문장들(또는 M−파일)을 작성하고 실행해 보아라.

5. for문을 이용하여 $x=1$일 때 주어진 n에 대한 아래의 합을 구하는 MATLAB 프로그램을 작성하고 실행해 보아라. 또한 $n \to \infty$일 때 합은 어떤 값으로 수렴하는지 실험해 보아라.

$$S = \sum_{k=0}^{n} \frac{x^k}{k!}$$

6. while문을 이용하여 다음 부등식을 만족하는 가장 큰 정수 k와 그에 대응하는 합을 구하는 Matlab 프로그램을 작성하고 실행해 보아라.

$$1^3 + 2^3 + 3^3 + \cdots + k^3 < 1000$$

7. 아래의 내용을 파일 mfile1.m으로 작성하고 MATLAB 경로에 있는 디렉터리 WORK에 저장하고 실행(≫ mfile1)해 보아라.

```
x = -3 : 0.5 : 3 ;
approx = 1+x+x.^2/2 ;
true = exp(x) ;
error = abs(true-approx) ;
T = [x' approx' true' error']
```

8. $f(x) = \ln x + 3.5x^2 - 10.0$에 대하여 $x=1$일 때 함수의 값 $f(1)$과 도함수의 값 $f'(1)$을 계산하는 MATLAB M-파일을 작성하고 실행해 보아라.

9. 본문에서 다룬 아래의 test1 프로그램에 대하여
(1) 좀 더 효율적인 프로그램이 되도록 수정해 보아라.

(2) A = [45 30 17 73 24 66 52]일 때 test1 프로그램을 실행시켜 보아라.

```
function [tot, avg] = test1(A)
% 벡터 A의 평균과 합을 구함
n = length(A) ;
tot = total(A, n) ;
avg = mean(A, n) ;

function t = total(v, n)
% 합을 계산
t = 0 ;
for i = 1 : n
    t = v(i)+t ;
end

function m = mean(v, n)
% 평균을 계산
m = sum(v)/n ;
```

제 2 장

MATLAB 그래픽

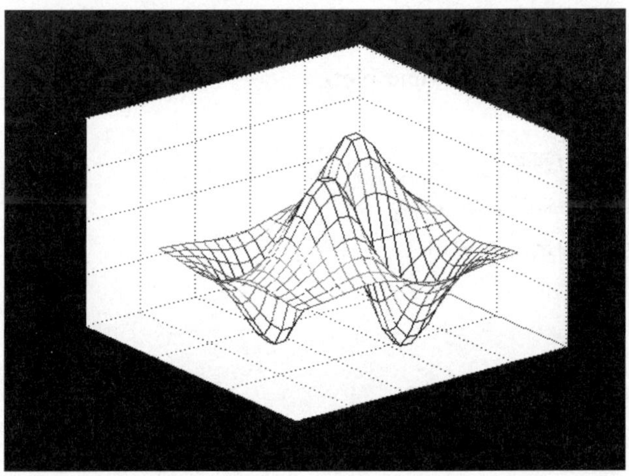

제 2 장 MATLAB 그래픽

MATLAB에서 제공하는 그래픽 환경은 매우 쉬우면서도 강력하다. 많은 경우 해석적으로 쉽게 다룰 수 없는 복잡하고 어려운 수학 방정식이나 문제들을 그래픽의 도움으로 이해를 하거나 간단히 해결할 수 있다. MATLAB의 그래픽 기능을 사용하면 다음과 같이 mesh와 contour를 결합한 섬세하고 우아한 3차원 그래프까지 그릴 수 있다.

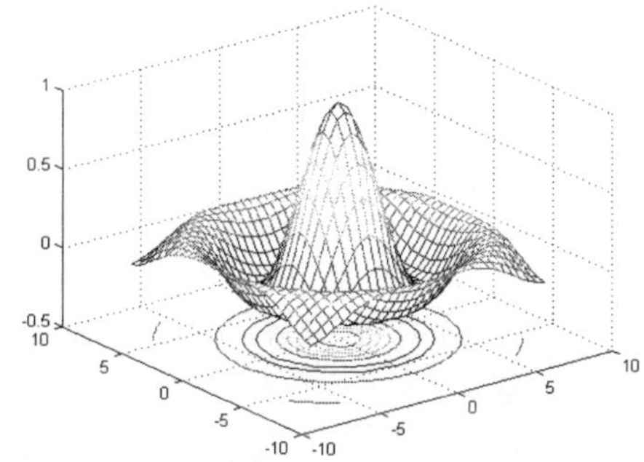

2.1 개요

MATLAB은 기본적인 그래프뿐만 아니라 line plot, bar, histogram과 같은 그래프나 contour, mesh, surface plot과 animation과 같은 고수준의 그래픽 관련 함수를 제공한다. MATLAB은 또한 개체(object) 위주의 그래픽 함수를 제공하므로 이 장에서는 그래픽 개체와 handle을 다루는 방법을 알아보고 2차원(plot, fplot)과 3차원(plot3, mesh)의 높은 수준의 그래픽 함수들과 여러 가지 그래픽 제어에 관해서 논의해 보도록 한다. MATLAB이 제공하는 그래픽 기능은 특히 수치해석을 공부할 때 다루는 근사함수, 보간다항식, 최소자승법에 의해서 도출되는 함수 등의 그래프들을 간단하게 그려볼 수 있게 하거나 또 결과를 확인할 수 있도록 해준다.

2.2 2차원 그래픽

2.2.1 2차원 그래프를 그리는 절차

2차원 그래프를 그릴 때 가장 많이 사용하는 함수는 'plot'이다. 이 명령어는 자동으로 적합한 축과 축의 눈금을 형성하고 데이터 배열들을 축에 점으로 그리며 그 점들을 직선으로 연결한다. 다음은 'plot'을 이용하여 2차원 그래프를 그리는 절차이다.

- plot할 데이터를 준비
- 데이터를 plot할 그림창을 선택 (single, multi 선택)
- plot 함수를 호출
- line이나 marker의 속성(property)을 선택
- 축의 한계값, grid line 등을 설정
- xlabel, legend, text 등으로 그래픽 개체에 라벨링
- 그래픽 개체를 출력

예를 들어 $y = \exp(-0.5x)\sin(5x)$의 수식을 $0 \leqq x \leqq 10$의 범위에 대해 2차원 그래프로 위의 절차에 따라 그려보자.

(1) plot할 데이터를 준비

```
≫x = 0 : 0.01 : 10 ;
≫y = exp(−0.5*x).*sin(5*x) ;
≫size(x)
  ans =
        1          1001
≫size(y)
  ans =
        1          1001
```

(2) 데이터를 plot할 그림창을 선택 (single, multi 선택)

≫figure(1)

(3) 'plot' 함수를 호출

≫plot(x,y)

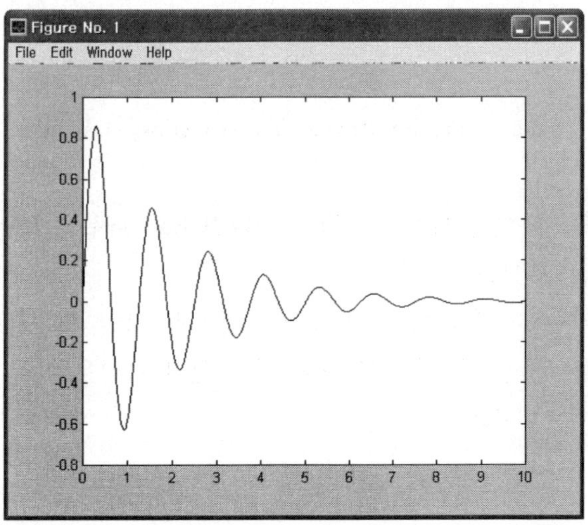

plot(x,y)는 두개의 인수 x,y에 대하여 앞의 인수를 x축으로 뒤의 인수를 y축으로 지정하여 그래프를 그린다. 위의 그래프가 자동으로 컴퓨터 화면에 뜨지 않으면 window 메뉴로 들어가서 Figure No. 1을 선택하면 된다.

(4) line 이나 marker의 속성(property)을 선택

≫set(plot(x,y), 'LineStyle','--')

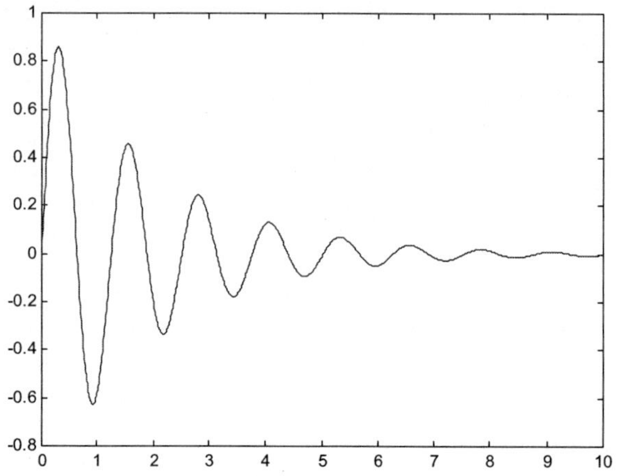

위의 그래프는 배경색을 흰색으로 바꾸어준 경우다. 이를 실행하기 위해서 Figure No. 1 창에서 차례대로 다음 메뉴를 선택하면 된다.

Edit → Figure Properties → Color → White

또한 위의 그래프를 다른 문서에 복사하고 싶다면 Edit 메뉴의 Copy Figure을 선택해서 원하는 페이지에 붙이기를 하면 된다.

서로 다른 데이터들을 사용하여 여러 개의 그래프를 그릴 때 서로 구별할 필요가 있다. 'set' 그래픽 개체 속성 설정을 사용하여 점과 선의 특성을 바꿀 수 있으며, 이때 사용가능한 점의 종류는 다음과 같다.

점의 종류		선의 종류	
.	점(point)	-	실선(solid line)
+	덧셈 기호(plus)	--	단선(dashed line)
*	별표(star)	:	점선(dotted line)
o	원(circle)	-.	일점 쇄선(dashed dot line)
x	x-표시(x-mark)		

또한 선의 색은 아래와 같이 주어진다.

표시		색	
y	노란색(yellow)	g	초록색(green)
m	자주색(magenta)	b	파란색(blue)
c	하늘색(cyan)	w	흰색(white)
r	빨간색(red)	k	검정색(black)

(5) 축의 한계값, grid line 등을 설정

```
≫axis([4,8,-0.3,0.3])
≫grid on
```

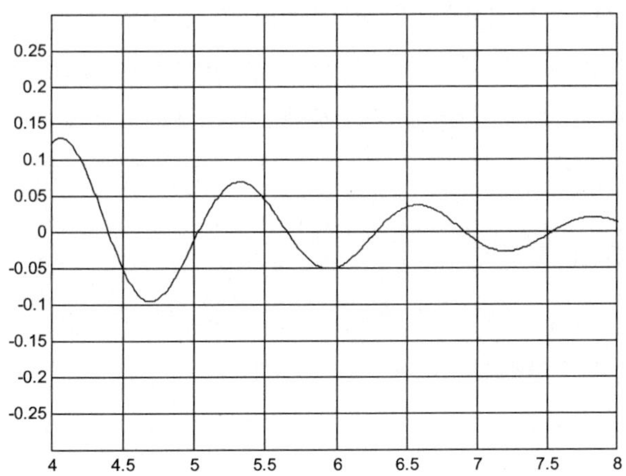

위의 경우 $4 \leq x \leq 8$, $-0.3 \leq y \leq 3$의 범위를 가진다는 뜻이다.

(6) xlabel, legend, text 등으로 그래픽 개체에 라벨링

```
≫xlabel('x') ;
≫ylabel('y') ;
≫title('Plotting x and y') ;
```

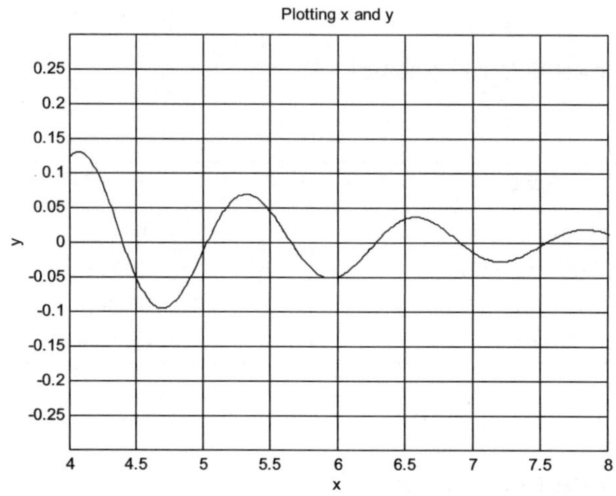

'title', 'xlabel', 'ylabel', 'text', 'grid' 등의 명령어들을 사용하면 그래프의 제목, 축의 이름, 그래프 설명 및 눈금 격자의 설정 등을 추가할 수 있다. 또는 그림(Figure) 창에서 insert 메뉴를 사용하면 그래프의 제목, 축의 이름 등을 입력할 수 있다. 위의 그래프에서 y-축의 이름 'y'를 회전시켜 바로세우고 싶다면 'y'에 마우스를 놓고 오른쪽을 클릭한 후 properties를 선택하고 style 태그에서 rotation을 0.0으로 두면 된다.

(7) 그래픽 개체를 출력

그래프 창에서 바로 File 메뉴 속에 있는 print 메뉴를 선택할 수 있다. 또는 다음과 같이 실행하면 파일로 WORK 폴더에 저장이 된다.

```
≫print -dbitmap ex1.bmp        % bitmap format을 사용하여
                               % 'ex1.bmp' 파일명으로 저장
```

(8) 내장함수의 그래프

sin, cos, tanh 등과 같은 내장함수의 그래프는 구간만 정하고 다음과 같이 입력한다.

≫fplot('sin', [-pi, pi])

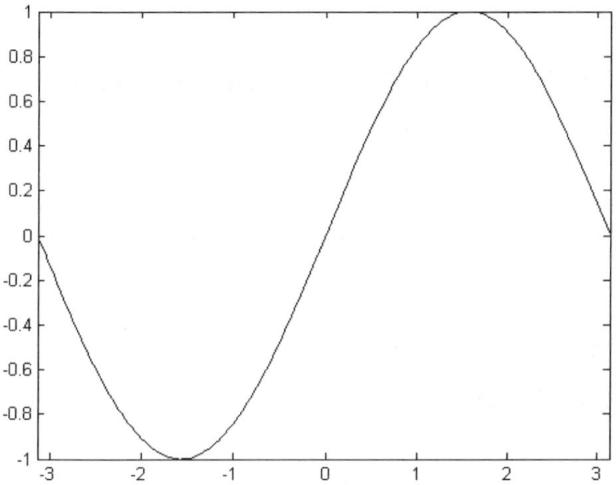

2.2.2 그림창의 생성과 다중 그래픽 개체

'figure' 함수를 사용하여 새로운 그림 창을 생성시킬 수 있으며, 또한 이미 존재하는 그림 창을 활성화시킬 수 있다.

새로운 그림창의 생성과 활성화

'figure' 함수를 사용하여 그림 창을 생성하거나 활성화 하는 방법

(1) 새로운 그림창의 생성

```
≫figure        % Figure No.1을 생성
≫figure        % Figure No.1에 이어 Figure No.2를 생성
≫figure(5)     % Figure No.5를 생성
```

(2) 이미 존재하는 그림 창을 활성화

여러 개 존재하는 그림 창들 중에서 지정한 그림 창을 활성화하면 그 그림 창에서 그래픽에 관련된 작업이 수행된다.

```
≫figure(2)        % Figure No.2가 활성화
```

다중 그래픽 개체

하나의 그림 창안에 다수의 그래프를 그리고 싶을 때는 'subplot' 함수를 사용한다. 사용 형식은 다음과 같다.

subplot(m,n,i) 또는 subplot(mni)

한 개의 그림 창을 m x n개의 부영역으로 나누고, i번째 영역을 활성화하거나 지정할 수 있다. 다음은 사용 예를 보인 것이다.

```
≫subplot(221)    % 2x2로 나누어진 영역 중 1번 영역을 활성화한다.
≫subplot(222)    % 2x2로 나누어진 영역 중 2번 영역을 활성화한다.
≫subplot(223)    % 2x2로 나누어진 영역 중 3번 영역을 활성화한다.
≫subplot(224)    % 2x2로 나누어진 영역 중 4번 영역을 활성화한다.
```

4 개의 활성화된 부영역에 각각 다른 그래프를 그린다.

```
≫x = 0 : 0.1 : 10 ;
≫f1 = sin(x) ;
≫subplot(221)
≫plot(x,f1)

≫f2 = cos(x) ;
≫subplot(222)
≫plot(x,f2)
```

```
≫x3 = 0 : 1 : 100 ;
≫f3 = -(0.5*x3.^2).*sin(x3) ;
≫subplot(223)
≫plot(x3,f3)
≫grid on
≫xlabel('x3')
≫ylabel('y3')

≫x4 = 1 : 0.1 : 20 ;
≫f4 = 0.5*exp(-0.5 * x4).*sin(5*x4) ;
≫subplot(224)
≫plot(x4,f4)

≫subplot(222)     % 2번째 부영역(222)을 활성화
≫grid on          % 활성화된 부영역(222)에 격자를 그린다.
```

위의 그래픽 명령어를 모두 실행하면, 다음과 같은 그래픽 결과를 얻는다.

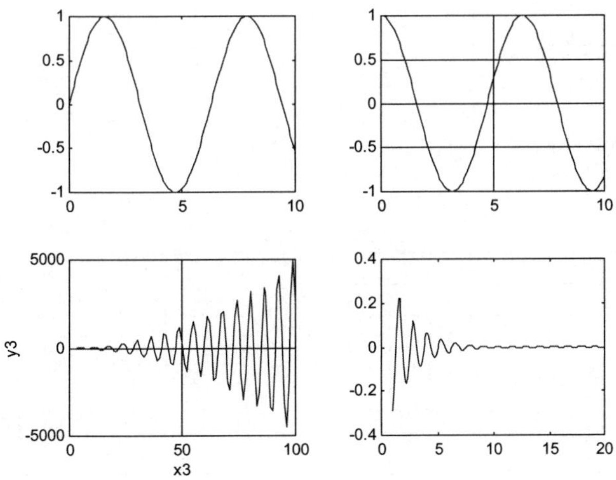

2.2.3 line plot 함수

MATLAB에서 제공하는 line plot 함수들은 다음과 같다.

함수	설 명
plot	x와 y 축이 모두 선형 눈금으로 된 그래프
loglog	x와 y 축이 모두 log 눈금으로 된 그래프
semilogx	x 축은 log 눈금으로 y 축은 선형 눈금으로 된 그래프
semilogy	x 축은 선형 눈금으로 y 축은 log 눈금으로 된 그래프
plotyy	좌측 y 축과 우측 y 축에 독립된 눈금과 라벨을 설정

다음은 plot. loglog, semilogx, semilogy 그래프에 대한 예이다.

```
≫t = 0 : 0.1 : 100 ;
≫x = 1+0.5*exp(−0.05*t).*sin(t+pi/2) ;
≫plot(t,x)
≫grid
≫loglog(t,x)
≫grid
≫semilogx(t,x)
≫grid
≫semilogy(t,x)
≫grid
```

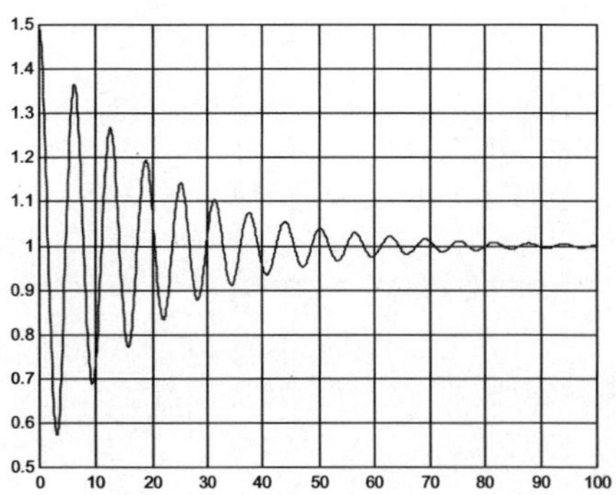

plot

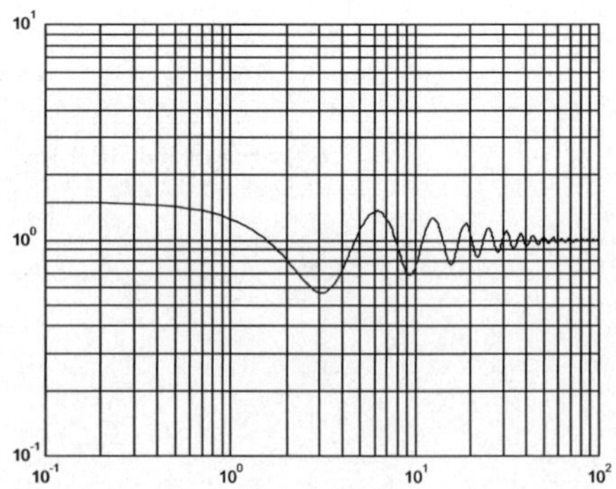

loglog

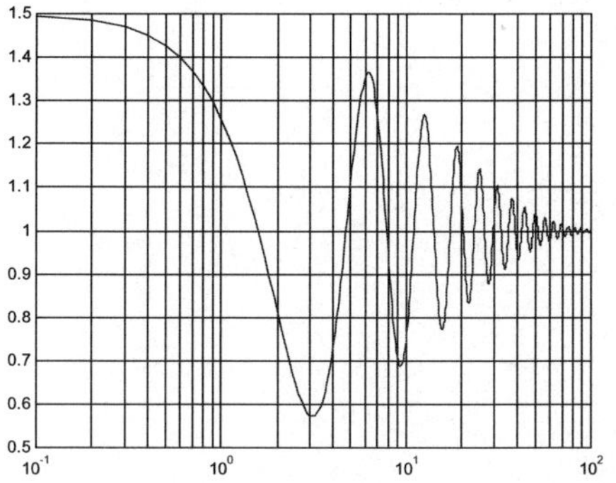

semilogx

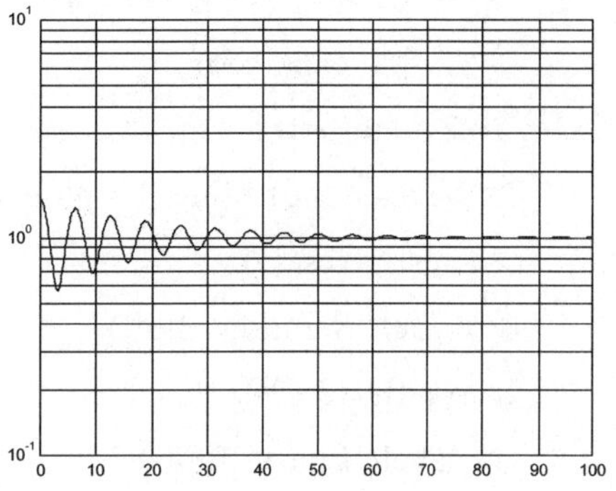

semilogy

다음은 y축 양쪽에 서로 다른 값으로 라벨링하는 것을 그래프로 보여 준다.

```
≫x1 = 0 : 0.1 : 10 ;
≫y1 = x1.^2+1 ;
≫x2 = 0 : 0.1 : 10 ;
≫y2 = sin(sqrt(x2))./exp(x2) ;
≫plotyy(x1,y1,x2,y2)
```

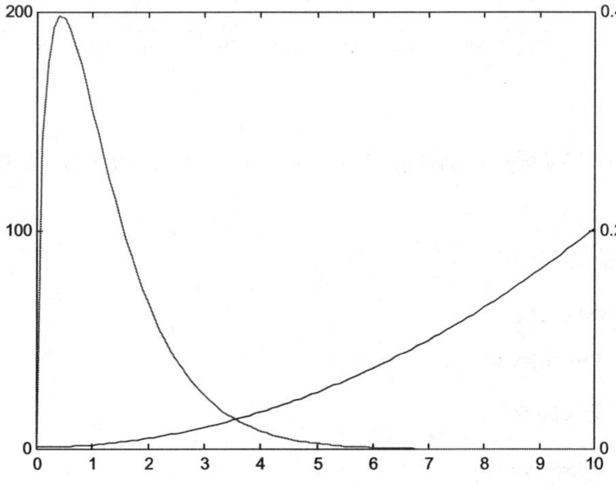

다음은 선형 축값과 로그 축값을 동시에 표시하는 그래프를 보여준다.

```
≫t = 0 : 900 ;  A = 1000 ;  a = 0.005 ;  b = 0.005 ;
≫z1 = A*exp(-a*t) ;
≫z2 = sin(b*t) ;
≫[haxes,hline1,hline2] = plotyy(t,z1,t,z2,'semilogy','plot') ;
≫axes(haxes(1))
≫ylabel('Semilog  Plot')
≫axes(haxes(2))
≫ylabel('Linear  Plot')
≫set(hline2,'LineStyle','--')
```

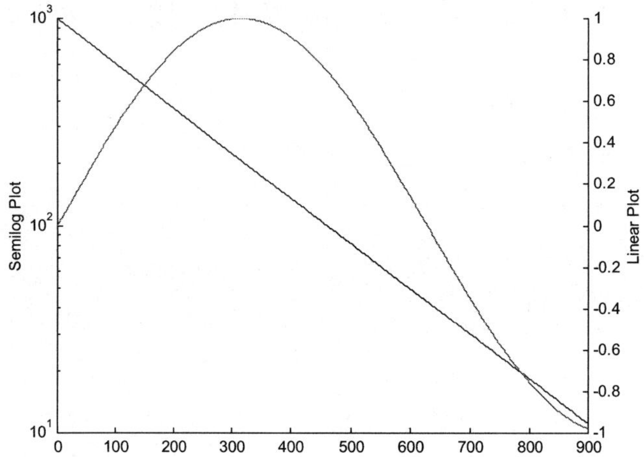

다음은 여러 선 형태(line style)로 표시하는 것을 그래프로 보여준다.

```
≫x = 0 : 0.1 : 10 ;
≫y1 = cos(x) ;
≫y2 = 1+cos(x) ;
≫y3 = 2+cos(x) ;
≫y4 = 3+cos(x) ;
≫plot(x,y1,'g-',x,y2,'b--',x,y3,'r:',x,y4,'k-.')
```

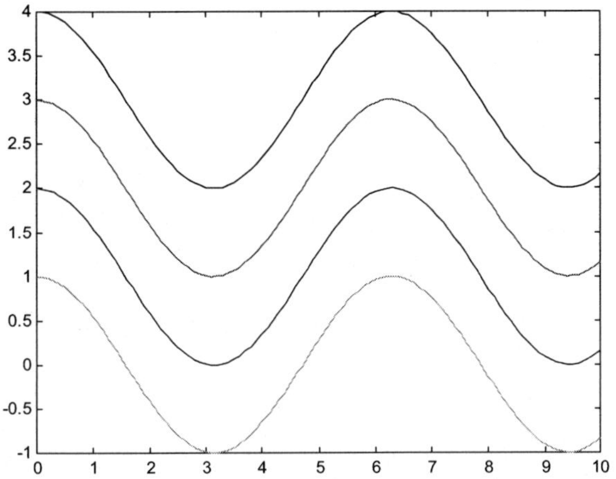

다음은 곡선의 색 지정과 점표시(marker)의 표시를 그래프에 보여 준다.

≫t = 0 : 1 : 10 ;
≫x = 0.5*exp(−0.5*t).*sin(t+pi/2) ;
≫plot(t,x,'b-.diamond') % 파란색 일점쇄선과 다이아몬드 점 표시

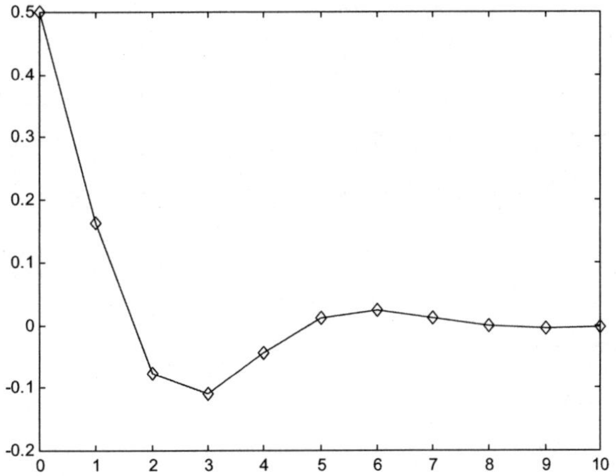

≫x = 0 : pi/15 : 4*pi ;
≫y = exp(2*cos(x)) ;

```
≫plot(x,y,'-r',x,y,'ok')     % 붉은 색 실선과 검정색 원형 점 표시
```

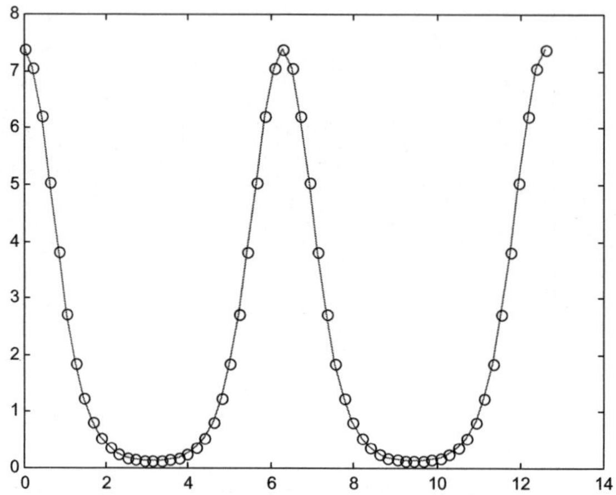

2.2.4 그래프에 그래프 추가

'plot' 명령어를 사용하여 한꺼번에 여러 쌍의 데이터를 그래프로 표시할 수 있다. 그러나 일반적으로 'plot' 명령어는 개체를 지우고 새로 시작하기 때문에 어떤 조건 없이 'plot' 명령어를 이용해서는 현재 그려진 그래프 위에 덧붙여 그릴 수 없다. 이때 'hold' 명령어를 사용하면 그래프 개체 위에 새로운 그래프 개체를 덧붙여 그릴 수 있다. hold on이면 덧붙여 그릴 수 있고, hold off이면 그 기능이 제한된다. hold를 단독으로 사용하면 사용할 때마다 hold on/off이 교대로 반복된다. 그리고 hold on 기능이 끝난 시점에 hold off를 반드시 사용하는 것이 그래픽 사용에서 오류를 줄일 수 있다.

```
≫x = 0 : 0.1 : 10 ;
≫y1 = sin(x) ;
≫y2 = cos(x) ;
≫plot(x,y1,x,y2)

≫% y1, y2 그래프에 y3 그래프를 추가
≫hold on          % 그래프를 덧붙이고자 할 때 시작
≫y3 = 2*exp(-0.5*x).*sin(0.5*x) ;
```

```
≫plot(x,y3,'-r')
≫hold off          % 덧붙이기 기능이 끝난 시점에 반드시 사용
```

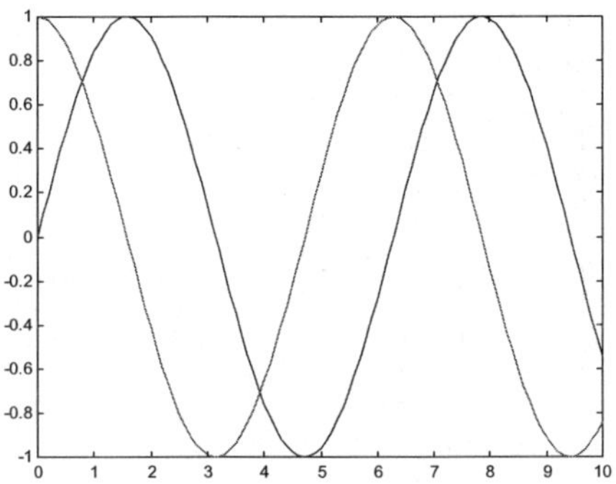

y1, y2

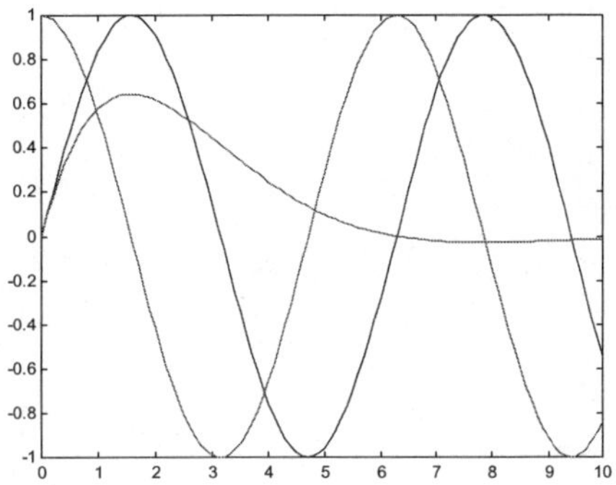

y1, y2, y3

2.2.5 좌표축과 좌표눈금의 변경

좌표축의 최소·최대값은 데이터의 최소·최대값에 따라 자동으로 설정된다. 'axis'를 사용하여 좌표축의 범위를 변경할 수 있다. 또한 자동으로 설정되는 좌표눈금도 set(gca, 'xtick',v)와 set(gca,'xtick',v) 설정을 통해 변경할 수 있다.

```
≫x = 0 : 0.01 : 10 ;
≫y = exp(-0.5*x).*sin(5*x) ;
≫plot(x,y)

≫% x, y축 확대
≫v = [0,6,-0.2,0.6] ;          % 현재 그래프의 크기를 갖는 행벡터
≫axis(v)                       % x축을 0~6, y축을 -0.2~0.6으로 변경

≫% x축 눈금 변경
≫v = [0,2,4,6,8,10] ;
≫set(gca,'xtick',v) ;          % x축 눈금을 2 눈금 간격으로 변경

≫% y축 눈금 변경
```

```
≫v = [−1.0,−0.5,0,0.5,1.0] ;
≫set(gca,'ytick',v) ;          % y축 눈금을 0.5 눈금 간격으로 변경
```

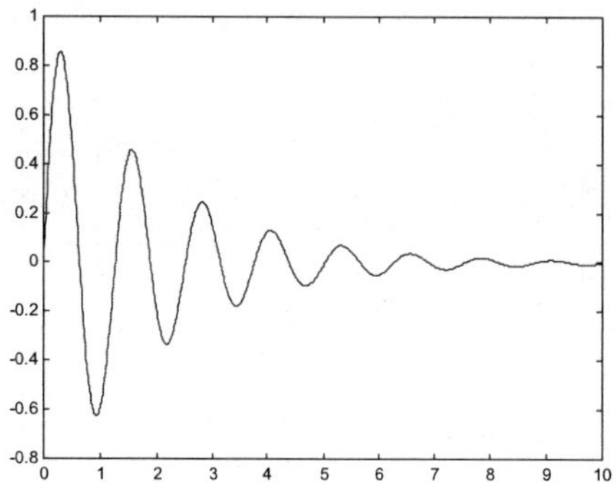

변경전

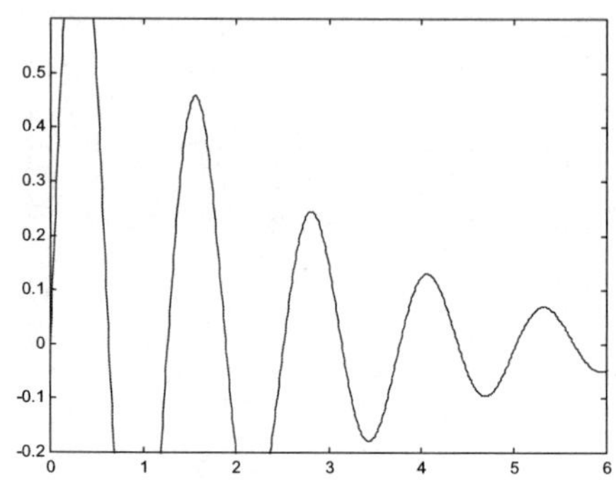

x, y축 확대

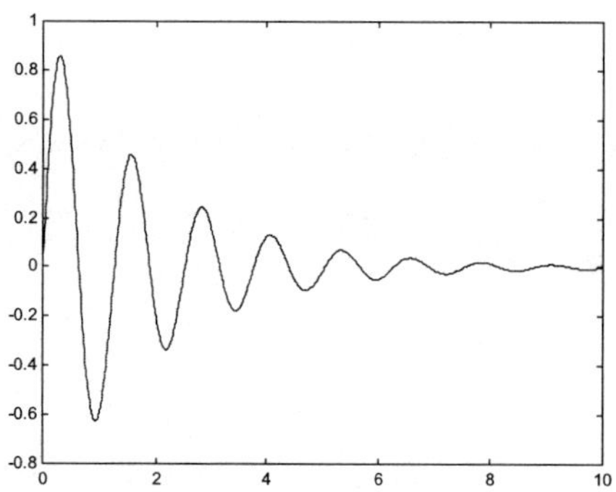

x축 눈금 변경

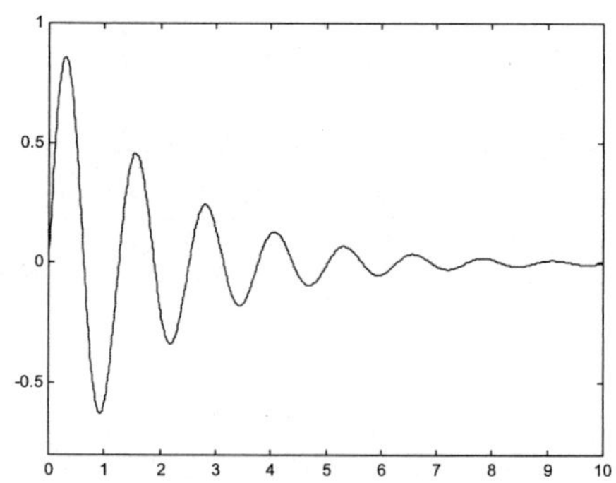

y축 눈금 변경

2.2.6 그래픽 개체에 명칭 붙이기

'plot' 명령어를 이용하여 그래픽 개체를 만든 다음에 각 축에 명칭을 추가(labeling)할 수 있다. 그리고 그래픽 개체의 임의의 위치에 원하는 문자열이나 범례를 추가할 수도 있으며, 격자눈금을 보이게 하거나 보이지 않게 할 수 있다. 그래픽 개체의 명칭과 관련된 함수는 다음과 같다.

함수	설 명
title	그래픽 개체에 제목을 추가
xlabel	x 축 명칭을 추가
ylabel	y 축 명칭을 추가
zlabel	3차원 그래프일 경우 z 축 명칭을 추가
legend	그래픽 개체에 범례를 추가
text	그래픽 개체의 임의의 위치에 문자열을 추가
gtext	마우스를 사용하여 임의의 위치에 문자열을 추가
grid	그래픽 개체에 격자눈금을 추가 (on/off)
box	축상자를 보이게 또는 안보이게 설정 (on/off)

```
≫t = linspace(0,2*pi,30) ;          % 0~2 pi 사이를 30 등분한 행벡터
≫x1 = sin(t) ;
≫x2 = cos(t) ;
≫plot(t,x1,'b-',t,x2,'r--')
≫xlabel('시간(sec)') ;              % x축 명칭 (한글도 입력 가능)
≫ylabel('변위(m)') ;                % y축 명치
≫title('정현 파형과 여현 파형') ;    % 그래프 제목
```

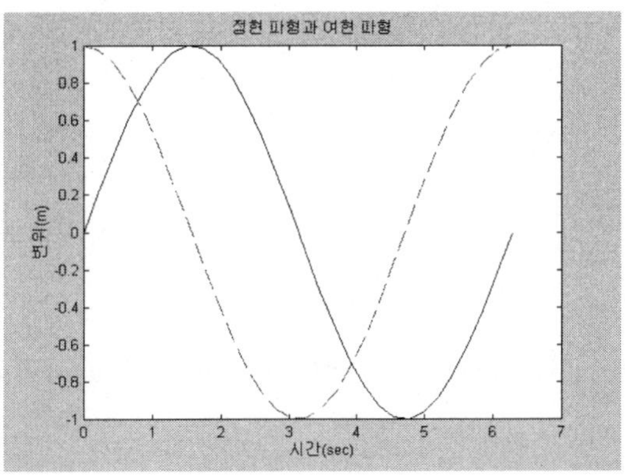

x,y 축 명칭과 제목 추가

```
≫% 곡선의 범례(legend) 넣기
≫legend('sin 파형','cos 파형')
```

```
≫grid on

≫% 텍스트 넣기
≫text(1.5,0.5,'x1 = sin(t)\rightarrow') ;
≫text(1.6,0.1,'\leftarrowx2 = cos(t)') ;

≫% 또는 마우스로 위치 지정하여 텍스트 넣기
≫gtext('\leftarrowx2 = cos(t)') ;
```

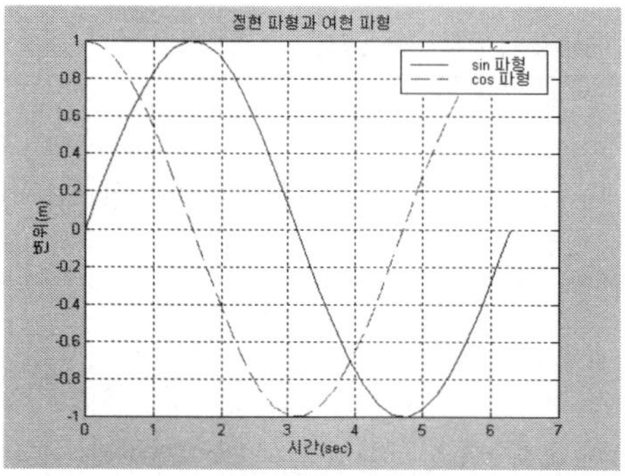

범례 추가

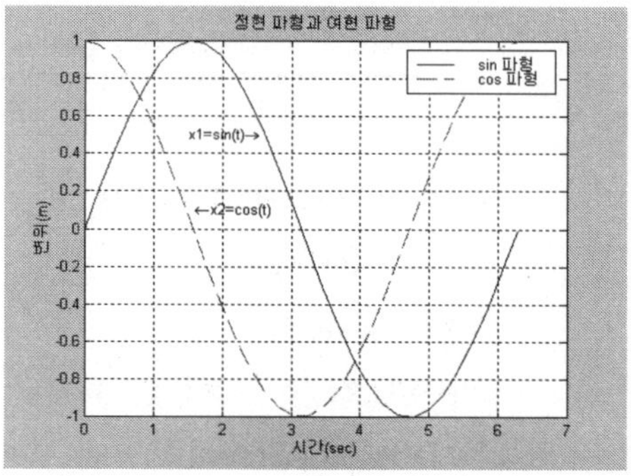

텍스트 추가

```
≫% 특수문자(symbol) 사용
≫f = 10 ;
≫w = 2*pi*f ;
≫t = 0 : 0.1 : 100 ;
≫x = cos(w*t) ;
≫y = sin(w*t) ;
≫plot(t,y)          % 오일러 공식 그래프
≫gtext('\ite^{i\omega\tau} = cos(\omega\tau)+i  sin(\omega\tau)')
```

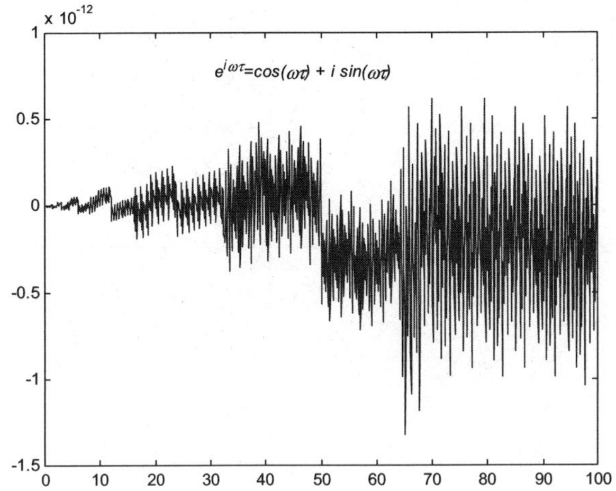

그래프에 오일러 공식을 symbol 텍스트로 입력

2.2.7 극 좌표계 그래프

극(polar) 좌표계는 크기(반지름)와 각도로 구성된다. MATLAB에서 반지름은 원점에서 임의의 점까지의 거리이며 양수이어야 한다. 각도는 반시계 방향을 + 각으로 하며 라디안(rad) 단위를 사용한다. 다음은 'polar' 명령어의 사용 형식이다.

polar(각도,반지름,'Color+LineStyle+Marker')

```
≫Theta = 0 : (2*pi)/100 : 2*pi ;
≫R = sin(2*Theta).*cos(2*Theta) ;
≫polar(Theta,R)
```

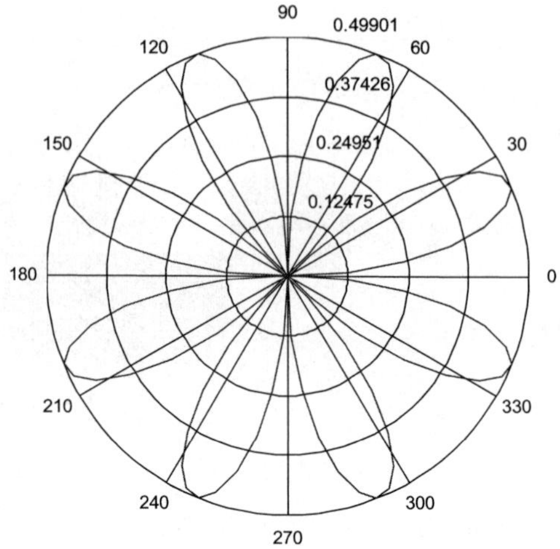

극 좌표계 그래프에서 입력 인자가 벡터 하나이면, MATLAB에서 자동적으로 같은 값을 가지는 두 개의 반지름·각도 벡터의 입력으로 보고 극 좌표계 그래프를 그린다.

polar(벡터 A) = polar(벡터 A,벡터 A)

```
≫Theta = 0 : (2*pi)/100 : 2*pi ;
≫polar(Theta)
```

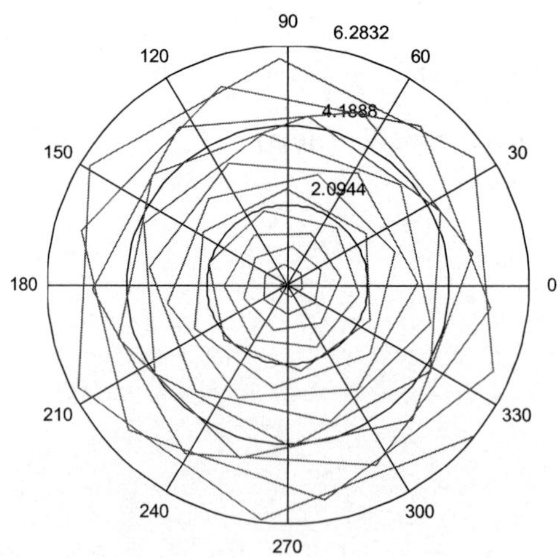

극 좌표계 그래프를 응용한 장미 그리기

2.2.8 좌표계 변환

MATLAB 그래픽에서 사용하는 좌표계에는 직각 좌표계, 극 좌표계, 원통 좌표계 및 구 좌표계가 있다. 이 좌표계를 서로 서로 변환하는 형식은 다음과 같다.

```
직각 좌표계 ⇆ 극 좌표계
[각도,반지름] = cart2pol(x좌표,y좌표)
[x좌표,y좌표] = pol2cart(각도,반지름)

직각 좌표계 ⇆ 원통 좌표계
[각도,반지름,높이] = cart2pol(x좌표,y좌표,z좌표)
[x좌표,y좌표,z좌표] = pol2cart(각도,반지름,높이)

직각 좌표계 ⇆ 구 좌표계
[theta각도,phi각도,반지름] = cart2sph(x좌표,y좌표,z좌표)
[x좌표,y좌표,z좌표] = sph2cart(theta각도,phi각도,반지름)
```

다음은 감쇄진동에서 시간에 따른 진폭과 속도 변화를 직교 좌표계와 극좌표계의 그래프로 나타낸 것이다.

```
≫t = 0 : 0.01 : 7 ;
≫x = exp(−0.5*t).*cos(5*t) ;          % 진폭 변화 x(t)
≫v = −exp(−0.5*t).*sin(5*t) ;         % 속도 변화 v(t)
≫figure(1)
≫plot(t,x,t,v) ;                      % 직교 좌표 그래프
≫xlabel('t') ;
≫ylabel('x(t),  v(t)')
≫title('Rectangular  Coordinate')
≫text(0.15,0.85,'x(t)') ;
≫text(0.4,−0.85,'v(t)') ;
```

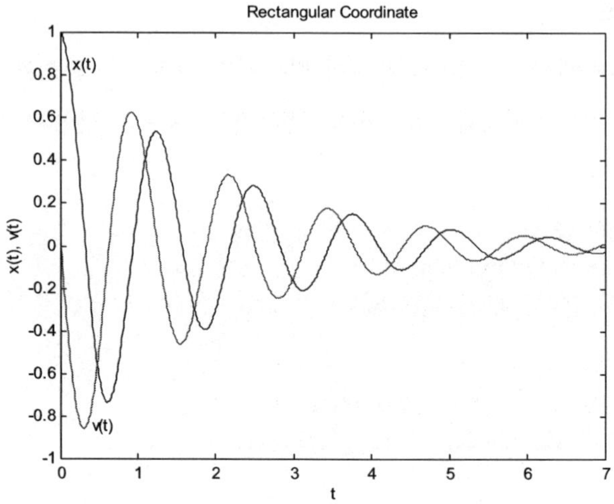

시간에 대한 진폭과 속도 변화의 직각 좌표 그래프

```
≫[Theta,R] = cart2pol(x,v) ;            % (x(t), v(t)) → (Θ, R) 좌표 변환
≫figure(2)
≫polar(Theta,R)                         % 극 좌표 그래프
≫title('Polar Coordinate')
```

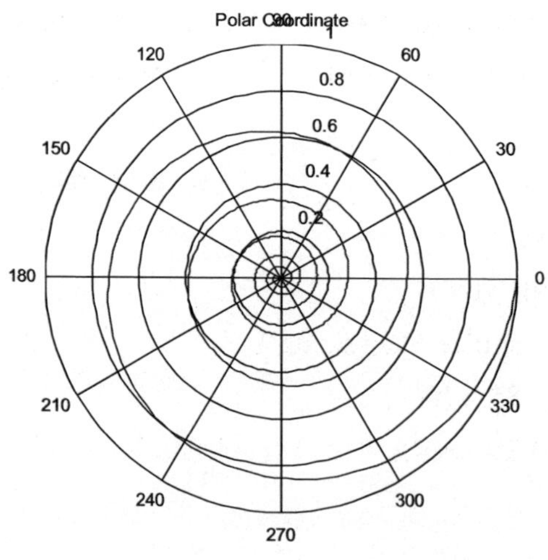

변위에 대한 속도의 변화를 극 좌표 그래프로 표시

2.3 3차원 그래픽

2.3.1 3차원에서 선 그래프(line plot)

'plot3' 명령어는 2차원의 선 그래프 함수 'plot'을 3차원으로 확장한 것으로 명령어의 인수 중 좌표 데이터가 두 개의 열이 아니고 세 개의 열인 점을 제외하고 2차원 'plot'과 사용 방법이 같다. 사용 형식은 다음과 같다.

```
plot3(x,y,z,'Color+LineStyle+Marker')
```

다음은 3차원 나선(helix) 그래프를 그린다.

```
≫t = linspace(0,10*pi) ;     % 0과 10*pi 사이를 100 등분함 %
≫x = sin(t) ;
≫y = cos(t) ;
≫plot3(x,y,t)
≫xlabel('sin(t)')
≫ylabel('cos(t)')
≫zlabel('t')
```

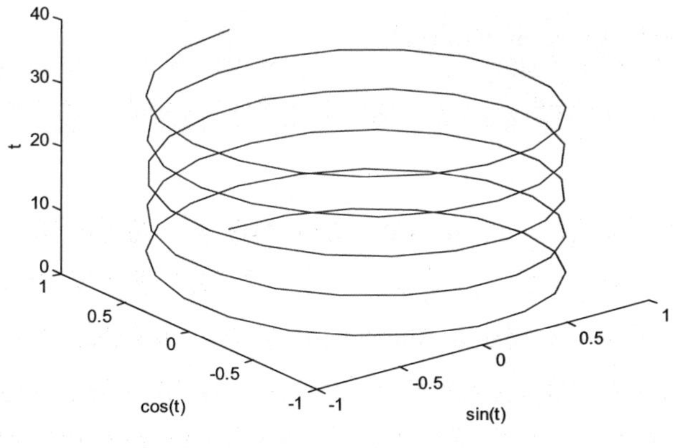

3차원에는 2차원의 'xlabel'과 'ylabel' 함수에 대응하는 zlabel 함수가 더 있다. 같은 방식으로 'axis' 명령어도 axis([xmin xmax ymin ymax zmin zmax])의 3차원 형태를 가진다. 축에 관한 다른 명령어들도 이와 같은 방법으로 3차원에서 수행된다.

2.3.2 면 그래프

MATLAB에서 3차원 면은 x-y 격자 평면에서 각 격자의 z 값에 의해서 정의된다. 다음은 3차원의 면을 그리는 명령어들이다.

명령어	설 명
mesh	망사 그리기
meshc	등고선 그리기가 포함된 망사 그리기
meshz	막(curtain) 그리기가 포함된 망사 그리기
surf	면 그리기
surfc	등고선 그리기가 포함된 면 그리기
surfl	광원에 의한 3차원 음영이 있는 면 그리기
surface	저차원의 3차원 면 그리기

망사(mesh) : 3차원 그물 격자 그래프

x-y 격자 평면에서 각 격자의 z 값에 의해서 망사 표면이 정의된다. 'mesh' 명령어의 사용 형식은 다음과 같다.

```
mesh(x,y,z), mesh(x,y,z,C)
C는 색의 스케일,
C가 생략되면 z를 C로 사용하여 높이 z에 비례하는 색을 그림
```

두 개의 변수를 가진 함수 z = f(x,y)의 망사 그래프를 생성하기 위해 변수 x 및 y의 임의의 영역에 대해 각각 반복되는 행들과 열들로 구성된 행렬 X 및 Y를 생성해야 한다. MATLAB에서는 이러한 목적으로 'meshgrid' 함수를 제공한다. 'meshgrid' 함수는 벡터 x, y를 행렬 X, Y로 변환하는데, 행이 벡터 x의 반복된 복사로 구성된 행렬 X와 열이 벡터 y의 반복된 복사로 구성된 행렬 Y를 구성한다. 'meshgrid'의 형식은 다음과 같다.

> [X, Y] = meshgrid(x,y)
> 행렬 X는 요소가 n개인 행벡터 x가 m(행렬 Y의 요소)개 행으로 중복되어 구성됨
> 행렬 Y는 요소가 m개인 열벡터 y가 n(행렬 X의 요소)개 열로 중복되어 구성됨

x 벡터 :

x_1	x_2	x_3	x_4

y 벡터 :

y_1	y_2	y_3	y_4	y_5

⇩

meshgrid

⇩

행렬 X:

x_1	x_2	x_3	x_4
x_1	x_2	x_3	x_4
x_1	x_2	x_3	x_4
x_1	x_2	x_3	x_4
x_1	x_2	x_3	x_4

행렬 Y:

y_1	y_1	y_1	y_1
y_2	y_2	y_2	y_2
y_3	y_3	y_3	y_3
y_4	y_4	y_4	y_4
y_5	y_5	y_5	y_5

⇩

격자 x,y :

x_1,y_1	x_2,y_1	x_3,y_1	x_4,y_1
x_1,y_2	x_2,y_2	x_3,y_2	x_4,y_2
x_1,y_3	x_2,y_3	x_3,y_3	x_4,y_3
x_1,y_4	x_2,y_4	x_3,y_4	x_4,y_4
x_1,y_5	x_2,y_5	x_3,y_5	x_4,y_5

다음은 'mesh'에 의한 3차원 망사 그리기의 예를 보인 것이다.

```
≫x = −7.5 : .5 : 7.5 ;
≫y = x ;
≫[X,Y] = meshgrid(x,y) ;          % 벡터를 행렬로 변환
```

```
≫R = sqrt(X.^2+Y.^2)+eps ;        % 원점으로부터 거리 계산
≫Z = sin(R)./R ;                  % sin(r)/r을 계산하여 z 축값으로 정함
≫mesh(X,Y,Z)                      % 3차원 망사 그리기
≫colorbar ;                       % z 축값에 따른 색상 기둥
≫xlabel('x') ;
≫ylabel('y') ;
≫zlabel('z') ;
```

여기서 eps는 컴퓨터가 나타낼 수 있는 가장 작은 양의 수이며 2.2204e-016로 주어진다.

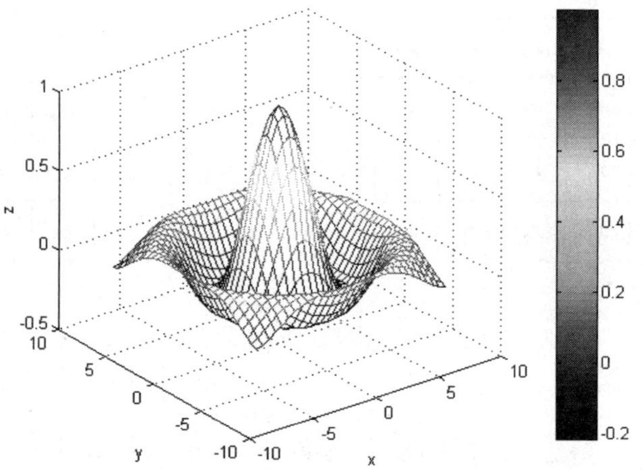

표면(surf) : 3차원 표면 그래프

표면 그래프는 망사 그래프의 격자선들 사이의 공간이 색이나 음영으로 채워져 있는 것을 제외하고 망사 그래프와 같다. 다음은 'surf'에 의한 3차원 표면 그리기의 예를 보인 것이다.

```
≫x = -7.5 : .5 : 7.5 ;
≫y = x ;
≫[X,Y] = meshgrid(x,y) ;          % 벡터를 행렬로 변환
≫R = sqrt(X.^2+Y.^2)+eps ;        % 원점으로부터 거리 계산
```

```
≫Z = sin(R)./R ;          % sin(r)/r을 계산하여 z 축값으로 정함
≫surf(X,Y,Z)              % 3차원 표면 그리기
≫colorbar ;               % z 축값 에 따른 색상 기둥
≫shading flat
≫xlabel('x') ;
≫ylabel('y') ;
≫zlabel('z') ;
```

이 외에서 3차원 면 그래프에는 'meshc'(mesh와 contour가 더해진 그래프), 'surfc'(surf와 contour가 더해진 그래프), 'surfl'(광원에 의한 3차원 음영 더해진 그래프) 등이 있다.

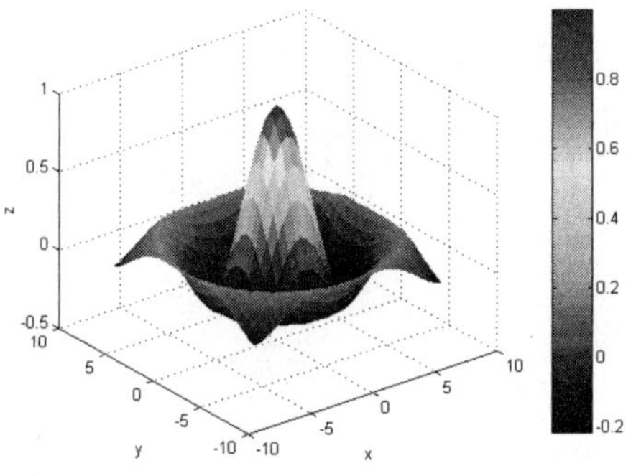

surf 그래프

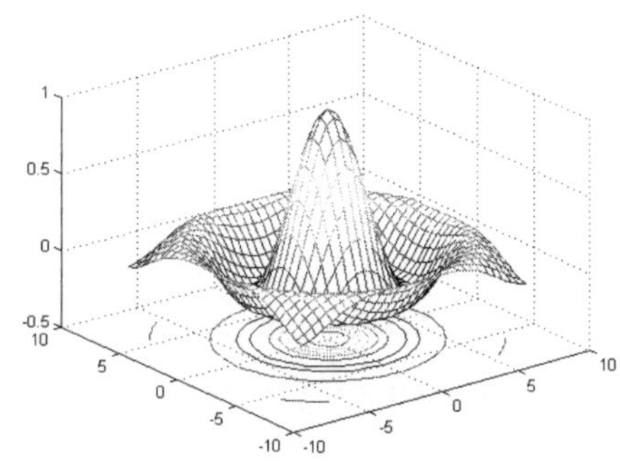

meshc 그래프

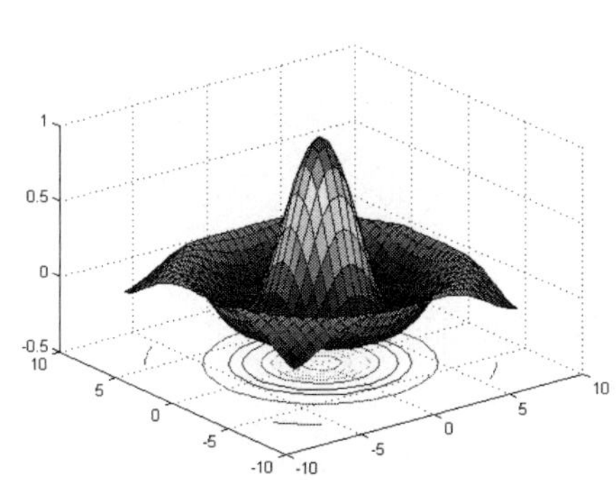

surfc 그래프

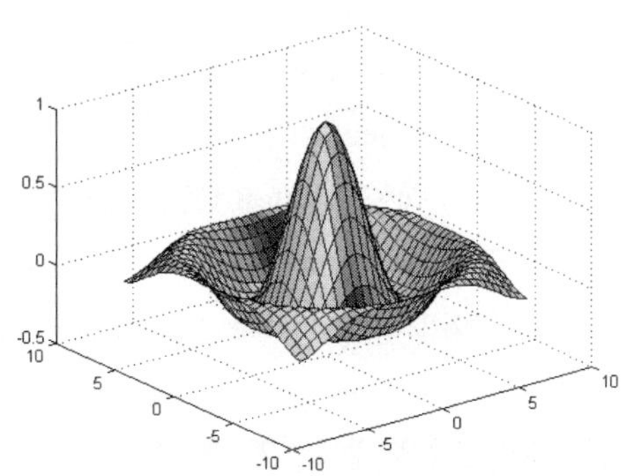

pcolor 그래프

2.3.3 등고선 그래프

등고선 그래프는 같은 높이의 정보를 이은 선으로 표현한 것이다. 지도나 기상도에서 등고선과 의미가 같다. MATLAB에서 2차원 및 3차원의 등고선은 각각 'contour' 및 'contour3'에 의해서 생성된다. 2차원 등고선을 그리기 위해서 'contour' 명령어를 사용한다. 다음은 'contour'의 사용 형식이다.

```
contour(x,y,z),  contour(x,y,z,N),
```

인수에 N이 있을 경우, N 개의 선으로 x-y 평면에 대한 높이 z의 등고선을 그리고, N이 없을 경우 자동으로 정하여 등고선을 그린다.

Peaks 함수의 등고선 그리기

'peaks' 함수는 3차원 데모를 위한 샘플 함수이며, 가우스 분포를 갖는 몇 개의 봉우리와 골짜기로 구성되어 있다. 다음은 'peaks' 함수를 이용한 등고선 그래프의 예를 보인 것이다.

```
≫[X,Y,Z] = peaks ;
≫contour(X,Y,Z,20)
```

Peaks 함수의 등고선에 label 적어 넣기

'clabel' 함수를 사용하여 등고선에 z 값을 써넣을 수 있다. 'clabel'에 사용되는 두 개의 인수는 'contour' 명령어에 의해 주어진다.

```
≫Z = peaks ;
≫[C,h] = contour(Z,10) ;
≫clabel(C,h)
≫title({'Contour Labeled Using','clabel(C,h)'})
```

Peaks 함수의 등고선에 색 채우기

'contourf' 함수는 등고선 사이를 색으로 채운다. 이때 사용하는 색은 'caxis'에 의해 생성되는 'colormap'의 의사(pseudo) 색상을 기준으로 z 값에 따라 결정된다.

```
≫Z = peaks ;
≫caxis([-20 20])
≫[C,h] = contourf(Z,20) ;
≫title({'Filled Contour Plot Using','contourf(Z,10)'})
```

Peaks 함수의 pcolor 등고선 보기

'pcolor' 함수는 2차 그물 격자 그래프에 3차원 z값을 색으로 표현한 그래프를 그린다. 그물 격자에 'contourf'의 그래프의 등고선이 없이 부드럽게 연결된 색상을 입힌 것과 같다.

```
≫[X,Y,Z] = peaks ;
≫pcolor(X,Y,Z)
```

Peaks 함수의 3차원 등고선 보기

'contour3'는 3차원 등고선 그래프를 그리는 명령어로 등고선을 z 값에 따라 3차원으로 배열한다.

```
≫[X,Y,Z] = peaks ;
≫contour3(X,Y,Z,20)
≫h = findobj('Type','patch') ;
≫set(h,'LineWidth',2)
≫title('Twenty Contours of the peaks Function')
```

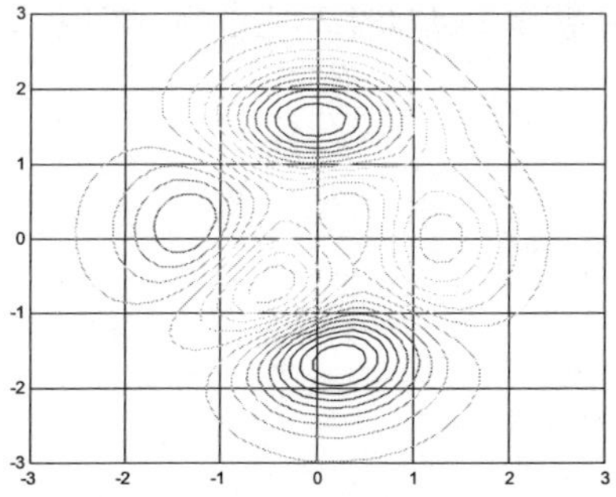

contour를 사용한 등고선

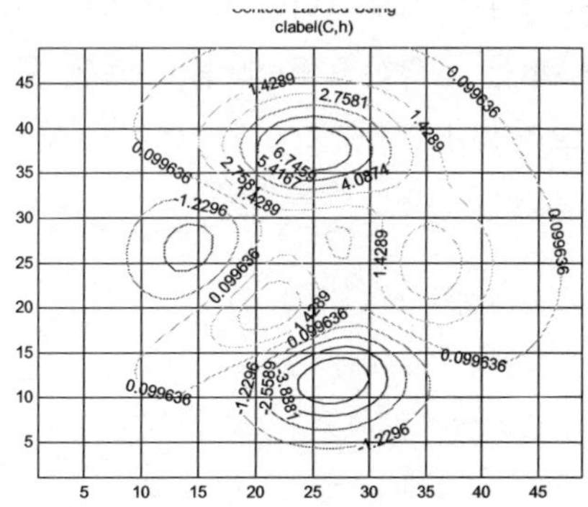

clable을 사용한 등고선

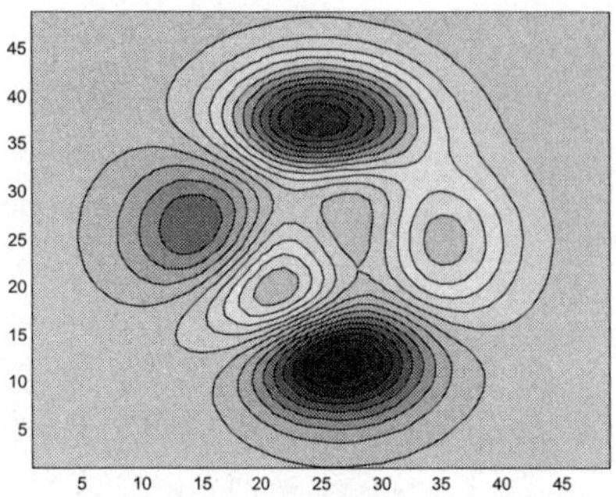

contourf를 사용한 등고선

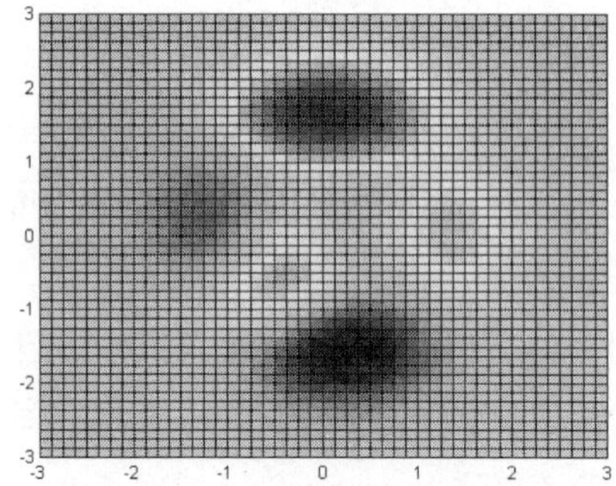

pcolor를 사용한 등고선

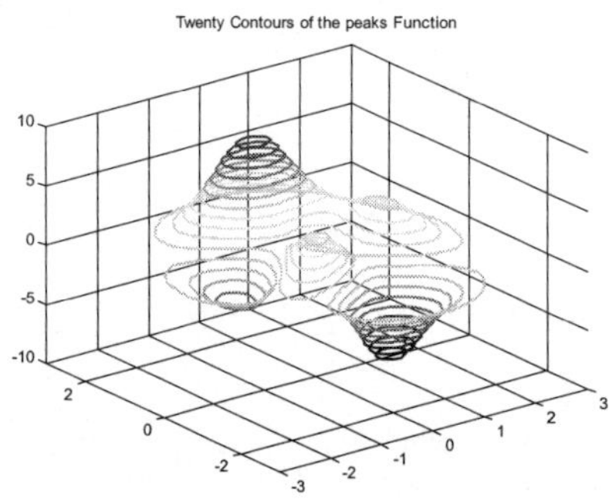

contour3를 사용한 등고선

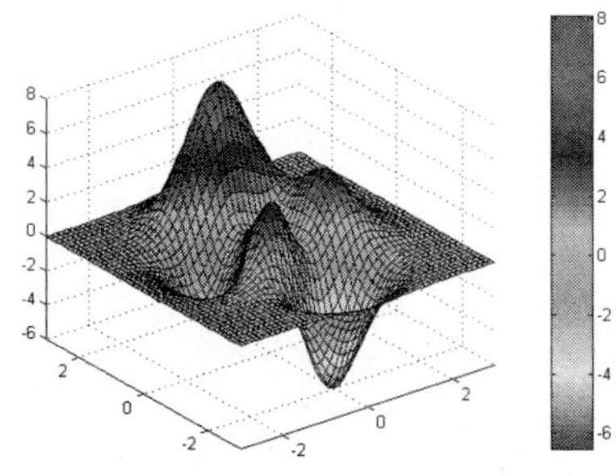

peaks의 3차원 표면 그래프

2.3.4 3차원 그래픽 프로그래밍

지금까지 다룬 meshgrid, mesh, surfc, contour, contour3 등의 명령어를 사용하여 3차원 그래픽 프로그램을 작성하였다. M-파일 이름은 ‘xsin,m’이다. 명령창의 프롬프트에서 xsin을 입력하고 Enter를 누르면 프로그램이 실행되며, 4개의 그림창에 3차원 그래프가 그려진다.

```
% -----------------------------------------------
% File Name : xsin
% Objective : mesh를 사용하여 표면 그래프를 그리고
%                   contour를 사용하여 윤곽선을 그린다.
% -----------------------------------------------

% 3차원 데이터를 준비
x = 0 : 0.1 : 10 ; y = 0 : 0.1 : 10 ;
[X,Y] = meshgrid(x,y) ;                % 벡터를 행렬로 변환
Z = X.*sin(Y) ;

% 표면 그래프를 그린다.
figure(1) ;
mesh(X,Y,Z)
xlabel('x') ; ylabel('y') ; zlabel('z') ;
colorbar ;

% 표면과 등고선 그래프를 그린다.
figure(2) ;
surfc(X,Y,Z)
xlabel('x') ; ylabel('y') ; zlabel('z') ;
colorbar ;

% 기정값 개수의 선을 가지는 등고선을 그린다.
figure(3) ;
c = contour(X,Y,Z) ;
xlabel('x') ; ylabel('y') ; zlabel('z') ;
colorbar ;

% 30개의 선을 가지는 등고선을 그리고, 높이 라벨을 추가한다.
figure(4) ;
c = contour(X,Y,Z,30);
xlabel('x') ; ylabel('y') ; zlabel('z') ;
  clabel(c) ;                % 등고선에 높이 라벨을 추가.
colorbar ;
```

≫xsin

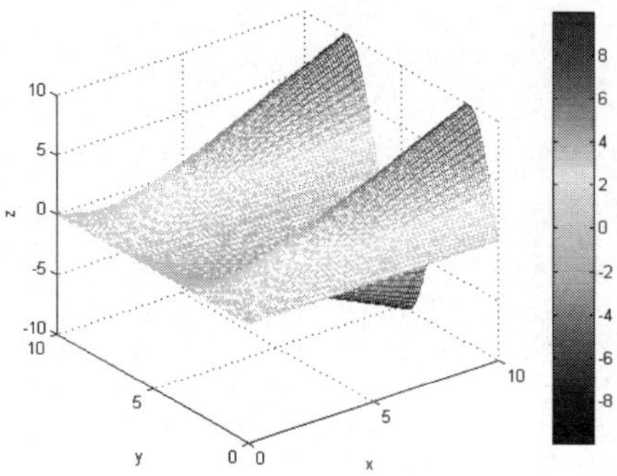

mesh를 사용한 표면 그래프

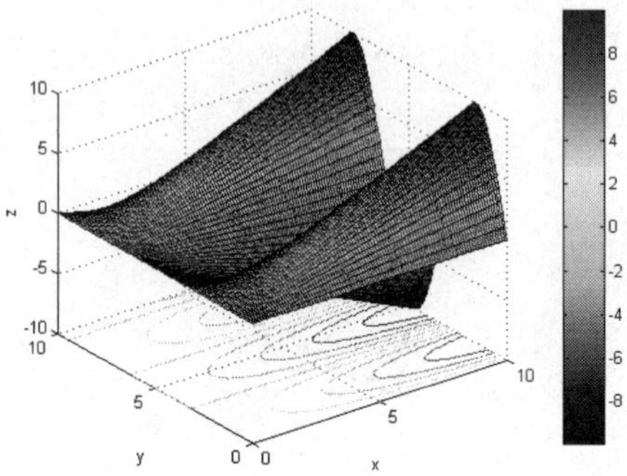

surfc를 사용한 표면 그래프

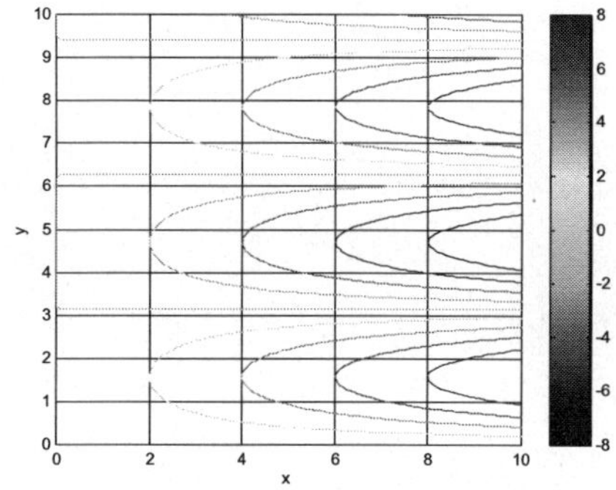

contour를 사용한 등고선 그래프

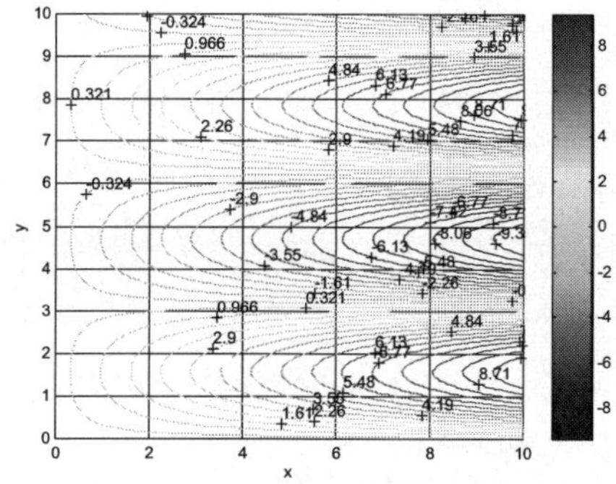

clabel을 사용한 등고선 그래프

2.3.5 은선의 감추기와 보이기

은선(hidden line)은 관찰점에서 보았을 때 감추어진 뒷부분을 나타내는 선이다. MATLAB에서는 기정 설정(hidden on)에 의해 이러한 감추어진 부분을 그래프에 나타내지 않는다. 그러나 'hidden off' 명령을 사용하면 은선을 보이게 할 수 있다. 다음은 'hidden' 명령어의 사용 형식이다.

```
hidden on/off
```

다음은 'peaks'와 'hidden'을 사용하여 은선을 처리한 예를 보인 것이다.

```
≫mesh(peaks(20)+7)        % 거친 망사(20) 표면, 7 만큼 이동
≫hold on
≫pcolor(peaks(20))        % 가상 색 그래프를 추가
≫hold off
≫title('mesh with hidden on')
≫hidden off               % 은선을 보이게 설정
≫title('mesh with hidden off')
```

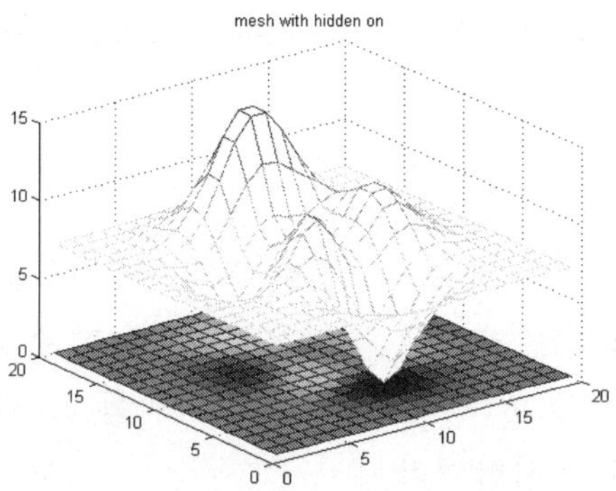

은선을 보이지 않게 설정(기정값)

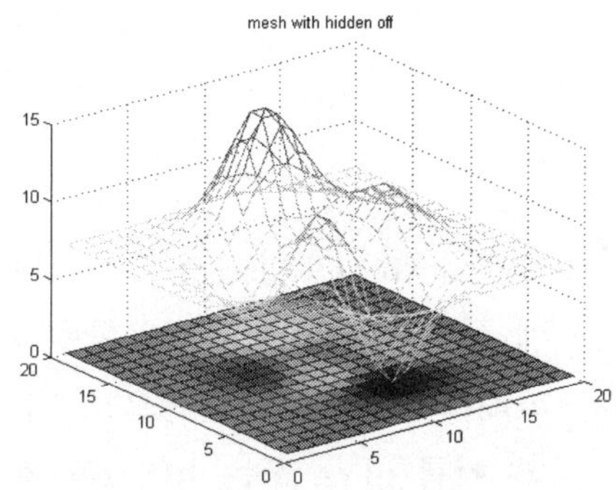

은선을 보이게 설정

제 2 장 연습문제

MATLAB 그래픽

1. 벡터 x, y를 아래와 같이 생성하고 점들은 빨간색 동그라미로 표시하는 2차원 그래프를 그려보아라.

$x=$ [0 0.5 1 1.5 2 2.5 3 3.5 4 4.5 5 5.5 6 6.5]
$y=$ [0 0.48 0.84 0.99 0.91 0.60 0.14 −0.35 −0.76 −0.98 −0.96 −0.71 −0.28 0]

2. 구간 $[-3, 4]$ 상에서 $g(x)=x^2-x-6$과 $h(x)=x-7$의 그래프를 한 화면에 동시에 그려보아라. 함수 g의 그래프는 초록색 점선으로 하고 함수 h의 그래프는 파란색 단선으로 나타내어라. 또한 적절한 제목, 축 이름, 그래프의 이름(g(x) 또는 h(x))을 각 곡선에 표시하여라.

3. 구간 $[-2\pi, 2\pi]$ 상에서 내장함수 cos과 tanh의 그래프를 한 화면에 동시에 그려보아라.

4. 벡터 x, y를 아래와 같이 생성하고 점들은 동그라미로 표시하는 그래프와

$x=$ [−5 −4.1 −3.3 −1.8 −1.5 0.1 0.7 2.0 3.2 3.5 5]
$y=$ [0.04 0.10 0.08 0.20 0.45 1.00 0.55 0.22 0.09 0.03 0.02]

구간 $[-5, 5]$ 상에 함수 $f(x)=\dfrac{1}{1+x^2}$의 그래프(실선)를 한 화면에 동시에 그려보아라. 또한 적절한 제목, 축 이름, 그래프의 이름 등을 그림에 표시하고 출력해 보아라.

5. 한 화면을 4등분하여 구간 $[-2, 2]$ 상에서 정의된 함수 $f_0(x)=1$, $f_1(x)=1+x$, $f_2(x)=1+x+\dfrac{x^2}{2}$, $f_3(x)=1+x+\dfrac{x^2}{2}+\dfrac{x^3}{6}$을 각 부분에 차례대로 그려라.

6. 구간 $[-2, 2]$ 상에서 5번에 주어진 4개의 함수와 $f(x)=e^x$의 그래프들을 한 화면에 모두 그려보아라.

7. 영역 $-2\le x\le 2$, $-2\le y\le 2$ 상에서 이변수 함수 $z=x^2-y^2$의 그래프를 그려보아라.

8. 영역 $-2\le x\le 2$, $-2\le y\le 2$ 상에서 이변수 함수 $z=xe^{-x^2-y^2}$의 그래프를 그려보아라.

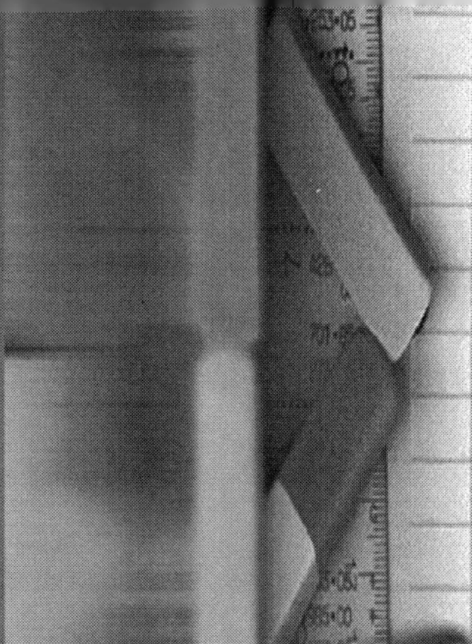

제 3 장

수학적 기본 개념과 진법 및 오차

00000000000000000000

10000000000000000001

01000000000000000010

11000000000000000011

00100000000000000100

11111010111

01100000000000000110

11100000000000000111

00010000000000001000

10010000000000001001

01010000000000001010

이 장의 내용

제 3 장

수학적 기본 개념과 진법 및 오차

인간은 10진법, 컴퓨터는 2진법(또는 8, 16진법)을 사용한다. 따라서 10진수에서 2진수로 어떻게 변환하는지 이해를 할 필요가 있다. 각 진법에서 사용하는 수(digit)는 다음과 같다.

2진수(binary) : 0, 1
8진수(octal) : 0, 1, 2, 3, 4, 5, 6, 7
10진수(decimal) : 0, 1, 2, 3, 4, 5, 6, 7, 8, 9
16진수(hexadecimal) : 0, 1, 2, 3, 4, 5, 6, 7, 8, 9, A, B, C, D, E, F

단, A, B, C, D, E, F는 차례대로 10, 11, 12, 13, 14, 15를 의미한다.
아래는 10진수 2007년도를 각 진법으로 나타내었다.

2진법 : 11111010111년도
8진법 : 3727년도
10진법 : 2007년도
16진법 : 7D7년도
2007진법 : 10년도

3.1 개요

이 장에서는 수치해석학에서 필요한 수학의 기본 개념과 정리, 수의 변환, 부동소수점 표시법, 오차의 정의와 분석에 대해서 다룬다. 수치해석을 공부할 때 필요한 수학의 기본 개념이나 정리들은 극한, 연속성, 미분, 적분, 수열, 급수의 정의 및 수렴성 등을 포함한다. 나아가 방정식의 근의 존재를 알 수 있는 중간값 정리와 수치미분값을 구하는데 사용되는 평균값 정리 등도 함께 간략히 복습한다. 컴퓨터 내에서의 연산은 10진수가 아닌 2진수 또는 16진수이기 때문에 진법의 변환을 이해하면 절단오차가 발생하는 이유를 알 수 있다. 따라서 이 장에서는 진법의 변환뿐만 아니라 오차의 종류와 오차의 발생원인 등을 다루고자 한다. 이는 수치방법을 사용하여 문제의 해를 얻었을 때 수치해석자로서 이에 대한 분석 및 의미를 부여할 수 있기 때문이다. 부동소수점의 표현 방식과 알고리즘의 의미 등도 간략하게 언급하고자 한다.

3.2 수학적 기본 개념

해석학의 기본이 되며 수치해석학에 필요한 정의와 정리들을 먼저 복습한다.

정의 3.1 극한

$f(x)$가 실수들의 집합 X에서 정의된 함수라고 하자. 만일 임의의 실수 $\epsilon > 0$에 대해서, 어떤 실수 $\delta > 0$이 존재하여 $0 < |x - x_0| < \delta$을 만족하는 모든 $x \in X$에 대하여 $|f(x) - L| < \epsilon$이면 f는 $x = x_0$에서 극한 L을 갖는다고 하며 다음과 같이 표시한다.

$$\lim_{x \to x_0} f(x) = L$$

정의 3.2 연속

함수 $f(x)$가 폐구간 $[a, b]$ 상에서 정의되고, $c \in [a, b]$라고 하자. 이 때 함수 $f(x)$가

$$\lim_{x \to c} f(x) = f(c)$$

조건을 만족하면, 함수 $f(x)$는 c에서 연속이라 한다.

정의 3.3 수렴

$\{x_n\}_{n=1}^{\infty}$을 무한수열이라고 하자. 만일 임의의 $\epsilon > 0$이 주어져 있을 때, $n > N(\epsilon)$에 대해 $|x_n - x| < \epsilon$과 같이 되는 양의 정수 $N(\epsilon)$이 존재하면, 이 수열은 x에 수렴한다. 이 수열은 극한 x를 갖고 다음과 같이 표현한다.

$$\lim_{n \to \infty} x_n = x$$

정의 3.4 도함수

f가 x_0를 포함하는 개구간에서 정의된 함수라 하자. 만일

$$f'(x) = \lim_{x \to x_0} \frac{f(x) - f(x_0)}{x - x_0}$$

이 존재하면, f는 x_0에서 미분가능하다고 하고, $f'(x_0)$를 x_0에서 f의 도함수라 한다.

정리 3.1

만일 함수 f가 x_0에서 미분가능이면, f는 x_0에서 연속이다.

정리 3.2 중간값 정리

함수 $f(x)$가 폐구간 $[a, b]$에서 연속이고 $f(a) \cdot f(b) < 0$이면, $f(c) = 0$를 만족하는 점 c가 개구간 (a, b)에 존재한다.

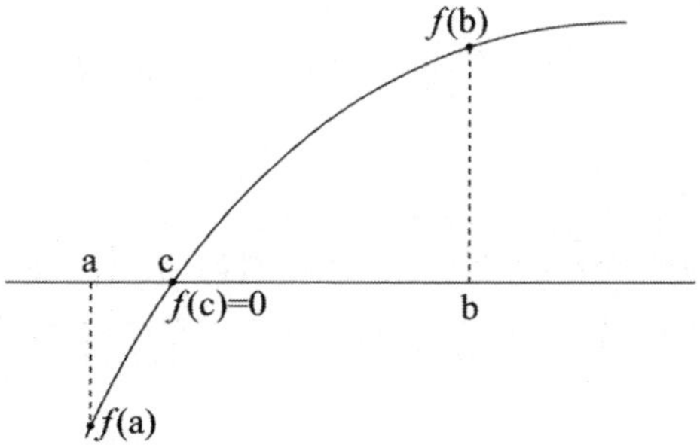

그림 3.1 방정식의 해에 관한 중간값 정리

예제 3.1 방정식 $x = \cos x$는 0과 π사이에서 적어도 하나의 실근을 가짐을 보여라.

함수 $f(x) = x - \cos(x)$는 폐구간 $[0, \pi]$에서 연속이고, $f(0) = -1$, $f(\pi) = \pi + 1$이므로 $f(0) < 0 < f(\pi)$이다. 그러므로 중간값 정리에 의하여 $f(c) = 0$을 만족하는 c가 0과 π사이에 반드시 1개 존재한다.

정리 3.3 Rolle의 정리

함수 $f(x)$가 폐구간 $[a, b]$에서 연속이고 개구간 (a, b)에서 미분 가능일 경우, $f(a) = f(b) = 0$이면 $f'(c) = 0$인 점 c가 개구간 (a, b)에 존재한다.

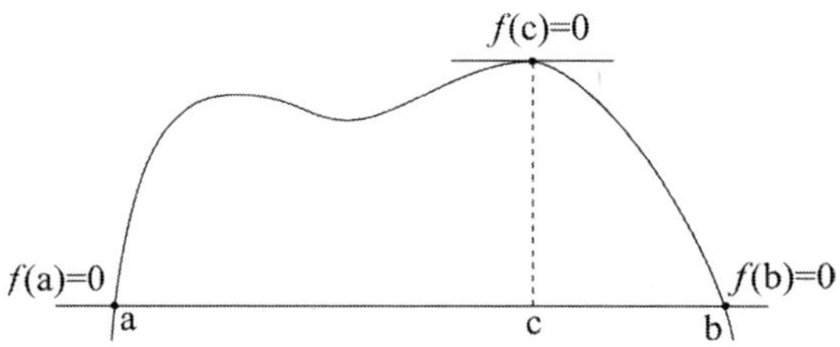

그림 3.2 Rolle의 정리

정리 3.4 평균값 정리

함수 $f(x)$가 폐구간 $[a, b]$에서 연속이고 개구간 (a, b)에서 미분 가능하면,

$$\frac{f(b) - f(a)}{b - a} = f'(c), \ a < c < b$$

를 만족하는 점 c가 적어도 하나 존재한다. 위의 식은 두 점 $(a, f(a))$, $(b, f(b))$를 지나는 직선의 기울기와 점 c에서의 곡선($f(x)$의 그래프)의 기울기가 같다는 것을 의미한다.

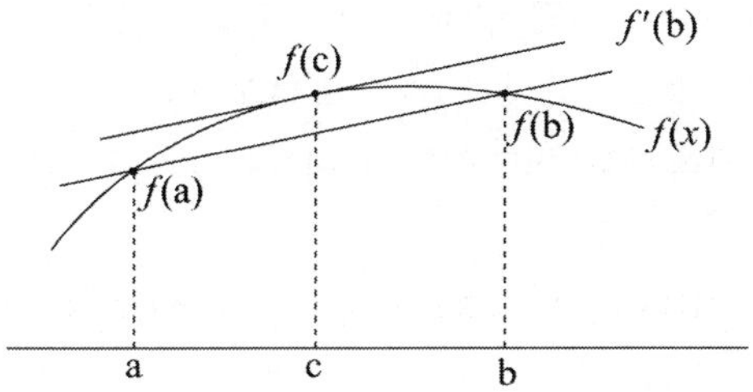

그림 3.3 평균값 정리

예제 3.2 함수 $f(x)=\sqrt{x}$에 대하여 구간 $[1,\ 4]$에서 평균값 정리를 적용할 때 c를 구하여라.

$f'(x)=\dfrac{1}{2\sqrt{x}}$이므로 $f'(c)=\dfrac{1}{2\sqrt{c}}$이고, 평균값 정리에서 $\dfrac{f(b)-f(a)}{b-a}=\dfrac{f(4)-f(1)}{4-1}=\dfrac{\sqrt{4}-\sqrt{1}}{3}=\dfrac{1}{3}$이므로 $c=\dfrac{9}{4}$이다.

정리 3.5 극값 정리

만일 $f\in C[a,\ b]$이라면 모든 $x\in[a,\ b]$에 대하여 $f(c_1)\leqq f(x)\leqq f(c_2)$가 되는 수 $c_1,\ c_2\in[a,\ b]$가 존재한다. 그리고 만일 f가 $(a,\ b)$상에서 미분가능하다면, c_1과 c_2는 $[a,\ b]$의 끝점이 되거나 아니면 f'은 0이 된다. 즉 $c_i,\ i=1,\ 2$에 대해서 $f'(c_i)=0$이다. 여기서 $C[a,\ b]$는 폐구간 $[a,\ b]$ 상에 정의된 연속함수들의 집합을 뜻한다.

예제 3.3 구간 $[1,\ 2]$와 $[0.5,\ 1]$상에서 $f(x)=160\cos 2x-64x\sin 2x$에 대하여 $\max_{a\leq x\leq b}|f(x)|$를 구하여라.

구간 $[1,\ 2]$에서

i) $f'(x)=0$ 인 x값을 찾으면, $f'(1.3582)=0$이다.

ii) $x=1.3582,\ x=1,\ x=2$에서 함수 값을 구한다.

$f(1.3582)=-181.6096,\ f(1)=-124.7785,\ f(2)=-7.7123$

iii) 위의 결과로부터 절대값의 최대치는 다음과 같다.

$\max_{1\leq x\leq 2}|160\cos 2x-64x\sin 2x|=181.6096$

구간 $[0.5,\ 1]$에서

i) $f'(x)=0$ 인 x값을 찾으면, 해가 존재하지 않음.

ii) $x = 0.5$, $x = 1$ (끝점)에서 함수 값을 구한다.

$f(0.5) = 59.5213$, $f(1) = -124.7785$

iii) 위의 결과로부터 절대값의 최대치는 다음과 같다.

$$\max_{0.5 \le x \le 1} |160\cos 2x - 64x\sin 2x| = 124.7785$$

정의 3.6 Riemann 적분

구간 $[a, b]$상에서 연속인 함수 f는 그 구간 상에서 Riemann 적분이 가능하다. 계산의 편리상 $[a, b]$를 $\{x_0, x_1, x_2, \cdots, x_n\}$으로 균등하게 분할을 했을 때, 각 $i = 1, 2, 3, 4, \cdots, n$에 대하여 소구간 $[x_{i-1}, x_i]$에서 임의로 선택되는 z_i가 $z_i = x_i$이면 Riemann 적분은 다음과 같이 된다.

$$\int_a^b f(x)dx = \lim_{n \to \infty} \frac{b-a}{n} \sum_{i=1}^{n} f(x_i)$$

여기서 $x_i = a + i(b-a)/n$이다.

정리 3.6 가중치가 주어진 적분에 관한 평균값 정리

만일 $f \in C[a, b]$이고 g의 Riemann 적분이 $[a, b]$상에서 존재하고 또 $g(x)$가 구간 $[a, b]$ 상에서 부호가 변하지 않는다면,

$$\int_a^b f(x)g(x)dx = f(c)\int_a^b g(x)dx$$

를 만족시키는 점 c가 (a, b) 내에 존재한다.

$g(x) \equiv 1$일 때 정리 3.6은 구간 $[a, b]$상에서 함수 f의 평균값을 제공한다. 이 평균값은 $f(c) = \dfrac{1}{b-c}\displaystyle\int_a^b f(x)dx$ 이다.

예제 3.4 연속함수 $f(x)$에 대하여 다음 식을 만족하는 ξ가 구간 (a, b)에 존재함을 보여라.

$$\int_a^b (b-x)(x-a)f(x)dx = f(\xi)\frac{(b-a)^3}{6}$$

함수 $g(x) = (b-x)(x-a)$는 구간 $[a, b]$에서 적분가능하고 $g(x) \geq 0$이므로 적분에 관한 평균값 정리에 의하여 다음 식을 만족하는 ξ가 구간 (a, b)에 존재한다.

$$\begin{aligned}\int_a^b f(x)g(x)dx &= f(\xi)\int_a^b g(x)dx \\ &= f(\xi)\int_a^b (b-x)(x-a)dx \\ &= f(\xi)\frac{(b-a)^3}{6}\end{aligned}$$

정리 3.7 일반화된 Rolle의 정리

$f \in C[a, b]$이고 $f'(x)$, $f''(x)$, $\cdots$, $f^{(n)}(x)$가 (a, b)에서 존재하고, x_0, x_1, $\cdots$, $x_n \in [a, b]$한다고 하자. 만일 $j = 0, 1, \cdots, n$에 대해 $f(x_j) = 0$이라면 $f^{(n)}(c) = 0$를 만족하는 수 $c \in (a, b)$가 존재한다.

다음은 Taylor 정리이다. Taylor 정리는 직접 구하기 쉽지 않은 함수값의 근사값을 구하는데 많이 사용된다. 수치해석에서 참값과 수치해 사이의 오차를 계산하거나 미분방정식의 여러 가지 수치방법을 유도하는데 많이 사용된다.

정리 3.8 Taylor의 정리

$f(x)$가 폐구간 $[a, b]$에서 연속이며 (a, b)에서 $n+1$차 미분가능한 함수라고 하자. x가 $x_0 \in (a, b)$의 근방에 있다면

$$\begin{aligned}f(x) = f(x_0) &+ \frac{f'(x_0)}{1!}(x-x_0) + \frac{f''(x_0)}{2!}(x-x_0)^2 + \cdots + \frac{f^{(n)}(x_0)}{n!}(x-x_0)^n \\ &+ \frac{f^{(n+1)}(\xi)}{(n+1)!}(x-x_0)^{n+1}\end{aligned}$$

$$= P_n(x) + R_n(x)$$

가 성립한다.

정리 3.8에서 $P_n(x)$ 다항식을 중점 x_0에서의 함수 $f(x)$의 n차 Taylor 다항식이라 한다. 그리고

$$R_n(x) \equiv \frac{f^{(n+1)}(\xi)}{(n+1)!}(x-x_0)^{n+1}$$

을 중점 x_0에서의 함수 $f(x)$의 나머지항 또는 절단오차(truncation error)라 한다. 일반적으로 무한급수의 합에 대한 근사값으로 유한개의 합만 사용할 때 발생하는 오차를 절단오차라고 한다. $n \to \infty$ 일 때 극한을 취해 얻은 무한급수를 x_0에서 f의 Taylor 급수라 한다.

$x_0 = 0$인 경우, Taylor 다항식을 Maclaurin 다항식이라 하고 Taylor 급수를 Maclaurin 급수라 한다.

Maclaurin 다항식

Taylor 다항식에서 $x_0 = 0$으로 가정하면

$$P_n(x) = f(0) + \frac{f'(0)}{1!}x + \frac{f''(0)}{2!}x^2 + \cdots + \frac{f^{(n)}(0)}{n!}x^n$$

가 성립하며, 이를 Maclaurin 다항식이라 한다.

다음은 수치해석에서 자주 사용되는 몇 개의 중요한 Maclaurin 급수들이다.

중요한 Maclaurin 급수들

1) $e^x = 1 + x + \frac{x^2}{2!} + \frac{x^3}{3!} + \cdots + \frac{x^n}{n!} + \cdots$

2) $\sin x = x - \frac{x^3}{3!} + \frac{x^5}{5!} - \frac{x^7}{7!} + \cdots + (-1)^n \frac{x^{(2n+1)}}{(2n+1)!} + \cdots$

3) $\cos x = 1 - \frac{x^2}{2!} + \frac{x^4}{4!} - \frac{x^6}{6!} + \cdots + (-1)^n \frac{x^{(2n)}}{(2n)!} + \cdots$

4) $\log_2(1+x) = x - \frac{x^2}{2} + \frac{x^3}{3} - \frac{x^4}{4} + \cdots + (-1)^{n-1} \frac{x^n}{n} + \cdots$

5) $$\begin{aligned}(1+x)^n &= 1 + nx + \frac{n(n-1)}{2!}x^2 + \cdots \\ &\quad + \frac{n(n-1)(n-2)\cdots(m-k+1)}{k!}x^k + \cdots \\ &= 1 + \binom{n}{1}x + \binom{n}{2}x^2 + \cdots + \binom{n}{n}x^n\end{aligned}$$

예제 3.5 $x_0 = 0$에서 $f(x) = \cos x$에 대한 (a) 2차와 (b) 3차 Taylor 다항식을 구하여라. 이들 다항식을 사용하여 $\cos(0.01)$에 대한 근사값을 구하여라. (c) 3차 Taylor 다항식과 나머지 항을 사용하여 $\int_0^{0.1} \cos x dx$의 근사값을 구하여라.

$x_0 = 0$에서 $\cos x$의 Taylor 급수는 다음과 같다.

$$\cos x = \sum_{k=0}^{\infty} \frac{(-1)^k}{2k!} x^{2k}$$

(a) $n = 2$와 $x_0 = 0$에서 구하면 다음과 같다.

$$\cos x = 1 - \frac{1}{2}x^2 + \frac{1}{6}x^3 \sin\xi \quad (\because\ f'''(x) = \sin x)$$

여기서 ξ는 0과 x 사이의 한 점이다.

$x = 0.01$이면 Taylor 다항식과 나머지 항은 다음과 같다.

$$\cos 0.01 = 1 - \frac{1}{2}(0.01)^2 + \frac{1}{6}(0.01)^3 \sin\xi$$

$$= 0.99995 + (0.1\overline{6}) \times 10^{-6} \sin\xi$$

따라서 근사값은 0.99995이고, 다음과 같은 오차공식

$$|\cos 0.01 - 0.99995| \leq (0.1\overline{6} \times 10^{-6}) \cdot 0.01 \quad (\because |\sin x| \simeq |x|)$$

에서 오차한계는 $0.1\overline{6} \times 10^{-8}$ 정도이다.
(b)와 (c)에 대해서 같은 방법으로 할 수 있다.

예제 3.6 함수 $f(x) = e^x$에 대해 $x_0 = 0$에서 정리 3.8을 사용하여 4차 Taylor 다항식 $P_4(x)$를 구하고 근사값 $P_4(0.01)$과 참값 $f(0.01) = e^{0.01}$을 비교하여라.
$f^{(n)}(x) = e^x$, $f^{(n)}(0) = 1$이므로 Taylor 다항식은 다음과 같다.

$$P_4(x) = 1 + x + \frac{1}{2!}x^2 + \frac{1}{3!}x^3 + \frac{1}{4!}x^4$$

따라서 $P_4(0.01) \doteq 1.01005016708333$이고

$f(0.01) = e^{0.01} \doteq 1.01005016708417$이므로, 참값 $e^{0.01}$과 4차 Taylor 다항식에 의한 근사값 $P_4(0.01)$ 사이의 오차는 8.3444×10^{-13}이다. $n = 4$, $x_0 = 0$에서의 절단오차의 한계는

$$R_4(0.01) = \frac{1}{5!}(0.01)^5 e^{\xi} \leq 8.3333 \times 10^{-13}$$

이다. 정확한 오차와 비교하면 매우 비슷한 오차를 추정하였음을 알 수 있다. 물론 Taylor 다항식의 차수를 높이면 높일수록 더욱 정확한 근사값을 구할 수 있다.

다음은 예제 3.6의 MATLAB 프로그램이다.

```
%Taylor.m%
 format long
 x = 0.01 ;
 TaylorVal = 1+x+x^2/2+x^3/(3*2)+x^4/(4*3*2)
 RealVal = exp(x)
 Error = RealVal-TaylorVal
```

3.3 수의 표시법

사람은 10진수 체계를 이용하여 수를 계산하나 대부분의 컴퓨터는 2진수 체계를 이용하여 모든 것을 계산 한다. 즉, 10진수가 컴퓨터에 입력되면 이 수는 2진수(또는 16진수)로 변환되어 연산이 수행된다. 연산의 결과를 사람에게 보여줄 때에는 다시 10진수로 변환되어 출력된다. 따라서 이 절에서는 다른 진수로의 수의 변환, 수의 표시법 등에 대하여 살펴보고자 한다.

각 진법들이 사용하는 수는 다음과 같이 주어진다.

2진수(binary) : 0, 1
8진수(octal) : 0, 1, 2, 3, 4, 5, 6, 7
10진수(decimal) : 0, 1, 2, 3, 4, 5, 6, 7, 8, 9
16진수(hexadecimal) : 0, 1, 2, 3, 4, 5, 6, 7, 8, 9, A, B, C, D, E, F

단, A, B, C, D, E, F는 차례대로 10, 11, 12, 13, 14, 15를 의미한다.

각 진법에 대한 수를 10진수로 나타내기 위하여 먼저 10진수 1253.764을 살펴보자. 이 수는 다음과 같이 전개된다.

$$(1253.746)_{10} = 3\times 10^0 + 5\times 10^1 + 2\times 10^2 + 1\times 10^3 + 7\times 10^{-1} + 4\times 10^{-2} + 6\times 10^{-3}$$

10진법에서 특히 10을 기저(basis)라 부른다. 일반적으로 기저가 β가 되는 수는 아래와 같이 표현된다.

$$(a_n a_{n-1} \cdots a_2 a_1 a_0 . b_1 b_2 b_3 \cdots)_\beta = \underbrace{\sum_{k=0}^{n} a_k \beta^k}_{\text{정수부분}} + \underbrace{\sum_{k=1}^{\infty} b_k \beta^{-k}}_{\text{분수부분}}$$

여기서 a_k, b_k는 0, 1, 2, …, $\beta - 1$의 값을 갖는 정수이며 $b_1 \neq 0$이다. 따라서 각 진법에 대한 수는 10진수로 다음 예들과 같은 방식으로 변환된다.

a) $\beta = 2$인 경우의 예

$$\begin{aligned}(110111.1011)_2 &= 1\times 2^0 + 1\times 2^1 + 1\times 2^2 + 0\times 2^3 + 1\times 2^4 + 1\times 2^5 \\ &\quad + 1\times 2^{-1} + 0\times 2^{-2} + 1\times 2^{-3} + 1\times 2^{-4} \\ &= 1 + 2 + 4 + 16 + 32 + 1/2 + 1/8 + 1/16 \\ &= 55.6875\end{aligned}$$

b) $\beta = 8$인 경우의 예

$$\begin{aligned}(-273.47)_8 &= -(3\times 8^0 + 7\times 8^1 + 2\times 8^2 + 4\times 8^{-1} + 7\times 8^{-2}) \\ &= -(3 + 56 + 128 + 1/2 + 7/64) \\ &= -187.609375\end{aligned}$$

c) $\beta = 16$인 경우의 예

$$\begin{aligned}(3DA.5C)_{16} &= A\times 16^0 + D\times 16^1 + 3\times 16^2 + 5\times 16^{-1} + C\times 16^{-2} \\ &= 10\times 1 + 13\times 16 + 3\times 16^2 + 5/16 + 12/16^2 \\ &= 10 + 208 + 768 + 0.3125 + 0.046875 \\ &= 986.359375\end{aligned}$$

이제 10진수를 2진수, 8진수, 16진수로 변환하는 방법에 대해서 살펴보도록 하자.

3.3.1 10진수 → 2진수

정수부분(integer part)

10진수 5923은

$$(5923)_{10} = 3 + 10(2 + 10(9 + 10(5)))$$

그리고 이진수 11010111는

$$(11010111)_2 = 1 + 2(1 + 2(1 + 2(0 + 2(1 + 2(0 + 2(1 + 2(1)))))))$$

으로 나타낼 수 있다. 그러므로 어떠한 기저 β에 대해서도 일반적으로 다음과 같이 표현된다.

$$(a_n a_{n-1} \cdots a_2 a_1 a_0)_\beta = a_0 + \beta(a_1 + \beta(a_2 + \beta(a_3 + \cdots + \beta(a_{n-1} + \beta(a_n)) \cdots)$$

십진수 x를 이진수로 나타낸다면 다음과 같은 형태를 가질 것이고

$$(x)_{10} = (a_n a_{n-1} \cdots a_2 a_1 a_0)_2$$

또는

$$(x)_{10} = a_0 + 2(a_1 + 2(a_2 + 2(a_3 + \cdots + 2(a_{n-1} + 2(a_n)) \cdots) \tag{3.1}$$

식 (3.1)의 양변을 2로 나누면 양쪽 모두 몫과 나머지가 발생한다. 따라서 왼쪽의 몫(q_0)과 오른 쪽의 몫, 왼쪽의 나머지(r_0)와 오른쪽의 나머지(a_0)는 같아야 한다. 나머지를 기록하고 양변의 새로운 값의 몫에다 또 다시 2로 나눈다. 같은 원리를 적용하고 그 다음 나머지를 기록한다. 이런 과정을 몫의 값이 0이 나올 때 까지 계속 반복 실행 한다. 이 결과를 양변에 대하여 각각 정리하면 다음과 같다.

표 3.1

왼쪽			오른쪽	
실행	몫	나머지	몫	나머지
1	q_0	r_0	$a_1+2(a_2+2(a_3+\cdots+2(a_{n-1}+2(a_n))\cdots)$	a_0
2	q_1	r_1	$a_2+2(a_3+\cdots+2(a_{n-1}+2(a_n))\cdots)$	a_1
3	q_2	r_2	$a_3+2(a_4+\cdots+2(a_{n-1}+2(a_n))\cdots)$	a_2
⋮	⋮	⋮	⋮	⋮
n	0	r_n	0	a_n

즉, 표 3.1의 오른쪽 부분의 나머지 a_0, a_1, $\cdots$, a_n를 (3.1) 형태와 같이 반대로 나열하면 2진수로의 표현이 된다. 따라서 10진수를 2진수로 변환하기 위해서는 10진수를 2로 나누고 나머지를 구하면 된다.

예제 3.7 10진수 1253을 2진수로 변환하여라.

그림 3.4에서 볼 수 있듯이 10진수를 2로 나눈 후 그 나머지와 몫을 구하고, 그 몫을 계속 나누어서 더 이상 나누어지지 않을 때까지 값을 구한 후 2로 많이 나누어진 쪽이 MSB이고 반대편이 LSB이므로 화살표 방향에 따라 나머지를 배열하면 2진수를 표현하게 된다. 즉 $1253_{10} = 10011100101_2$.

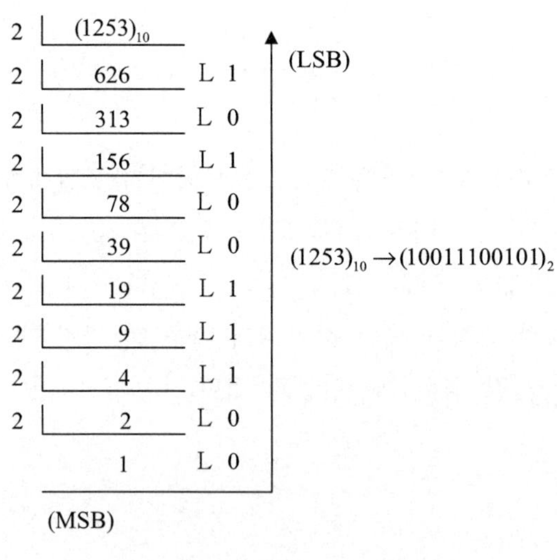

그림 3.4 10진수의 2진 변환

분수부분(fractional part)

소수점 이하의 10진수(분수부분)를 2진수로 표현한다면 $0 < x < 1$를 만족하는 10진수 x는 다음과 같이 나타내어진다.

$$x = (.b_1 b_2 b_3 \cdots)_2 = b_1 2^{-1} + b_2 2^{-2} + b_3 2^{-3} + \cdots \tag{3.2}$$

따라서 2진수로 변환하기 위해서는 $b_1,\ b_2,\ b_3,\ \cdots$를 구해 주어야 한다. 만약 식 (3.2) 양변에 2를 곱하면

$$2x = b_1 + b_2 2^{-1} + b_3 2^{-2} + \cdots = (b_1 . b_2 b_3 \cdots)_2 \tag{3.3}$$

가 되는데 b_1은 (3.3) 오른쪽의 정수부분이 된다. 따라서 b_1은 왼쪽 $2x$의 정수부분과 같아야 한다. 즉, $b_1 = I(2x)$. 식 (3.3) 오른쪽의 분수부분은 $(.b_2 b_3 b_4 \cdots)_2$로 주어진다. 식 (3.3) 왼쪽의 분수부분을 $F(2x)$로 나타내면 다음 식이 성립한다.

$$F(2x) = b_2 2^{-1} + b_3 2^{-2} + b_4 2^{-3} \cdots = (.b_2 b_3 b_4 \cdots)_2 \tag{3.4}$$

식 (3.4) 양변에 2를 곱하면

$$2F(2x) = b_2 + b_3 2^{-1} + b_4 2^{-2} + \cdots = (b_2 . b_3 b_4 \cdots)_2 \tag{3.5}$$

가 되는데 b_2는 (3.5) 오른쪽의 정수부분이 된다. 따라서 b_2는 왼쪽 $2F(2x)$의 정수부분과 같아야 한다. 즉, $b_2 = I(2F(2x))$. 이 과정을 되풀이 하면 유한개의 값 $b_1,\ b_2,\ \cdots,\ b_k$ (이 경우 분수부분이 0이 됨) 또는 수열 $b_1,\ b_2,\ b_3,\ \cdots$이 생성된다. 요약하면 각 과정 마다 10진수의 분수부분에 2를 곱하고 산출되는 값의 정수부분을 나오는 순서대로 기록하면 2진수의 표현이 된다.

예를 들어 10진수 0.25를 2진수로 바꾸는 것은 그림 3.5에서와 같이 10진수 분수부분에 2를 계속 곱하여 소수점 이하의 값이 0이 되면 그때의 정수값이 LSB가 되고 반대편의 정수가 MSB이 된다. 그리고 그때까지 구한 정수 부분의 수를 화살표 방향(MSB에서 LSB를 향한 방향)으로 음영부분의 정수를 모아서 표현하면 2진수 0.01이 된다.

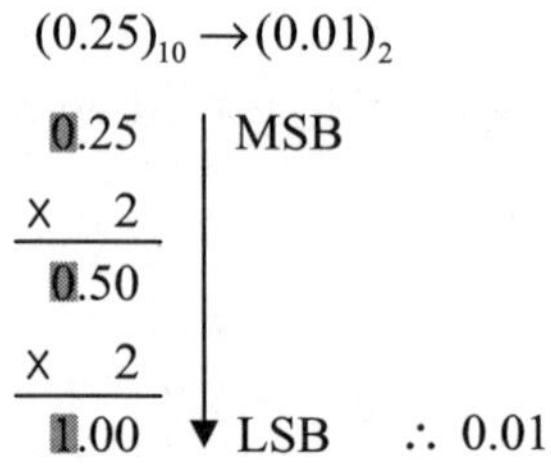

그림 3.5 소수점 이하의 2진수 표현

10진수 1253.25를 2진수로 변환할 경우, 양의 정수 1253과 소수점 이하의 값 0.25로 분리하고 위의 방법에 따라 2진수로 변환하면 각각 10011100101과 0.01이 된다. 따라서 이 둘을 합한 수 10011100101.01이 변환된 2진수이다.

예제 3.8 10진수 a) 0.6875와 b) 0.1을 2진수로 변환하여라.

a) $0.6875 \times 2 = 1.3750 \Rightarrow b_1 = 1$

$0.3750 \times 2 = 0.7500 \Rightarrow b_2 = 0$

$0.7500 \times 2 = 1.5000 \Rightarrow b_3 = 1$

$0.5000 \times 2 = 1.0000 \Rightarrow b_4 = 1$

따라서 $0.6875 = (0.1011)_2$

b) $0.1 \times 2 = 0.2 \Rightarrow b_1 = 0$

$0.2 \times 2 = 0.4 \Rightarrow b_2 = 0$

$0.4 \times 2 = 0.8 \Rightarrow b_3 = 0$

$0.8 \times 2 = 1.6 \Rightarrow b_4 = 1$

$0.6 \times 2 = 1.2 \Rightarrow b_5 = 1$

$0.2 \times 2 = 0.4 \Rightarrow b_6 = 0$

$\vdots$

따라서 $0.1 = 0.000110001100011 \cdots$

3.3.2 10진수 → 8진수, 16진수

10진수를 2진수로 변환하는 경우와 유사하게 10진수를 8진수 또는 16진수로 바꾸는 경우 다음과 같이 요약할 수 있다.

- 정수부분 : 8 또는 16으로 몫이 0이 될 때까지 계속 나누고 나머지를 기록한다.
- 분수부분 : 8 또는 16을 각 과정의 분수부분에 곱하고 그 결과의 정수부분을 순서대로 기록한다.

예제 3.9 10진수 986.359375를 16진수로 변환하여라.

정수부분 :

$$986/16 = 61 + 10/16 \Rightarrow a_0 = 10 = A$$

$$61/16 = 3 + 13/16 \Rightarrow a_1 = 13 = D$$

$$3/16 = 0 + 3/16 \Rightarrow a_2 = 3$$

분수부분 :

$$0.359375 \times 16 = 5.75 \Rightarrow b_1 = 5$$

$$0.75 \times 16 = 12.0 \Rightarrow b_2 = 12 = C$$

따라서 $986.359375 = (3DA.5C)_{16}$

0에서 16까지 각각의 진법으로 나타내면 표 3.2와 같다.

표 3.2

10진수	2진수	8진수	16진수
0	00000	0	0
1	00001	1	1
2	00010	2	2
3	00011	3	3
4	00100	4	4
5	00101	5	5
6	00110	6	6
7	00111	7	7
8	01000	10	8
9	01001	11	9
10	01010	12	A
11	01011	13	B
12	01100	14	C
13	01101	15	D
14	01110	16	E
15	01111	17	F
16	10000	20	10

3.3.3 2진수 → 8진수, 16진수

2진수를 8진수로 변환하기 위해서는 소수점을 중심으로 좌측, 우측방향으로 나아가며 2진수의 자릿수를 3개씩 묶어 준다. 16진수로의 변환은 2진수의 자릿수를 4개씩 묶어주면 된다. 아래는 2진수 정수부분에 대한 8진수로의 변환 과정을 보여준다.

$$
\begin{aligned}
(a_n a_{n-1} a_{n-2} \cdots a_3 a_2 a_1 a_0)_2 &= a_0 2^0 + a_1 2^1 + a_2 2^2 + a_3 2^3 + a_4 2^4 + a_5 2^5 + a_6 2^6 + \cdots \\
&= (a_0 2^0 + a_1 2^1 + a_2 2^2) + (a_3 2^3 + a_4 2^4 + a_5 2^5) + \cdots \\
&= (a_0 + 2a_1 + 4a_2) 8^0 + (a_3 + 2a_4 + 4a_5) 8^1 + \cdots \\
&= c_0 8^0 + c_1 8^1 + c_2 8^2 + \cdots \\
&= (c_k c_{k-1} c_{k-2} \cdots c_2 c_1 c_0)_8
\end{aligned}
$$

여기서 a_i는 0 또는 1이기 때문에 c_i는 0과 7 사이의 정수가 된다. 3개로 묶을 때 부족한 부분은 적당히 0으로 채우면 된다.

다음은 2진수 분수부분에 대한 16진수로의 변환 과정을 보여준다.

$$
\begin{aligned}
(0.b_1b_2b_3b_4b_5b_6b_7b_8b_9\cdots)_2 &= (b_1 2^{-1}+b_2 2^{-2}+b_3 2^{-3}+b_4 2^{-4}) \\
&\quad +(b_5 2^{-5}+b_6 2^{-6}+b_7 2^{-7}+b_8 2^{-8})+\cdots \\
&= (8b_1+4b_2+2b_3+b_4)16^{-1}+(8b_5+4b_6+2b_7+b_8)16^{-2}+\cdots \\
&= d_1 16^{-1}+d_2 16^{-2}+\cdots \\
&= (0.d_1d_2d_3\cdots)_{16}
\end{aligned}
$$

여기서 a_i는 0 또는 1이기 때문에 d_i는 0과 F 사이의 정수가 된다. 4개로 묶을 때 부족한 부분은 적당히 0으로 채우면 된다.

8진수, 16진수를 2진수로 나타내고자 하는 역의 경우 간단히 표 3.2를 사용하면 된다.

예제 3.10 2진수 110111.1011을 a) 8진수와 b) 16진수로 변환하여라.

a) 8진수 :

$$
\begin{aligned}
(110111.1011)_2 &= (110\,111.101\,100)_2 \\
&= (6\,7.5\,4)_8
\end{aligned}
$$

b) 16진수 :

$$
\begin{aligned}
(110111.1011)_2 &= (0011\,0111.1011)_2 \\
&= (3\,7.B)_{16}
\end{aligned}
$$

3.4 부동소수점(floating point)

MATLAB에서 사용하는 부동소수점은 1985년 IEEE 표준위원회와 미 표준국에서 제정한 이진법 부동소수점 연산을 규정한 IEEE 754-1985를 기초로 하여 IEEE 배정도(1 단어(word) = 8바이트(byte) 또는 64비트(bit))만 기본으로 하여 사용해왔으나 MATLAB

7부터 단정도(4바이트 또는 32비트)도 지원한다(컴퓨터는 실수 하나를 저장할 때 일반적으로 1 단어(즉, 64비트)를 사용 함).

부동소수점 x를 컴퓨터 내부에서 2진수로 표현할 때 다음과 같이 제한된 정밀도를 가진 한정된 수의 집합인 정규화로 표현된다.

$$x = (-1)^s (1+f) \cdot 2^e$$

또는

$$x = \pm 0.b_1 b_2 b_3 \cdots \times 2^e$$

여기에서

s는 부호 부분으로 1 bit가 배정되며, $(-1)^s$에 의해 ±가 된다.

f는 분수 부분으로 가수(mantissa)라고 부르며 52 bit가 배정된다. $1+f$는 정규화(normalized) 표현이다. $0 \le f < 1$이므로 $2^{52}f$는 다음 구간 내의 정수 $0 \le 2^{52}f < 2^{52}$이므로 $0 \le 4503599627370496f < 4503599627370496$이다. 따라서 f값 중 가장 작은 값을 MATLAB에서 eps이라고 하며, eps = 2^(-52) = $2^{-52} = 2.220446049250313 \cdot 10^{-16}$이다.

e는 지수(exponent) 부분으로 11 bit가 배정된다. 따라서 지수가 $-1022 \le e \le 1023$ (0~2047을 −1022~1023로 나누어 표현)이므로, 이것의 2진 승수를 십진수로 표현하면 10^{-308}~10^{308}이다.

실수를 한 단어가 64비트인 컴퓨터에 저장한다면 아래와 같이 나타내어진다.

			…				…	
1	2	3		12	13	14		64
부호			지수부분				가수부분	

예를 들면, 10진수 55.6875를 2진수로 변환하면

$$55.6875 = (110111.1011)_2 = 0.1101111011 \times 2^6$$

가 된다. 따라서

$s = 0$

$e = 6+1023 = 1029 = 10000000101$

$f = 0.1101111011$

지수부분은 음수를 처리하기 위해서 1023을 일단 더해서 저장하고 나중에 1023을 다시 빼준다. 위의 내용을 저장하게 되면 아래와 같다.

0	1	0	0	0	0	0	0	0	1	0	1	1	1	0	1	1	1	1	0	1	1	0	…	0
1	2	3									12	13	14											64
부호						지수부분											가수부분							

다음 예로 실수 $t = 0.1$에 대해서 살펴보자. 이 경우 메모리 t에 저장된 수학적 값은 정확하게 0.1이 아니다. 그 이유는 십진수의 분수 1/10을 이진법으로 나타내면 2진법 변환

	0.1		0	.8	(2^-3)	0	.8	(2^-7)	0	.8	(2^-11)
	x 2			x 2			x 2			x 2	
0	.2	(2^-0)	1	.6	(2^-4)	1	.6	(2^-8)	1	.6	(2^-12)
	x 2			x 2			x 2				
0	.4	(2^-1)	1	.2	(2^-5)	1	.2	(2^-9)			
	x 2			x 2			x 2				
0	.8	(2^-2)	0	.4	(2^-6)	0	.4	(2^-10)			

에 의해 다음과 같은 무한수열이 되기 때문이다(예제 3.8 참조).

$$\frac{1}{10} = \frac{1}{2^4} + \frac{1}{2^5} + \frac{0}{2^5} + \frac{0}{2^7} + \frac{1}{2^8} + \frac{1}{2^9} + \frac{0}{2^{10}} + \frac{0}{2^{11}} + \frac{1}{2^{12}} + \cdots$$

첫 번째 항 이후에 계수는 1, 0, 0, 1의 수열이 무한히 반복된다. 이들을 한 번에 네 개의 항씩 그룹을 지으면 다음과 같은 수열로 나타나게 된다.

$$\frac{1}{10} = \frac{1}{2^4} \cdot \left(1 + \left(\frac{1}{2^1} + \frac{0}{2^2} + \frac{0}{2^3} + \frac{1}{2^4}\right) + \left(\frac{1}{2^5} + \frac{0}{2^6} + \frac{0}{2^7} + \frac{1}{2^8}\right) + \left(\frac{1}{2^9} + \frac{0}{2^{10}} + \frac{0}{2^{11}} + \frac{1}{2^{12}}\right) \cdots\right)$$

이것을 정리하면

$$\frac{1}{10} = 2^{-4} \cdot \left(1 + \frac{9}{16} + \frac{9}{16^2} + \frac{9}{16^3} + \frac{9}{16^4} + \cdots\right)$$

이다. 1/10 보다 조금(eps 만큼) 작거나 큰 양쪽의 부동소수점 수들은 이진법의 52항, 혹은 16진법의 13항 이후에서 이 수열의 분수 부분을 종료시키고 마지막 항을 사사오입하면서 얻어진다. 따라서

$$t_1 < \frac{1}{10} < t_2$$

에서 1/10 보다 조금 작은 수는

$$t_1 = 2^{-4} \cdot \left(1 + \frac{9}{16} + \frac{9}{16^2} + \frac{9}{16^3} + \cdots + \frac{9}{16^{12}} + \frac{9}{16^{13}}\right)$$

이고, 1/10 보다 조금 큰 수는

$$t_2 = 2^{-4} \cdot \left(1 + \frac{9}{16} + \frac{9}{16^2} + \frac{9}{16^3} + \cdots + \frac{9}{16^{12}} + \frac{10}{16^{13}}\right)$$

이다. 그리고 1/10은 t_1보다 t_2에 좀 더 가깝다. 따라서 t는 t_2와 같다. 이것을 수식으로 표현하면,

$$t = (1 + f) \cdot 2^e$$

이다. 따라서

$$f = \frac{9}{16} + \frac{9}{16^2} + \frac{9}{16^3} + \cdots + \frac{9}{16^{12}} + \frac{10}{16^{13}}$$

$$e = -4$$

이다.

MATLAB 명령어에 의해 변수 t의 메모리에 저장된 0.1을 16진수(hex)로 표현하면 다음과 같다.

```
>> t = 0.1
>> format hex
>> t
   t =
      3fb999999999999a
```

여기에서 처음 3개 문자 3fb는 지수 부분 c+1023 = (−4)+1023 = 1019를 16진법으로 나타낸 것이다. 그리고 다음 13개 문자 999999999999a는 사사오입(round off) 처리된 분수 부분 f의 16진법 표현이다.

또 하나의 다른 예를 다음 MATLAB 프로그램으로 제시하였다.

```
>> format long
>> a = 4/3
>> b = a−1
>> c = 3*b
>> e = 1−c
   a =
      1.33333333333333
   b =
      0.33333333333333
   c =
      1.00000000000000
   e =
      2.220446049250313e−016
```

정확한 계산에 의하면 e는 0이 되어야 한다. 그러나 부동소수점 연산에 따르면 위의 결과와 같이 0이 아닌 값을 얻게 된다. 그것은 먼저 부동소수점에 의해 첫 번째 a에서 저장되는 값은 정확하게 4/3가 아니고 13번째 자리가 반올림된 값이기 때문이다. 또한 b와 c도 정확하게 0과 1이 아니라 오차를 가진 0과 1이므로 e는 배정도에서 유한개의 자릿수(64 bit)를 사용하기 때문에 가질 수밖에 없는 기계적인 오차이다. 이것을 마무리오차라 하며 MTLAB에서 eps으로 표현한다.

MATLAB 시스템에서 사용되는 eps와 표현 가능한 수 중 가장 작은 양의 실수 realmin과 가장 큰 양의 실수 realmax는 다음과 같다. 여기서 eps는 MATLAB의 배정밀도 크기에서 보다 큰 수를 생성하기 위해 1에 더해질 수 있는 가장 작은 수를 의미하며, 유효숫자 15자리의 정밀도를 나타낸다.

	2진수	10진수
eps	2^{-52}	$2.2204e-016$
realmin	2^{-1022}	$2.2251e-308$
realmax	$(2-eps)2^{1023}$	$1.7977e+308$

분수 부분 f는 정규화에 의해 $0 \le f < 1$이므로 $2^{52}f$는 다음 구간 내의 정수 $0 \le 2^{52}f < 2^{52}$이므로 $0 \le 4503599627370496f < 4503599627370496$이다.

eps(f값 중 가장 작은 값) = 2^(-52) = $2^{-52} = 2.220446049250313 \times 10^{-16}$이고, 반올림오차는 eps/2 또는 eps이다.

3.5 오차 분석(error analysis)

사람은 10진수 체계를 이용하여 계산하나 대부분의 컴퓨터는 2진수 체계를 이용하여 계산을 한다. 따라서 수치해석에서 계산된 해가 해석적 해와 같이 정확한 해가 아니라는 것을 아는 것은 매우 중요하다. 이 절에서는 수치적으로 문제를 다룰 때나 해결할 때 사용 또는 발생하는 오차들을 이해하고 분석하고자 한다.

3.5.1 절대오차와 상대오차

정의 3.7

만일 x가 x^*에 대한 근사값이라면, 절대오차(absolute error)는 $|x^*-x|$이고, 상대오차(relative error)는 $\frac{|x^*-x|}{|x^*|}$이다. 여기서 $x^* \neq 0$.

예제 3.11 각각의 경우 절대오차와 상대오차를 구하여라.

a) $x^* = 3.141592$, $x = 3.14$, b) $y^* = 1{,}000{,}000$, $y = 1{,}000{,}004$

a) 절대오차 :

$$|x^* - x| = |3.141592 - 3.14| = 0.001592$$

상대오차 :

$$\frac{|x^* - x|}{|x^*|} = \frac{0.001592}{3.141592} = 0.00050675$$

b) 절대오차 :

$$|y^* - y| = |1000000 - 1000004| = 4$$

상대오차 :

$$\frac{|y^* - y|}{|y^*|} = \frac{4}{1000000} = 0.000004$$

절대오차와 상대오차는 어떤 차이가 있는지 알아보자. $x^* = 2.0$, $x = 1.0$인 경우와 $y^* = 10000$, $y = 9999$인 경우를 비교해 보자. 두 경우 모두 절대오차는

$$|x^* - x| = |y^* - y| = 1$$

이 된다. 하지만 상대오차는

$$\frac{|x^* - x|}{|x^*|} = 0.5, \quad \frac{|y^* - y|}{|y^*|} = 0.00001$$

로 주어진다. 이는 두 수가 얼마나 가까운지 또는 근접한지를 측정하고자 할 때 상대오차가 더 큰 의미를 갖는다는 것을 말해준다.

수치 계산을 할 때 가능하면 절단오차와 같은 오차를 줄이도록 노력해야하는데 오차를 줄이기 위해서의 한 가지 방법은 소위 '유효숫자'의 자릿수를 상실하는 것을 방지해야 한다는 것이다. 다음은 유효숫자에 대한 개념을 명확히 정의한다.

정의 3.9

만일 t가 다음을 만족하는 가장 큰 음이 아닌 정수라고 하자.

$$\frac{|x^*-x|}{|x^*|} < 5\times 10^{-t} = \frac{10^{1-t}}{2}$$

그러면 x를 t자리 유효숫자(significant digits)의 x^*에 대한 근사값이라 한다.

예제 3.12 예제 3.11에 주어진 근사값의 유효한 자릿수를 구하여라.

a) $x^* = 3.141592,\ x = 3.14$에서

$$\frac{|x^*-x|}{|x^*|} = \frac{0.001592}{3.141592} = 0.00050675 < \frac{10^{-2}}{2}$$

이다. 따라서 $-2 = 1-t$이기 때문에 $t=3$이 되어 x는 세 개의 유효숫자 자릿수를 가지는 x^*에 대한 근사값이다. 즉, x^*와 x는 정확하게 첫 3자릿수가 일치한다는 것을 의미한다.

b) $y^* = 1,000,000,\ y = 1,000,004$에서

$$\frac{|y^*-y|}{|y^*|} = \frac{4}{1000000} = 0.000004 < \frac{10^{-5}}{2}$$

이므로 y는 여섯 개의 유효숫자 자릿수($t=6$)를 가지는 y^*에 대한 근사값이다. 이 경우 x^*와 x는 정확하게 첫 6자릿수가 일치한다는 것을 뜻한다.

결론적으로 유효숫자 t가 크면 절단오차(다음절 참조)가 작다는 것을 의미한다.

3.5.2 절단오차(truncation error)

절단오차는 복잡한 해석적 수학식보다 간단한 식으로 대치될 때 나타나는 오차로 수학적 근사오차 또는 절단오차라고 한다. 이것은 주로 함수를 유한 항의 Taylor 급수로 대

치할 때 발생한다. 예를 들어 다음의 무한 Taylor 급수

$$e^{x^2} = 1 + x^2 + \frac{x^4}{2!} + \frac{x^6}{3!} + \frac{x^8}{4!} + \cdots + \frac{x^{2n}}{n!} + \cdots$$

는 처음 다섯 개의 항으로 대치될 수 있다. 그러면 나머지 항의 합이 오차로 주어지며, 이것을 절단오차라고 한다.

3.5.3 마무리오차(round-off error)

실수에 대한 컴퓨터의 표현은 한정된 개수의 메모리를 차지하는 부동소수점에 의해 제한되어 실제 값과 다르다. 이를 마무리오차라 한다. 컴퓨터에서는 항상 실수를 십진 부동소수점의 정규화 형태로 변화시켜 처리한다. 임의의 양의 실수

$$y = \pm 0.d_1 d_2 \cdots d_k \cdots \times 10^n, \ 1 \leq d_1 \leq 9, \ 0 \leq d_i \leq 9, \ i = 2, 3, 4, \cdots$$

를 다음의 k자리 부동소수점 표시

$$fl(y) = 0.d_1 d_2 \cdots d_k \times 10^n$$

로 바꾸는 데에는 버림(chopping)과 반올림(rounding)의 두 가지 방법이 있다. 예를 들면 e, π가 다음과 같은 10진 부동소수점의 정규화 형태로 표시되었다고 하자.

$$e = 0.2718281828 \cdots \times 10, \ \pi = 0.3141592653 \cdots \times 10$$

유효 자릿수 $k = 8$인 경우, 소수점 아래 아홉째 자리에서 반올림을 한다면,

$$fl(e) = 0.27182818 \times 10, \ fl(\pi) = 0.31415927 \times 10$$

이고, 소수점 아래 아홉째 자리에서 버림을 한다면 다음과 같다.

$$fl(e) = 0.27182818 \times 10, \ fl(\pi) = 0.31415926 \times 10$$

이때, 주어진 실수 y와 $fl(y)$와의 차이를 마무리오차라 한다. 따라서 마무리오차는 연산과정에서 컴퓨터의 유한한 메모리를 사용하는 자릿수의 제한으로 반올림이나 버림에 의해서 생기는 오차이다. 대부분의 컴퓨터는 반올림된 부동소수점 표현방식을 사용한다. 이 마무리오차를 줄이기 위해서 MATLAB에서는 가수부분 자리수를 더 많이 사용할 수 있는 배정밀도를 기본적으로 사용하므로, 유효자리수가 16자리로 상대적으로 마무리오차를 크게 줄일 수 있다. 과학계산에서 마무리오차를 가능한 줄일 수 있는 계산방법을 사용하는 것은 매우 중요하다.

3.5.4 유효숫자 상실오차

컴퓨터 연산과정에서 거의 같은 두 수끼리 뺄셈을 하거나, 아주 큰 수를 곱하는 경우에 유효숫자의 자릿수를 상실할 수 있으며, 동일한 계산이라도 수식을 바꾸어 계산하면 유효숫자의 자릿수를 상실하는 것을 방지할 수 있다. 거의 같은 값을 가지며, 11개의 유효숫자 자릿수의 정밀도를 가진 두 수 $x = 3.1415926536$와 $y = 3.1415957341$을 생각해 보자. 두 값의 차이는

$$x - y = 0.0000030805 = 3.0805 \times 10^{-6}$$

이다. x와 y의 처음 6 자릿수가 같기 때문에 그들 사이의 차 $x-y$는 단지 5개의 십진법 자릿수의 정밀도로 되었다. 즉, 뺄셈에 의해 6개의 유효숫자가 상실되었다. 그 이유는 거의 같은 두 수의 뺄셈에서 기인하였다. 이 현상을 유효숫자의 상실오차(loss of significance error) 또는 뺄셈 약분오차(subtractive cancellation error)라고 한다. 이는 일종의 마무리오차이다.

이런 종류의 오차를 줄이기 위해서는 다음과 같은 연산은 되도록 피하고, 가능하면 다음의 연산이 발생하지 않는 다른 식으로 바꾸어 계산하는 것이 좋다.

(1) 거의 같은 두 수끼리의 뺄셈 연산
(2) 매우 작은 수로 나누는 연산
(3) 아주 큰 수를 곱하는 연산
(4) 아주 큰 수에 아주 작은 수를 더하거나 빼는 연산

예제 3.13 다음 식을 MATLAB으로 계산하여라.

$$x = a + b + 0.01 - c,\ \ y = a + b - c + 0.01$$

$$\text{여기서}\ \ a = 10^k,\ \ b = 3 \times 10^k,\ \ c = 4 \times 10^k,\ \ k = 1,\ \cdots,\ 20$$

원래 식의 계산 결과는 0.01로 동일하다. 그러나 컴퓨터에서 계산할 때 컴퓨터의 제한된 유효자릿수에 따라 계산 결과가 달라진다. 다음의 MATLAB 프로그램을 실행시키면,

```
format long
k = 0
while (k < 309)
    a = power(10,k) ;
    b = 3*power(10,k) ;
    c = 4*power(10,k) ;
    k = input('Input integer number, k = ') ;
    x = a+b+0.01-c ;
    y = a+b-c+0.01 ;
    fprintf('%5.15f   %5.15f \n', x, y) ;
end
```

아래와 같은 계산 결과를 얻게 된다.

마무리 오차의 계산 결과		
k	x	y
1	0.010000000000000	0.010000000000000
3	0.009999999999991	0.010000000000000
6	0.010000000009313	0.010000000000000
11	0.010002136230469	0.010000000000000
13	0.009765625000000	0.010000000000000
14	0.007812500000000	0.010000000000000
15	0.000000000000000	0.010000000000000
16	0.000000000000000	0.010000000000000
17	0.000000000000000	0.010000000000000
400	0.000000000000000	0.010000000000000

k가 1에서 12까지는 y의 값은 정확하게 1이고 x의 값도 0.01인데, 컴퓨터 내부에서 부동소수점을 사용하여 계산하기 때문에 정확하게 0.01이 아닌 약간의 마무리오차를 갖는 값이 된다. 그리고 유효숫자로 인해 $k=10^{12}$에서부터 마무리오차가 증가하다가 $k=10^{15}$에서는 아주 큰 수에 더해지는 작은 수 0.01이 부동소수점 계산에서 유효자릿수 16자리 이후로 밀려나서 무시된다. 그 결과 $x=0$의 전혀 틀린 답을 얻게 된 것이다. 이러한 오차를 줄이기 위해서는 가능한 한 큰 수에 직접 작은 수를 더하거나 빼는 경우가 생기지 않도록 연산 순서를 정하거나 다른 식으로 바꾸어 계산하는 것이 좋다.

3.5.5 오차의 전달

참값에 근사값을 사용하여 사칙연산을 하였을 경우 그 결과에 오차는 다음과 같이 전달된다.

정의 3.9 오차의 전달

(1) 두 근사값의 덧셈과 뺄셈에서의 오차는 각각의 오차의 합과 같다.
(2) 두 근사값의 곱셈과 나눗셈에서의 상대오차는 대략 각각의 상대오차의 합과 차와 같다.

3.6 알고리즘(algorithms)과 가상코드(pseudocode)

알고리즘은 유한개의 일련의 단계(sequence of steps)로 정해진 순서(specified order)에 따라 수행되도록 명확히 설명하는 하나의 절차(procedure)이다. 알고리즘의 목적은 문제를 풀거나 문제의 근사 해를 구하는 절차를 논리적으로 만드는 것이다. 수학적 방법이나 물리적 방법이 하나의 알고리즘이 될 수 있으며 한 문제를 풀고자 할 때 문제를 풀 수 있는 알고리즘은 한 가지만 있는 것이 아니라 여러 가지가 있을 수 있다. 또한 알고리즘을 얼마나 잘 작성하느냐에 따라 문제를 더 정확하면서도 더 빠르게 풀 수 있다. 즉 문제의 해결의 성패는 알고리즘에 달려 있다고 해도 과언이 아니다.

가상코드는 실제 프로그램을 작성하기 전에 알고리즘을 알기 쉽게 기술하기 위해 사용되는 인간 언어 표현에 가까운 중간 단계 코드(code, 특정 컴퓨터 언어는 아님)로서 Pascal syntax를 기반으로 만들어져 있지만, 특별히 표준화된 방식은 없다. 대체로 공급되는 입력(input)의 형태와 요구되는 출력(output)의 형태를 지정하며, 다음과 같은 표현을 사용한다.

period (.) : 한 단계의 종료(termination of a step)
semicolon (;) : 단계 내부에서 업무를 분리(separating tasks within a step)
들여쓰기(Indentation): 문장들의 그룹을 알기 쉽게 표시
주석(Comments) : 이해를 돕기 위한 부가 설명으로 알고리즘 문과 구분하기 위해서 이탤릭 글체로 괄호 안에 작성

다음은 가상코드로 작성한 한 예이다.

counter-controlled looping
For i = 1,2,⋯, n
Set $x_i = a_i + i \cdot h$

condition-controlled looping
While i < N do Steps 3-6.

conditional execution
If ⋯ then
(or)
If ⋯ then
else

예제 3.14 다음을 계산하기 위한 알고리즘을 작성하여라.

$$\sum_{i=1}^{N} x_i = x_1 + x_2 + \cdots + x_N$$

여기서 N과 수 x_1, x_1, ⋯, x_N이 주어졌다.

입력 N, x_1, x_1, $\cdots x_N$

출력 $\sum = \sum_{i=1}^{N} x_i$

단계 1 Set SUM = 0 (Initialize accumulator ← 누적 초기화)
단계 2 For i = 1, 2, ⋯, N do
Set SUM = SUM+x_i. (Add next term)
단계 3 OUTPUT (SUM) ;
STOP.

예제 3.15 $x_0 = 1$에서 전개된 $f(x) = \ln x$에 대한 N차 Taylor 다항식은

$$P_N(x) = \sum_{i=1}^{N} \frac{(-1)^{i+1}}{i}(x-1)^i$$

이고, $\ln 1.5$의 값은 소수점 8자리까지 계산하면 0.405465110이다. Taylor 다항식 절단오차공식을 이용하지 않고

$$|\ln 1.5 - P_n(1.5)| < 10^{-5}$$

를 만족하는 최소의 N값을 구한다고 가정하자. 대수학에서, 만일 교대급수 $\sum_{n=1}^{\infty} a_n$이 극한 A를 가지고 각 항의 크기가 감소하면, A와 N번째 부분합 $A_n = \sum_{n=1}^{N} a_n$은 차이가 $N+1$번째 항의 크기보다 작다는 것을 알고 있다. 즉, $|A - A_N| \leq |a_{N+1}|$의 결과를 이용하여 문제를 푸는 알고리즘은 다음과 같다.

입력 x의 값, 허용오차 TOL, 최대 실행 횟수 M.
출력 다항식 차수 N 또는 실행 실패 메시지

단계 1 N = 1 ;
y = x−1 ;
SUM = 0 ;
POWER = y ;
TERM = y ;

```
        SIGN = -1 ;
단계 2  while N ≤ M   단계 3-5 실행
단계 3  SIGN = -SIGN ;
        SUM = SUM+SIGN · TERM ;
        POWER = POWER · y ;
        TERM = POWER / (N+1) ;
단계 4  if | TERM | < TOL then
        OUTPUT (N) ;
        STOP
단계 5  N = N+1
단계 6  OUTPUT ("Method Failed") ;
        STOP
```

프로젝트

10진 정수 n을 입력받고 이를 2진수로 변환하는 MATLAB 프로그램을 작성하고 여러 n 값들에 대하여 실행해 보아라. 또한 n을 16진수로 변환하는 프로그램을 작성하고 실행해 보아라.

제 3 장 연습문제

수학적 기본 개념과 진법 및 오차

1. a) 다음 함수의 3차 Taylor 다항식을 구하여라.

$$f(x)=e^{-x}, \quad x_o=0$$

b) $f(x)=\dfrac{e^{-x}-1}{x}$ 일 때 $f(0)$의 값은? 이유는?

2. 구간 $[0, \pi/2]$ 상에서 함수 $f(x)=e^{x}-5\sin x$는 최소한 하나의 근을 가지는가? 이유는?

3. 평균값 정리를 이용하여 모든 실수 x, y에 대하여 $|\sin x-\sin y| \leq |x-y|$가 성립함을 보여라.

4. 10진수 0.1을 8진수와 16진수로 변환하여라.

5. a) 10진수 4295.2408을 2진수로 먼저 바꾸고 이를 8진수와 16진수로 나타내어라.

b) 16진수 $(A5C.0D8)_{16}$을 2진수로 먼저 바꾸고 이를 10진수로 나타내어라.

6. a) $(-29.375)_{10}$를 2진수와 16진수로 나타내어라.
b) $(39.703125)_{10}$를 2진수와 16진수로 나타내어라.

7. $x_k = 0.00015$는 근사 값, $x^* = 0.00014$는 참값일 때 절대오차와 상대오차를 구하고 근사값의 유효한 자릿수를 구하여라.

8. 무리수 e에 대한 근사값으로 2.72를 사용했을 때 절대오차와 상대오차를 구하고 근사값의 유효한 자릿수를 구하여라.

제 4 장

비선형 방정식의 수치해법

의

방정식

이 장의 내용

제 4 장 비선형 방정식의 수치해법

파이프(pipe)를 흐르는 어떤 액체에 대한 파이프 마찰 μ와 레이놀드(Reynolds) 번호 Re의 관계는 다음과 같이 주어진다.

$$\frac{1}{\sqrt{\mu}} = -0.8 + 2.0\log(Re\sqrt{\mu})$$

$Re = 1.0 \times 10^6$일 때 μ의 값을 구할 수 있는가?

위의 방정식은 인수분해, 2차, 3차, 또는 4차 방정식의 해의 공식을 사용할 수 없는 경우이다. 이 장에서는 방정식의 해를 수치적으로 다루는 방법들을 알아보고 그들의 특징들을 살펴보고자 한다.

4.1 개요

함수 $f(x)$가 주어졌을 때 이 함수의 근을 구한다고 가정하자. 즉, $f(x^*) = 0$을 만족하는 x^*을 구하도록 하자. 근은 함수에 따라 대수적으로 구할 수도 있고 그렇지 않은 경우가 있는데, 예를 들면 $f(x) = x^2 + 4x - 21$의 근은 아래와 같이 인수분해

$$x^2 + 4x - 21 = (x-3)(x+7) = 0$$

를 하면 두 개의 정확한 해 $x^* = 3$, $x^* = -7$을 얻을 수 있지만 다음과 같은 함수

$$g(x) = 5e^{2x} + x - 10$$
$$h(x) = x - \cos x$$

들의 근은 인수분해 방법뿐 만 아니라 어떠한 방법으로도 대수적으로 다루기는 쉽지 않

다. 함수 g와 h의 경우 정확한 근을 구하기보다는 허용오차 한계 내에 들어가는 근사해를 반복적인 수치방법을 이용하여 구해야 한다. 여기서 반복적이란 말은 임의로 선정된 근사해(예를 들어 x_0)에서부터 시작하여 차츰차츰 실제 근 x^*로 다가가는 수열(x_0, x_1, x_2, $\cdots$)의 생성을 의미한다.

비선형 방정식의 해를 수치적으로 구하는 방법으로는 여러 가지가 개발되어 있지만 이 장에서는 구간을 반 씩 줄여가는 이분법, 한 점과 이 점을 지나는 그래프의 접선을 이용하되 도함수가 필요한 Newton 방법, 두 점과 이 두 점을 지나는 할선을 이용하되 도함수를 요구하지 않는 할선법, 방정식을 고정점 반복식으로 변형하여 다루는 고정점 반복법을 심도 있게 다루고자 한다. 더불어 세 점을 지나가는 2차 다항식을 이용하는 Muller 방법을 간략하게 소개하고자 한다.

4.2 이분법

이분법은 방정식의 근을 구하는 방법들 중에 가장 이해하기 쉬운 방법이며 기본적으로 제일 먼저 소개되는 방법이다. f가 폐구간 $[a, b]$에서 연속이고 $f(a)f(b) < 0$이면 중간값 정리에 의해서 $f(x^*) = 0$가 되는 최소한 하나의 근 x^*가 $[a, b]$ 내에 존재한다. 이분법은 구간을 이등분하여 실제해 x^*가 존재하는 부분(반 구간)을 선택하는 과정을 반복하는 방법이다.

구체적으로 $c = (a+b)/2$로 놓고(전체 구간을 반으로 나눔) a와 c에서의 함수의 부호를 살펴보면 실제 근이 어느 소구간에 존재하는지 알 수 있다. 즉, $f(a)f(c) < 0$이면(a, c에서 함수의 부호가 서로 다르면) 근 x^*는 소구간 $[a, c]$에 속하며 그렇지 않으면 $[c, b]$에 근이 속한다. 만약, a와 c의 함수의 부호가 서로 다르면 c를 b로 놓고($b \leftarrow c$) 구간 $[c, b]$는 버린다. 만약, c와 b의 부호가 서로 다르면 c를 a로 놓고($a \leftarrow c$) 구간 $[a, c]$를 버린다. 반으로 줄어든 새로운 구간 $[a, b]$을 다시 이등분 하고, 즉 $c = (a+b)/2$을 구하고, 위를 반복 실행한다(그림 4.1 참조).

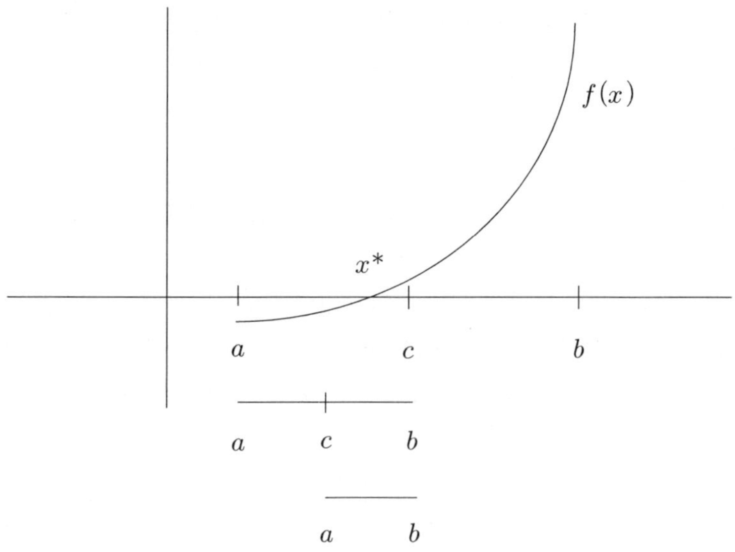

그림 4.1

이 과정을 반복 실행하면 중심점들 c가 x^*로 다가가게 된다. 이 실행을 정지하고자 하는 한 가지 방법은 허용오차 $\epsilon > 0$를 미리 정하고 구간의 길이가 허용오차보다 작으면 정지한다. 이 경우 가장 최근에 찾은 c를 x^*의 근사값으로 사용할 수 있다.

이분법의 알고리즘은 아래와 같다.

주어진 자료:
폐구간 $[a, b]$, 연속함수 f, $f(a)f(b) < 0$, 허용오차 $\epsilon > 0$(예. $\epsilon = 0.0001$)

알고리즘 이분법

단계 1 $c = (a+b)/2$

단계 2 만약 $|f(c)| < \epsilon$ 또는 $c-a < \epsilon$이면
c를 x^*의 근사값으로 받아들이고 종료한다.

단계 3 만약 $f(a)f(c) < 0$이면
$b \leftarrow c$로 놓고, 그렇지 않으면
$a \leftarrow c$로 놓고 단계 1로 간다.

예제 4.1 구간 $[1, 4]$에서 정의된 다음 함수의 근을 이분법으로 구하여라.

$$f(x) = x^3 - 3x^2 + 3x - 2$$

($f(2) = 0$이기 때문에 $x^* = 2$가 f의 실제 근이 됨을 알 수 있다. 그림 4.2 참조)

$a = 1,\ b = 4$가 되며 f는 연속이고 $f(1) = -1,\ f(4) = 26(f(1)f(4) < 0)$이기 때문에 f는 구간 $[1,\ 4]$에서 최소한 하나의 근을 가진다. 첫 번째 중심점은 $c = (1+4)/2 = 2.5$가 된다. $f(2.5) = 2.3750$이고 $f(a)f(c) < 0$이기 때문에 반구간 $[2.5,\ 4]$은 버려야 하며 근이 존재하는 새로운 구간은 $[a,\ b] = [1,\ 2.5]$로 주어진다. 두 번째 중심점은 $c = (1+2.5)/2 = 1.75$가 된다. $f(1.75) = -0.5781$이고 $f(c)f(b) < 0$이기 때문에 근이 존재하는 새로운 구간은 $[a,\ b] = [1.75,\ 2.5]$가 된다. 이 과정을 반복하면 중심점 c들이 $x^* = 2$로 다가간다. 프로그램 bisect.m은 허용오차 $\epsilon = 0.0001$을 만족하면 정지하도록 작성되었다. 이 문제에 대한 결과는 표 4.1에서 볼 수 있다.

표 4.1

n	a	b	c	$c-a$
1	1.0000	4.0000	2.5000	1.5000e+000
2	1.0000	2.5000	1.7500	7.5000e–001
3	1.7500	2.5000	2.1250	3.7500e–001
4	1.7500	2.1250	1.9375	1.8750e–001
5	1.9375	2.1250	2.0313	9.3750e–002
6	1.9375	2.0313	1.9844	4.6875e–002
7	1.9844	2.0313	2.0078	2.3438e–002
⋮	⋮	⋮	⋮	⋮
14	1.9998	2.0001	1.9999	1.8311e–004
15	1.9999	2.0001	2.0000	9.1553e–005

```
%bisect.m%
  f = 'x^3  -3*x^2  +  3*x  -2' ;
  a = 1 ;  b = 4 ;  c = (a+b)/2 ;  eps = 0.0001 ;
  n = 1 ;
  fprintf('n              a                  b                  c                        c-a  \n')
  fprintf('%2.0f  %10.4f  %10.4f  %10.4f  %18.4e  \n', n,a,b,c,c-a)
  while  (c-a >= eps)
    n = n+1 ;
    x = a ;  fa = eval(f) ;
    x = c ;  fc = eval(f) ;
    if  abs(fc) < eps
      break ;
    end
      if  (fa*fc <= 0)
      b = c ;  c = (a+b)/2 ;
    else
      a = c ;  c = (a+b)/2 ;
    end
    fprintf('%2.0f  %10.4f  %10.4f  %10.4f  %18.4e  \n', n,a,b,c,c-a)
  end
```

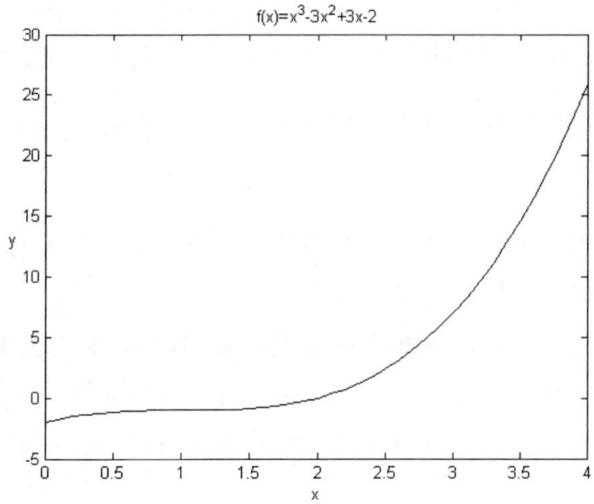

그림 4.2

다음 정리는 이분법의 수렴성에 대해서 다룬다. 이분법은 각 과정에서의 구간의 길이가 반으로 줄어들기 때문에 수렴속도가 다른 방법들에 비해 다소 느리다는 단점이 있으나 반면에 하나의 근으로 항상 수렴한다는 이점을 지니고 있다.

정리 4.1

연속함수 f는 구간 $[a, b]$에서 하나의 근 x^*을 가지며 c_n은 이분법을 $n \geq 1$번째 실행했을 때의 중심점이라고 하자. 그러면

$$|c_n - x^*| \leq \frac{b-a}{2^n} \tag{4.1}$$

을 만족한다. 즉 $c_n \to x^*$.

증명 $b_1 - a_1 = b - a$로 두면

$$\begin{aligned} b_2 - a_2 &= \frac{1}{2}(b_1 - a_1) = \frac{1}{2}(b-a) \\ b_3 - a_3 &= \frac{1}{2}(b_2 - a_2) = \frac{1}{2^2}(b-a) \\ &\vdots \\ b_n - a_n &= \frac{1}{2^{n-1}}(b-a) \end{aligned}$$

가 된다. n번째 과정에서 $x^* \in [a_n, b_n]$이며 $c_n = (a_n + b_n)/2$이다. 따라서 $|c_n - x^*| \leq \frac{1}{2}(b_n - a_n)$을 만족한다. 위의 결과를 대입하면 $|c_n - x^*| \leq \frac{1}{2^n}(b-a)$가 된다.

n이 무한대로 증가하면 (4.1)의 우변은 0으로 다가가기 때문에 c_n은 x^*로 다가간다. 따라서 이분법은 항상 수렴한다고 말한다.

이분법의 또 다른 성질은 오차 범위 내에 들기 위해서는 모두 몇 번의 실행이 필요한지 사전에 알 수가 있다는 것이다. 만약 $(b-a)/2^n < \epsilon$을 만족하면 (4.1)에 의해서 $|c_n - x^*| < \epsilon$가 됨을 알 수 있다. 따라서 오차 범위 내에 들기 위해서는

$$\begin{aligned} &\frac{(b-a)}{2^n} < \epsilon \\ &\Rightarrow 2^n > \frac{b-a}{\epsilon} \\ &\Rightarrow n > \frac{\ln\left(\frac{b-a}{\epsilon}\right)}{\ln 2} \end{aligned}$$

번의 실행을 요구한다. 주목할 것은 실행횟수 n을 계산할 때 함수하고는 전혀 상관이 없다는 것이다.

예제 4.2 구간 $[1, 4]$에서 정의된 다음 함수의 근을 이분법으로 구하고자 한다.

$$f(x) = x^3 - 3x^2 + 3x - 2$$

허용오차를 $\epsilon = 0.0001$이라고 하면 $|c_n - x^*| < \epsilon$을 만족하기 위하여 최소한 몇 번을 실행해야 하는가?

$a = 1$, $b = 4$이다. 위의 부등식에 대입하면

$$n > \frac{\ln\left(\frac{4-1}{0.0001}\right)}{\ln 2} = 14.8727$$

가 된다. n은 정수이기 때문에 최소한 $n = 15$번을 실행하여야 한다. 이 값은 표 4.1의 결과와 일치한다.

4.3 Newton 방법

Newton 방법은 이분법보다 수렴속도가 빠른 방법이다. 이 방법은 미분가능한 함수 $f(x)$에 적용할 수 있으며 도함수의 값이 0이 되어서는 안 된다. 또한 사용자는 초기값 x_0을 미리 정해주어야 한다.

4.3.1 기하학적 접근 방법

한 직선상에 고정된 점 (x_0, y_0)와 임의의 점 (x, y)가 주어졌다고 가정하자. 그러면 이 두 점을 지나가는 직선의 기울기(slope)는

$$m = \frac{y - y_0}{x - x_0}$$

가 되고, 이 직선의 방정식(점-기울기 형(point-slope form))은

$$y - y_0 = m(x - x_0) \tag{4.2}$$

가 된다. 즉, 한 점과 이 점을 지나가는 직선의 기울기가 주어지면 이 직선의 구체적인 방정식을 얻을 수 있다는 뜻이다.

이제 미분 가능한 함수 $f(x)$와 초기점 x_0가 주어지고(그림 4.3 참조) x^*는 f의 근이라고 가정하며(즉 $f(x^*) = 0$) 모든 x에서 $f'(x) \neq 0$라 가정하자. 그러면 점 $(x_0,\ f(x_0))$와 이 점에서의 f의 기울기 $m = f'(x_0)$가 주어진다. 이들을 점-기울기 공식 (4.2)에 대입하면 점 $(x_0,\ f(x_0))$을 지나가는 접선(tangent line)의 방정식

$$y - f(x_0) = f'(x_0)(x - x_0) \tag{4.3}$$

을 얻는다. 이 접선은 x-축을 지나가는데 이 접선과 x-축의 교차점을 $x = x_1$이라 부르자. 즉, (4.3)에 있는 x의 값이 x_1이 되는데 이 때 y의 값은 0이 된다. 따라서 x_1을 (4.3)에서 풀게 되면 다음과 같이 표현된다.

$$x_1 = x_0 - \frac{f(x_0)}{f'(x_0)}$$

새로운 값 x_1이 구해지면 이 값을 위주로 해서 위의 과정을 되풀이 할 수 있다. 새로운 값 x_1에 의해서 점 $(x_1,\ f(x_1))$와 기울기 $m = f'(x_1)$ 구할 수 있고 이들을 점-기울기 공식 (4.2)에 대입하면 점 $(x_1,\ f(x_1))$을 지나가는 접선의 방정식

$$y - f(x_1) = f'(x_1)(x - x_1)$$

을 얻는다. 이 접선 또한 x-축을 지나가며 두 직선의 교차점을 $x = x_2$라 부르면 이에 해당되는 y의 값은 0이 된다. 위와 유사하게 x_2에 대해서 정리하면

$$x_2 = x_1 - \frac{f(x_1)}{f'(x_1)}$$

가 주어진다. 그 다음 x_2를 이용하여 x_3을 구하게 되면

$$x_3 = x_2 - \frac{f(x_2)}{f'(x_2)}$$

이 되고 이 과정을 계속 반복 실행 하면 근 x^*로 다가가는 수열 x_0, x_1, x_2, $\cdots$이 생성된다. 일반적인 공식은 아래와 같이 주어지며

$$x_n = x_{n-1} - \frac{f(x_{n-1})}{f'(x_{n-1})}, \ n \geq 1 \tag{4.4}$$

이를 비선형 방정식의 해를 구하는 Newton 방법이라 부른다.

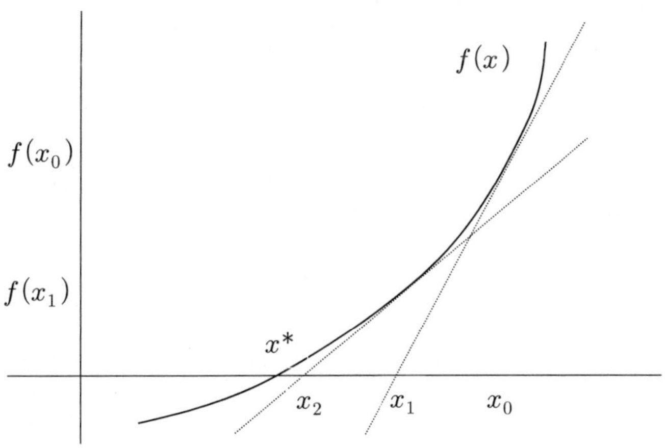

그림 4.3

4.3.2 Taylor 정리 접근 방법

초기값 x_0가 주어지면 이 점을 중심으로 Taylor 급수를 전개할 수 있고 나아가 Taylor 정리에 의하면 다음과 같이 나타낼 수 있다.

$$f(x)= f(x_0)+f'(x_0)(x-x_0)+\frac{f''(\xi)}{2}(x-x_0)^2 \tag{4.5}$$

여기서 ξ는 x와 x_0 사이에 존재하는 값이다. 만일 x와 x_0가 매우 가까이 있다면 $(x-x_0)^2 \approx 0$로 간주할 수 있다. $x=x_1$로 놓았을 때(즉 그 다음 값을 구했을 때) 가장 이상적인 상황은 $f(x_1)=0$가 되는 것이다. 따라서 비록 $f(x_1) \approx 0$이라고 하더라도 하나의 공식을 유도하기 위하여 관례적으로 $f(x_1)=0$으로 둔다. 이 경우 (4.5)는

$$0= f(x_1)= f(x_0)+f'(x_0)(x_1-x_0)$$

로 주어지며 x_1에 대해서 정리하면

$$x_1= x_0-\frac{f(x_0)}{f'(x_0)}$$

가 된다. 이제 x_1을 중심으로 한 Taylor 정리는 다음과 같이 쓸 수 있다.

$$f(x)= f(x_1)+f'(x_1)(x-x_1)+\frac{f''(\xi)}{2}(x-x_1)^2$$

위와 유사한 논리로 그 다음 공식을 구하면

$$x_2 = x_1-\frac{f(x_1)}{f'(x_1)}$$

가 주어지며 위의 과정을 되풀이 하면 일반적으로 Newton 공식 (4.4)가 도출된다.

Newton 방법 역시 이분법과 유사하게 허용오차 $\epsilon > 0$를 미리 정하고 정지조건 $|f(x_n)| < \epsilon$ 또는 상대오차 $|x_n - x_{n-1}|/|x_n| < \epsilon$을 만족하면 실행을 종료할 수 있다.

예제 4.3 예제 4.1에서 다룬 다음 함수의 근을 Newton 방법으로 구하여라.

$$f(x)= x^3-3x^2+3x-2$$

초기값은 $x_0 = 4.0$, 허용오차는 $\epsilon = 0.0001$로 둔다.

$f'(x) = 3x^2 - 6x + 3$이다. 이 문제에 대한 구체적인 Newton 공식(4.4)은

$$x_n = x_{n-1} - \frac{x_{n-1}^3 - 3x_{n-1}^2 + 3x_{n-1} - 2}{3x_{n-1}^2 - 6x_{n-1} + 3}$$

이 된다.

$n = 1$이면

$$x_1 = x_0 - \frac{f(x_0)}{f'(x_0)} = 4.0 - \frac{26}{27} = 3.0370$$

$n = 2$이면

$$x_2 = x_1 - \frac{f(x_1)}{f'(x_1)} = 3.0370 - \frac{7.4527}{12.4486} = 2.4384$$

이 과정을 반복하면 x_n은 $x^* = 2$로 다가간다. 프로그램 Newton.m은 상대오차가 허용오차 $\epsilon = 0.0001$을 만족하면 종료하도록 작성되었다. 이 문제에 대한 결과는 표 4.2에서 볼 수 있다.

표 4.2

n	x_n	$f(x_n)$	오차
1	3.0370	26.0000	3.1707e-001
2	2.4384	7.4527	2.4553e-001
3	2.1200	1.9758	1.5016e-001
4	2.0124	0.4050	5.3478e-002
5	2.0002	0.0377	6.1250e-003
6	2.0000	0.0005	7.5644e-005

```
%Newton.m%
f = 'x^3 -3*x^2 +3*x -2' ;
df = '3*x^2 -6*x +3' ;
x = 4.0 ; eps = 0.0001 ;
fval = eval(f) ;
dfval = eval(df) ;
xnext = x-fval/dfval ;
error = abs(xnext-x)/abs(xnext) ;
n = 1 ;
fprintf('n          x_n          f(x_n)                    오차\n')
fprintf('%2.0f %10.4f %10.4f %18.4e \n', n, xnext, fval, error)
x = xnext ;
while (error >= eps)
    n = n+1 ;
    fval = eval(f) ;
    dfval = eval(df) ;
    xnext = x-fval/dfval ;
    error = abs(xnext-x)/abs(xnext) ;
    fprintf('%2.0f %10.4f %10.4f %18.4e \n', n, xnext, fval, error)
    x = xnext ; % xnext를 x에 대치함 %
end
```

4.3.3 수렴차수(rate of convergence)

Newton 방법에 의한 결과(표 4.2)와 이분법에 의한 결과(표 4.1)을 비교해 보면 Newton 방법이 이분법보다 실제 근에 좀 더 빨리 수렴한다는 것을 알 수 있다. 사실 Newton 방법은 이분법보다 일반적으로 2배 정도 더 빨리 수렴한다. 그 이유는 이분법의 수렴차수는 1이지만 Newton 방법의 수렴차수는 2이기 때문이다. 아래는 수렴차수에 대한 정의와 그 의미를 다룬다.

정의 4.1

어떤 수열 $\{p_n\}_{n=0}^{\infty}$이 p로 수렴한다고 가정하자. 여기서 $p_n \neq p$, $n = 0, 1, 2, \cdots$. 만약 $0 < \lambda < \infty$와 $\alpha > 0$가 존재해서

$$\lim_{n\to\infty}\frac{|p_{n+1}-p|}{|p_n-p|^{\alpha}}=\lambda \tag{4.6}$$

을 만족하면 수열 $\{p_n\}_{n=0}^{\infty}$의 수렴차수는 α라고 한다.

α의 값은 정수일 필요는 없으나 $\alpha=1$이면 1차(또는 선형) 수렴, $\alpha=2$이면 2차 수렴, $\alpha=3$이면 3차 수렴한다고 한다. 수렴차수가 2와 3인 방법은 수렴차수가 1인 방법보다 각각 2배, 3배 정도 더 빨리 수렴한다고 볼 수 있다.

예제 4.4 a) $p_n=(0.1)^n$일 때 $\{(0.1)^n\}_{n=0}^{\infty}$은 $p=0$으로 1차 수렴함을 보여라.

b) $q_n=(0.1)^{2^n}$일 때 $\{(0.1)^{2^n}\}_{n=0}^{\infty}$은 $q=0$으로 2차 수렴함을 보여라.

a) $\{p_n\}_{n=0}^{\infty}=\{(0.1)^n\}_{n=0}^{\infty}=\{1,\ 0.1,\ 0.01,\ 0.001,\ 0.0001,\ \cdots\}$이다.

식 (4.6)을 이용하면

$$\lim_{n\to\infty}\frac{|p_{n+1}-p|}{|p_n-p|}=\lim_{n\to\infty}\frac{|(0.1)^{n+1}-0|}{|(0.1)^n-0|}=0.1$$

로 주어진다. 즉, $\alpha=1$인 경우 $\lambda=0.1$이다.

만약 $\alpha>1$이면 어떤 $\beta>0$가 존재해서 $\alpha=1+\beta$. 따라서

$$\lim_{n\to\infty}\frac{|p_{n+1}-p|}{|p_n-p|^{\alpha}}=\lim_{n\to\infty}\frac{|(0.1)^{n+1}-0|}{|(0.1)^n-0|^{1+\beta}}=\lim_{n\to\infty}\frac{(0.1)}{(0.1)^{\beta n}}=\infty$$

만약 $\alpha<1$이면 어떤 $\beta>0$가 존재해서 $1=\alpha+\beta$. 따라서

$$\lim_{n\to\infty}\frac{|p_{n+1}-p|}{|p_n-p|^{\alpha}}=\lim_{n\to\infty}\frac{|(0.1)^{n+1}-0|^{\alpha+\beta}}{|(0.1)^n-0|^{\alpha}}=\lim_{n\to\infty}\frac{(0.1)(0.1)^{\beta n}}{1}=0$$

그러므로 이 수열의 차수는 $\alpha=1$이 된다.

b) $\{q_n\}_{n=0}^{\infty} = \{(0.1)^{2^n}\}_{n=0}^{\infty} = \{0.1,\ 0.01,\ 0.0001,\ 0.00000001,\ \cdots\}$이다.

식 (4.6)을 이용하면

$$\lim_{n \to \infty} \frac{|q_{n+1} - q|}{|q_n - q|^2} = \lim_{n \to \infty} \frac{|(0.1)^{2^{n+1}} - 0|}{|(0.1)^{2^n} - 0|^2} = \lim_{n \to \infty} \frac{(0.1)^{2^{n+1}}}{(0.1)^{2^{n+1}}} = 1$$

로 주어진다. 즉, $\alpha = 2$인 경우 $\lambda = 1$이다. 만약 $\alpha > 2$이면 위의 극한은 무한대가 나오며($\lambda = \infty$), $\alpha < 2$이면 위의 극한은 0($\lambda = 0$)이 된다는 것을 알 수 있다(연습문제 8). 따라서 이 수열의 차수는 2가 된다.

앞에서 다룬 이분법은 구간이 반씩 줄어들기 때문에 이 방법의 수렴차수는 1이라고 할 수 있다. 반면에 Newton 방법의 수렴차수는 2가 됨을 보일 수 있다. f, f', f''은 연속이고 모든 x에 대하여 $f'(x) \neq 0$ 그리고 특히 $f''(x^*) \neq 0$이라고 가정하자. 또한 $x_n \to x^*$이라고 가정하자. x^*가 x_n에 가까이 있다면 Taylor 정리에 의해 다음과 같이 나타낼 수 있다.

$$f(x^*) = f(x_n) + f'(x_n)(x^* - x_n) + \frac{f''(\xi_n)}{2}(x^* - x_n)^2 \tag{4.7}$$

여기서 ξ_n은 x^*와 x_n 사이에 위치하는 값이다. x^*는 f의 근이기 때문에 $f(x^*) = 0$가 되고 $f'(x_n)$을 (4.7)의 양변에 나누면

$$0 = \frac{f(x_n)}{f'(x_n)} + x^* - x_n + \frac{1}{2}\frac{f''(\xi_n)}{f'(x_n)}(x^* - x_n)^2 \tag{4.8}$$

가 된다. 식 (4.4)에 있는 Newton 공식을

$$x_{n+1} = x_n - \frac{f(x_n)}{f'(x_n)}, \quad n \geq 0 \tag{4.9}$$

으로도 나타낼 수 있기 때문에 이를 (4.8)에 대입하면

$$0 = x_n - x_{n+1} + x^* - x_n + \frac{1}{2}\frac{f''(\xi_n)}{f'(x_n)}(x^* - x_n)^2$$

로 주어진다. 위의 식을 수렴차수 공식(4.6)의 형태로 정리하면

$$\frac{|x_{n+1} - x^*|}{|x_n - x^*|^2} = \frac{1}{2}\frac{|f''(\xi_n)|}{|f'(x_n)|}$$

그리고 $x_n \to x^*$이고 f', f''이 연속이기 때문에 $\xi_n \to x^*$, $f'(x_n) \to f'(x^*)$, $f''(\xi_n) \to f''(x^*)$가 성립한다. 따라서

$$\lim_{n\to\infty}\frac{|x_{n+1} - x^*|}{|x_n - x^*|^2} = \frac{1}{2}\frac{|f''(x^*)|}{|f'(x^*)|} = \lambda > 0$$

라고 할 수 있다. 즉, Newton 방법의 수렴차수는 2가 된다.

Newton 방법은 가장 잘 알려져 있고 가장 많이 사용되는 방법이며 이분법에 비해 2배로 빨리 함수의 근으로 접근한다. 하지만 초기값 x_0을 선정할 때 찾고자하는 함수의 근 x^*에 충분히 가까이 있지 않고 멀리 떨어져 있는 경우 수렴하지 않는 경우가 발생한다. 이런 이유로 Newton 방법은 항상 수렴하지 않는다고 말한다. 대표적인 예들은 다음과 같다. 함수 $f(x) = \ln x$의 근은 $x^* = 1$이다. 하지만 초기값을 아래의 그림 4.4와 같이 정하면 x_1은 음수가 되고 로그 함수는 양수의 값만 받아들이기 때문에 Newton 방법은 더 이상 실행할 수 없게 된다.

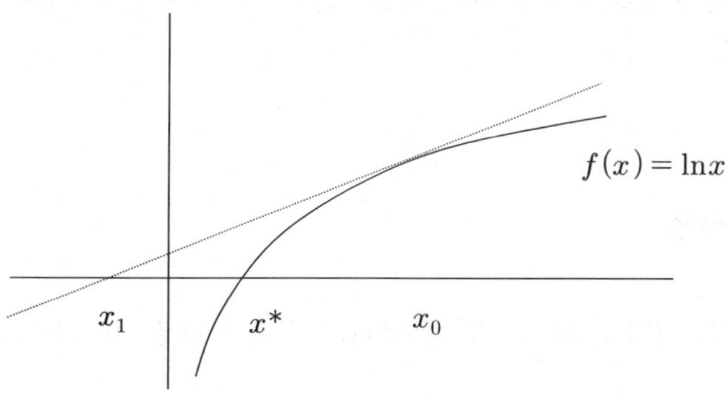

그림 4.4

두 번째 경우는 똑같은 값들이 아래와 같이 연속적으로 주어질 때이다.

$$x_0 = x_2 = x_4 = \cdots,\ x_1 = x_3 = x_5 = \cdots$$

함수 $f(x) = \tan^{-1}x$의 근은 $x^* = 0$이다. 만약 초기값을 $x_0 = 3.1610$으로 정하면(문제 4.9) $x_1 = -3.1610$, $x_2 = 3.1610$, $x_3 = -3.1610$, $\cdots$로 주어진다(그림 4.5 참조). 따라서 이 경우 Newton 방법은 수렴하지 않고 발산한다.

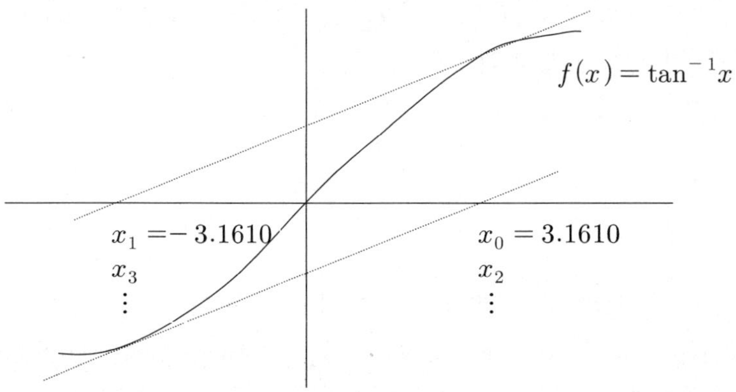

그림 4.5

Newton 방법은 공식 (4.4)에서 보는 바와 같이 도함수 $f'(x)$가 존재하지 않으면 실행할 수가 없다. 다음 절에 다루는 할선(secant)법은 도함수를 요구하지 않는 방법이다. 도함수 대신에 도함수의 근사값을 사용하는데 수렴속도가 Newton 방법 보다는 떨어진다는 단점이 있다. 구체적으로 설명한다면 Newton 방법은 한 점을 지나가는 함수의 접선을 이용하여 그 다음 점을 구하는 반면 할선법은 두 점을 지나가는 할선을 이용하여 그 다음 점을 구한다.

4.4 할선법

점 x_n에서의 도함수 $f'(x_n)$의 근사값은 아래와 같이 나타낼 수 있다.

$$f'(x_n) \approx \frac{f(x_n) - f(x_{n-1})}{x_n - x_{n-1}}$$

위의 식을 (4.9)에 대입하면

$$x_{n+1} = x_n - f(x_n)\frac{x_n - x_{n-1}}{f(x_n) - f(x_{n-1})}, \quad n \geq 1 \tag{4.10}$$

두 점을 지나가는 직선을 이용하여 위의 식을 유도해 보자. 두 개의 초기값 x_0와 x_1이 주어지면 두 점 $(x_0,\ f(x_0))$, $(x_1,\ f(x_1))$을 지나가는 직선(할선)의 기울기는

$$\frac{f(x_1) - f(x_0)}{x_1 - x_0}$$

가 된다. 이 직선이 x-축을 통과 하는데 x-축과 직선의 교점을 $x = x_2$라고 두면 $f(x_2) = 0$가 된다. 그런데 두 점 $(x_1,\ f(x_1))$, $(x_2,\ f(x_2))$을 지나가는 직선(그림 4.6 참조)은 앞의 두 점을 지나가는 직선과 동일하기 때문에 기울기가 같아야 한다. 따라서

$$\frac{f(x_1) - f(x_0)}{x_1 - x_0} = \frac{f(x_2) - f(x_1)}{x_2 - x_1} = \frac{0 - f(x_1)}{x_2 - x_1}$$

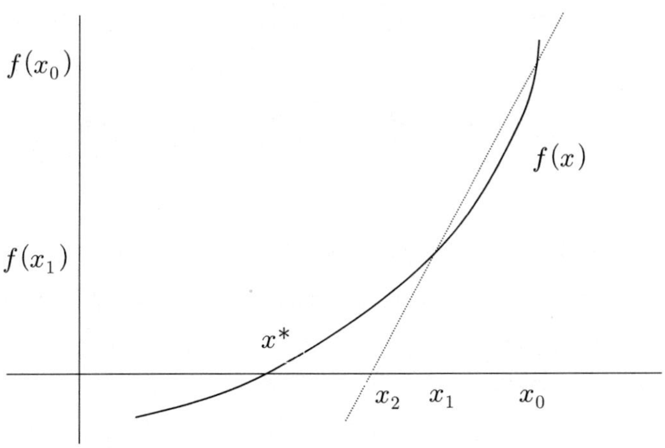

그림 4.6

위를 x_2에 관해서 정리하면

$$x_2 = x_1 - f(x_1)\frac{x_1 - x_0}{f(x_1) - f(x_0)}$$

로 주어진다. 그 다음 실행은 두 점 $(x_1,\ f(x_1))$, $(x_2,\ f(x_2))$을 위와 유사하게 고려하면 된다. 이 경우 아래의 공식을 얻게 되고

$$x_3 = x_2 - f(x_2)\frac{x_2 - x_1}{f(x_2) - f(x_1)}$$

이를 되풀이하면 일반적으로 공식 (4.10)이 도출된다. 식 (4.10)을 방정식의 해를 구하는 할선법이라 부른다. 할선법은 도함수를 계산할 필요가 없지만 2개의 초기값을 요구한다. 그리고 각 실행 과정에서는 가장 최근에 찾은 2개의 값을 사용하여 그 다음 값을 구한다.

예제 4.5 예제 4.1에서 다룬 다음 함수의 근을 할선법으로 구하여라.

$$f(x) = x^3 - 3x^2 + 3x - 2$$

초기값은 $x_0 = 4.0$, $x_1 = 3.0$ 허용오차는 $\epsilon = 0.0001$로 둔다.

$n = 1$이면

$$x_2 = x_1 - f(x_1)\frac{x_1 - x_0}{f(x_1) - f(x_0)} = 3.0 - 7\frac{3.0 - 4.0}{7 - 26} = 2.6316$$

$n = 2$이면

$$x_3 = x_2 - f(x_2)\frac{x_2 - x_1}{f(x_2) - f(x_1)} = 2.6316 - 3.3433\frac{2.6316 - 3.0}{3.3433 - 7} = 2.2947$$

이 과정을 반복 실행하면 x_n은 $x^* = 2$로 다가간다. 프로그램 secant.m은 상대오차가 허용오차 $\epsilon = 0.0001$을 만족하면 종료하도록 작성되었다. 이 문제에 대한 결과는 표 4.3에서 볼 수 있다.

표 4.3

n	x_n	$f(x_n)$	오차
2	2.6316	3.3433	1.4000e−001
3	2.2947	1.1704	1.4679e−001
4	2.1133	0.3799	8.5851e−001
5	2.0261	0.0804	4.3027e−002
6	2.0027	0.0081	1.1691e−003
7	2.0001	0.0002	1.3176e−005
8	2.0000	0.0000	3.4557e−005

```
%secant.m%
  f = 'x^3 -3*x^2 +3*x -2' ; eps = 0.0001 ;
  x = 4.0 ;  fb = eval(f) ;
  xb = x ;
  x = 3.0 ;  fp = eval(f) ;
  xp = x ;
  x = xp-fp*(xp-xb)/(fp-fb) ;
  fnext = eval(f) ;  xnext = x ;
  error = abs(xnext- xp)/abs(xnext) ;
  n = 2 ;
  fprintf(' n          x_n          f(x_n)               오차\n') ;
  fprintf('%2.0f %10.4f %10.4f %18.4e \n', n, xnext, fnext, error) ;
  while  (error >= eps)
     n = n+1 ;
     x = xp ;  fb = eval(f) ;
     xb = x ;
     x = xnext ;  fp = eval(f) ;
     xp = x ;
     x = xp-fp*(xp-xb)/(fp-fb) ;
     fnext = eval(f) ;
     xnext = x ;
     error = abs(xnext-xp)/abs(xnext) ;
     fprintf('%2.0f %10.4f %10.4f %18.4e \n', n, xnext, fnext, error) ;
  end
```

할선법은 이분법 보다는 수렴속도가 빠르나 Newton 방법보다는 약간 느리게 수렴한다. 할선법의 수렴차수는 $\alpha = 1.618$임을 보일 수 있다. 이에 대한 증명은 생략하도록 한다. 다음 절은 방정식 $f(x)=0$의 해를 $x=g(x)$ 형태로 변형하여 구하는 고정점 반복법을 소개한다. 이 방법의 수렴속도는 1차이지만 수렴성과 해의 존재성 및 유일성 등이 이론적으로 상당히 깔끔하게 처리되기 때문에 수치해석의 설명에 대한 대표적인 예라고 할 수 있다.

4.5 고정점 반복법

연속함수 $g(x)$에 대하여 어떤 p가 존재하여 $g(p)=p$을 만족하면 p를 g의 고정점이라 부른다. 예를 들면 $g(x)=\frac{1}{4}x^2+1$이라고 하면 $g(2)=2$가 되기 때문에 $p=2$는 g의 고정점이다. 함수의 고정점을 다루는 이유는 어떤 함수의 해($f(x)=0$)를 구하는 문제는 다른 어떤 함수의 고정점($g(x)=x$)을 찾는 문제로 나타낼 수 있고 그 역도 성립하기 때문이다. 즉, 함수 $f(x)$를 $g(x)-x$의 형태로 나타내면 $f(x)=0$는 $g(x)-x=0$으로 쓸 수 있고 따라서 $g(x)=x$가 된다. 위의 함수 g는 $f(x)=\frac{1}{4}x^2-x+1=0$에서 $f(x)=g(x)-x$로 놓았을 때 주어지는 값이다.

모든 함수가 고정점을 갖는 것은 아니다. 따라서 다음 정리는 어떤 함수가 고정점을 가지며 어떤 조건을 만족하면 유일한 고정점을 갖는지를 명확히 알려준다.

정리 4.2

함수 $g(x)$는 구간 $[a, b]$ 상에서 연속함수이고 $[a, b]$에서 $[a, b]$로 사상되는 함수(즉 $\forall x \in [a, b]$, $g(x) \in [a, b]$)라고 하자. 그러면 a) $g(p)=p$를 만족하는 고정점 $p \in [a, b]$가 존재한다. b) 또한 모든 $x \in (a, b)$에 대하여 $|g'(x)| \le k < 1$을 만족하면 g의 고정점 p는 유일하게 존재한다.

증명 a) (존재성에 대한 증명)

$g:[a, b] \rightarrow [a, b]$이기 때문에 만약 $g(a)=a$ 또는 $g(b)=b$이면 $p=a$ 또는 $p=b$가 g의 고정점이 된다. 따라서 $a<g(a)$ 그리고 $g(b)<b$라고 가정하자. $h(x)=g(x)-x$로 놓으면 g와 x가 연속함수이기 때문에 h도 $[a, b]$ 상에서 연속함수가 된다. 또한 $h(a)=g(a)-a>0$ 그리고 $h(b)=g(b)-b<0$이다. 함수 h는 중간값 정리의 조건을 만족한다. 따라서 $h(p)=0$이 되는 어떤 $p \in (a, b)$

가 존재한다. 즉 $g(p) = p$.

b) (유일성에 대한 증명)
$g(p) = p$, $g(q) = q$이지만 $p \neq q$라고 가정하자. 함수 g는 연속이기 때문에 평균값 정리에 의하여

$$\frac{g(p) - g(q)}{p - q} = g'(\xi)$$

을 만족하는 어떤 ξ가 p와 q 사이에 존재한다. 위의 식에 절대값을 취하면

$$|g(p) - g(q)| = |g'(\xi)||p - q|$$

가 된다. 그런데

$$|p - q| = |g(p) - g(q)| = |g'(\xi)||p - q| \leq k|p - q| < |p - q|$$

위의 모순이 발생하게 된 이유는 가정이 잘못 되었기 때문이다. 따라서 $p = q$.

$g(x)$의 고정점을 찾기 위한 과정은 아래와 같다.

고정점 반복법
초기값 p_0를 정하고 다음 공식을 되풀이 실행하는 방법을 고정점 반복법이라 부른다.

$$p_n = g(p_{n-1}), \ n \geq 1 \tag{4.11}$$

식 (4.11)에 의해 생성된 수열 p_n이 어떤 값 p로 수렴한다면

$$p = \lim_{n \to \infty} p_n = \lim_{n \to \infty} g(p_{n-1}) = g(\lim_{n \to \infty} p_{n-1}) = g(p)$$

를 만족한다. 즉 p는 g의 고정점이 된다. 위의 세 번째 등식에서 극한이 함수 g 안으로 들어갈 수 있는 이유는 g가 연속함수이기 때문이다.

다음 정리는 고정점 반복법이 항상 수렴하기 위해서는 함수 g가 만족해야하는 조건을 알려준다.

정리 4.3

함수 $g(x)$는 구간 $[a, b]$ 상에서 연속함수이고 $[a, b]$에서 $[a, b]$로 사상되는 함수이며 모든 $x \in (a, b)$에 대하여 $|g'(x)| \le k < 1$을 만족하면 어떠한 초기값 $p_0 \in [a, b]$를 선정하더라도 (4.11)에 의해 생성되는 수열 $\{p_n\}$은 고정점 p로 수렴한다.

증명 평균값 정리를 이용하여 먼저 $|p_n - p| \le k|p_{n-1} - p|$가 성립함을 보여주도록 하자.

$$|p_n - p| = |g(p_{n-1}) - g(p)| = |g'(\xi_n)||p_{n-1} - p| \le k|p_{n-1} - p|$$

여기서 ξ_n은 p_{n-1}과 p 사이에 위치하는 값이다. 위와 유사하게

$$\begin{gathered} |p_{n-1} - p| \le k|p_{n-2} - p| \\ |p_{n-2} - p| \le k|p_{n-3} - p| \\ \vdots \\ |p_1 - p| \le k|p_0 - p| \end{gathered}$$

가 성립한다. 즉,

$$|p_n - p| \le k^n |p_0 - p|$$

이제 $n \to \infty$이면 $k < 1$이기 때문에 $p_n \to p$.

위에 주어진 $g(x) = \frac{1}{4}x^2 + 1$의 도함수는 $g'(x) = \frac{1}{2}x$가 되며 $|g'(x)| < 1$을 만족하는 구간은 $(-2, 2)$이다. 따라서 p_0를 $(-2, 2)$ 내에서 정하면 고정점 반복법은 항상 수렴한다. 예를 들어 초기값을 $p_0 = 1$로 놓으면

$$p_1 = g(p_0) = g(1) = 1.2500$$

$$p_2 = g(1.25) = 1.3906$$
$$p_3 = g(1.3906) = 1.4835$$
$$\vdots$$

이 경우 p_n은 $p = 2$로 서서히 수렴함을 직관적으로 알 수 있다.
반면에 $p_0 = 3$으로 두면

$$p_1 = g(p_0) = g(3) = 3.2500$$
$$p_2 = g(3.2500) = 3.6406$$
$$p_3 = g(3.6406) = 4.3135$$
$$\vdots$$

이 경우 p_n은 발산한다.

예제 4.6 예제 4.1에서 다룬 다음 함수의 근을 고정점 반복법으로 구하여라.

$$f(x) = x^3 - 3x^2 + 3x - 2$$

$f(x) = g(x) - x = 0$의 꼴로 다음과 같이 여러 가지로 나타낼 수 있다.

1. $g_1(x) - x = \frac{1}{3}(-x^3 - 3x^2 + 2) - x = 0$
2. $g_2(x) - x = \dfrac{2}{x^2 - 3x + 3} - x = 0$
3. $g(x) - x = \sqrt[3]{3x^2 - 3x + 2} - x = 0$

각각의 경우 초기값을 $p_0 = 4$로 두었다. 첫 번째와 두 번째의 경우 고정점 반복법을 실행하면 발산한다. 세 번째의 경우 $g(x) = \sqrt[3]{3x^2 - 3x + 2}$ 이다. 이 함수에 대한 결과는 표 4.4에 주어져 있다. p_n들은 $p = 2$로 수렴함을 알 수 있다. 즉 $x^* = p = 2$는 원래 함수 $f(x)$의 근이다. 프로그램 fixedpt.m은 상대오차가 허용오차 $\epsilon = 0.0001$을 만족하면 종료하도록 작성되었다.

표 4.4

n	p_n	오차
1	3.3620	1.8978e-001
2	2.9557	1.3744e-001
3	2.6843	1.0112e-001
4	2.4967	7.5134e-002
5	2.3640	5.6157e-002
6	2.2685	4.2108e-002
7	2.1989	3.1623e-002
⋮	⋮	⋮
27	2.0006	1.0162e-004
28	2.0005	7.6216e-005

```
%fixedpt.m%
  g = '(3*x^2 -3*x+2)^(1/3)' ;
  eps = 0.0001 ;
  x = 4 ;
  gval = eval(g) ;
  xnext = gval ;
  error = abs(xnext-x)/abs(xnext) ;
  n = 1 ;
  fprintf(' n          x_n                 오차\n') ;
  fprintf('%2.0f %10.4f %18.4e \n', n, xnext, error) ;
  while (error >= eps)
    n = n+1 ;
    x = xnext ;
    gval = eval(g) ;
    xnext = gval ;
    error = abs(xnext-x)/abs(xnext) ;
    fprintf('%2.0f %10.4f %18.4e \n', n, xnext, error) ;
    if (n == 100)
      break ;
    end
  end
```

표 4.4에서 보는 바와 같이 p_n은 $p=2$로 매우 느리게 수렴한다는 것을 느낄 수 있다. 다음 정리는 고정점 반복법의 수렴차수는 1임을 밝힌다.

정리 4.4

함수 $g(x)$는 구간 $[a, b]$ 상에서 연속함수이고 $[a, b]$에서 $[a, b]$로 사상되는 함수이며 모든 $x \in (a, b)$에 대하여 $|g'(x)| \le k < 1$을 만족하고 고정점 p에 대하여 $g'(p) \ne 0$라고 가정하자. 그리고 도함수 $g'(x)$도 연속이라고 가정하자. 그러면 (4.11)에 의해 생성되는 수열 $\{p_n\}$이 고정점 p로 수렴하면 수렴차수는 1이 된다.

증명 평균값 정리에 의해서

$$p_{n+1} - p = g(p_n) - g(p) = g'(\xi_n)(p_n - p)$$

여기서 ξ_n은 p_n과 p 사이에 위치하는 값이다. $\{p_n\} \to p$이면 $\{\xi_n\}$ 역시 p로 수렴한다. $g'(x)$가 연속이기 때문에

$$\lim_{n \to \infty} g'(\xi_n) = g'(\lim_{n \to \infty} \xi_n) = g'(p)$$

가 된다. 그러므로

$$\lim_{n \to \infty} \frac{|p_{n+1} - p|}{|p_n - p|} = \lim_{n \to \infty} |g'(\xi_n)| = |g'(p)| \ne 0$$

즉 $\alpha = 1$, $\lambda = |g'(p)| > 0$을 의미하며 따라서 고정점 반복법은 1차 수렴한다.

이 장의 마지막 부분은 Muller 방법을 간략하게 소개하고자 한다. 4장 4절에서 다룬 할선법은 두 점을 이용하여 그 다음 점을 구하였다. Muller 방법은 할선법의 확장이라고 볼 수 있는데 세 점을 이용하여 그 다음 점을 찾는 방법이다.

4.6 Muller 방법

3개의 값 x_0, x_1, x_2를 정하면 3개의 점 $(x_0, f(x_0))$, $(x_1, f(x_1))$, $(x_2, f(x_2))$을 지나는 2차 다항식을 구할 수 있다. 이 2차 다항식의 그래프와 x-축이 만나는 점을 x_3이라 부르면 x_3은 x_0, x_1, x_2보다 방정식의 해 x^*에 더 가까운 값이 된다. 이제 3개의 점 $(x_1, f(x_1))$, $(x_2, f(x_2))$, $(x_3, f(x_3))$을 이용하면 그 다음 점 x_4를 구할 수 있고 위의 과정을 반복 실행하면 x^*로 접근하는 수열 $\{x_n\}$이 생성된다. 이 방법을 Muller 방법이라 부른다.

이 절에서는 주어진 세 점 $(x_0, f(x_0))$, $(x_1, f(x_1))$, $(x_2, f(x_2))$을 지나는 아래와 같은 형태를 갖는 2차 다항식을 구하는 과정을 간략하게 살펴보도록 한다.

$$P(x) = a(x - x_2)^2 + b(x - x_2) + c \tag{4.12}$$

위의 다항식이 세 점을 지나가면 다음을 만족한다.

$$\begin{aligned} a(x_0 - x_2)^2 + b(x_0 - x_2) + c &= f(x_0) \\ a(x_1 - x_2)^2 + b(x_1 - x_2) + c &= f(x_1) \\ c &= f(x_2) \end{aligned}$$

따라서 행렬·벡터 식으로 나타내면

$$\begin{pmatrix} (x_0 - x_2)^2 & (x_0 - x_2) & 1 \\ (x_1 - x_2)^2 & (x_1 - x_2) & 1 \\ 0 & 0 & 1 \end{pmatrix} \begin{pmatrix} a \\ b \\ c \end{pmatrix} = \begin{pmatrix} f(x_0) \\ f(x_1) \\ f(x_2) \end{pmatrix}$$

대입법 또는 7장에서 선형 연립방정식을 다루는 방법으로 미지수 a, b, c를 구할 수 있다. 또는 대수적인 방법으로 이들의 미지수를 구체적으로 적으면

$$a = \frac{(x_1 - x_2)[f(x_0) - f(x_2)] - (x_0 - x_2)[f(x_1) - f(x_2)]}{(x_0 - x_2)(x_1 - x_2)(x_0 - x_1)}$$

$$b = \frac{(x_0 - x_2)^2[f(x_1) - f(x_2)] - (x_1 - x_2)^2[f(x_0) - f(x_2)]}{(x_0 - x_2)(x_1 - x_2)(x_0 - x_1)}$$

$$c = f(x_2)$$

미지수 a, b, c를 구한 후 (4.12)를 방정식으로 나타내면

$$a(x - x_2)^2 + b(x - x_2) + c = 0$$

이 된다. 2차 방정식의 해를 구하는 공식을 이용하여 위의 해를 구하면

$$x - x_2 = \frac{-b \pm \sqrt{b^2 - 4ac}}{2a}$$

로 주어진다. 이제 $x = x_3$으로 둘 수 있다(그림 4.7 참조). 실질적인 과정은 다른 문헌을 참고할 수 있다.

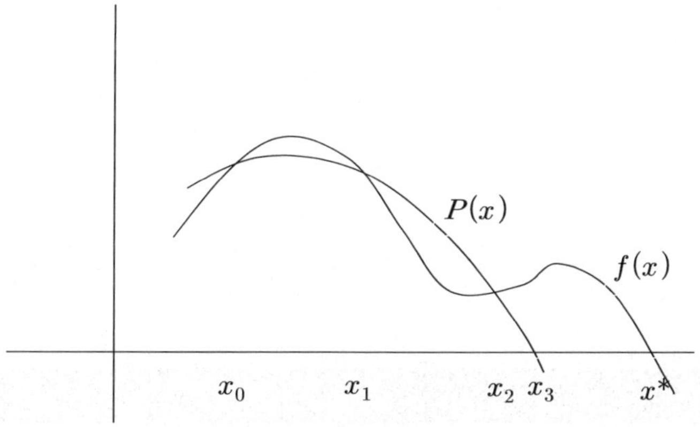

그림 4.7

끝으로 이 장에서 다룬 방법들에 대한 수렴차수를 종합하면 표 4.5와 같이 요약된다.

표 4.5

방법	수렴차수
이분법	1.00
고정점 반복법	1.00
할선법	1.62
Muller 방법	1.84
Newton 방법	2.00

프로젝트

파이프(pipe)를 흐르는 어떤 액체에 대한 파이프 마찰 μ와 레이놀드(Reynolds) 번호 Re의 관계는 다음과 같다는 것이 1966년 Pao에 의해 밝혀졌다.

$$\frac{1}{\sqrt{\mu}} = -0.8 + 2.0\log(Re\sqrt{\mu})$$

$Re = 1.0 \times 10^6$일 때 μ의 값을 구하여라.

제 4 장

연습문제

비선형 방정식의 수치해법

1. 수열 $\{(0.01)^{2n}\}$은 0으로 몇 차 수렴하는가?

2. 함수 $f(x)=x^3-x-2$가 폐구간 $[0,\ 2]$ 상에 정의되었다면

a) 최소한 하나의 근이 존재하는가? 이유는?

b) 이분법으로 근을 구한다면 두 번 실행 후 근은 어느 소구간에 존재하겠는가?

c) $x_0=1,\ x_1=2$일 때 할선법으로 x_2를 구하여라.

3. Newton 방법으로 $f(x)=x^3-3x^2+4x-1$의 근을 구하고자 한다. 초기값이 $x_0=1$일 때 그 다음 두 점 $x_1,\ x_2$를 구하여라.

4. $g(x)=\left(\dfrac{10}{x}-4x\right)^{\frac{1}{2}}$이라고 하자.

$p_0=1$일 때 고정점 반복법으로 그 다음 점 x_1과 x_2을 구하여라.

5. 이 장에서 다루는 방정식의 해를 구하는 방법으로 $\sqrt{7}$의 값을 계산해 보아라.

6. 방정식 $x = \cos x$의 해를 구간 $[0, \pi/2]$에서 구해보아라.

7. 방정식 $e^x = 5\sin x$을 만족하는 하나의 해를 구해보아라.

8. $\{q_n\}_{n=0}^{\infty} = \{(0.1)^{2^n}\}_{n=0}^{\infty} = \{0.1,\ 0.01,\ 0.0001,\ 0.00000001,\ \cdots\}$일 때 예제 4.4에서

$$\lim_{n\to\infty}\frac{|q_{n+1}-q|}{|q_n-q|^2}=1$$

임을 보였다(즉, $\alpha = 2$일 때 $\lambda = 1$임을 보였다). $\alpha > 2$일 때 위의 극한은 무한대($\lambda = \infty$)임을 보이고 $\alpha < 2$일 때 위의 극한은 $0(\lambda = 0)$임을 보여라.

9. 함수 $f(x) = \tan^{-1}x$일 때 Newton 방법에 의한 초기값을 $x_0 = 3.1610$으로 정하면 아래와 같이 똑 같은 값이 되풀이 된다.

$$x_0 = x_2 = x_4 = \cdots = 3.1610,\ \ x_1 = x_3 = x_5 = \cdots = -3.1610$$

이 초기값 $x_0 = 3.1610$을 구하기 위하여 다음 함수의 근을 구해주어야 한다.

$$f(x) = \tan^{-1}x - \frac{2}{5}x = 0$$

위의 식을 유도하고 수치 방법을 이용하여 f의 근을 구하여라.

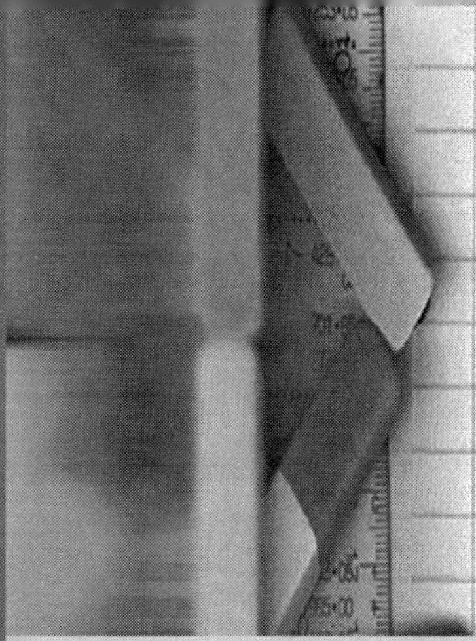

제 5 장

보간법

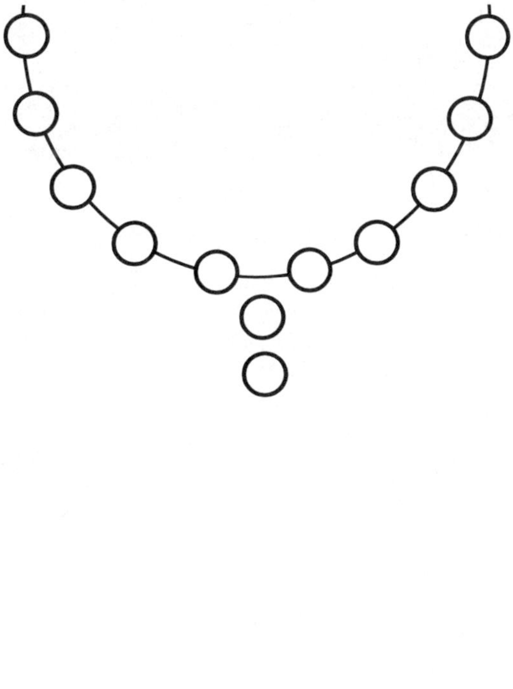

이 장의 내용

제 5 장

보간법

대한민국 정부 수립 후 연도별로 조사한 총 인구 수는 아래와 같다.

조사 년도	인구(단위 : 천명)
1944	16,565
1949	20,189
1955	21,526
1960	24,989
1966	29,193
1970	31,466
1975	34,707
1980	37,436
1985	40448
1990	43411
1995	44609
2000	46136
2005	47279

어느 정도 신뢰가 가는 1972년도의 우리나라의 인구를 추정할 수 있는가? 이 장에서는 위와 같이 구체적인 함수가 주어지지 않고 실험 또는 조사·연구 등에 의하여 수집된 자료를 이용하여 문제를 해결하는 방법들을 다루고자 한다.

5.1 개요

실험 또는 조사·연구 등에 의하여 수집된 자료를 이용하여 어떤 다른 값을 추정할 수 있다.

예를 들면 아래의 자료에서 x_0, x_1, $\cdots$, x_n은 서로 다른 점들이며 $x_0 < x_1 < \cdots < x_n$이라고 하자.

x	x_0	x_1	x_2	$\cdots$	x_n
$y=f(x)$	y_0	y_1	y_2	$\cdots$	y_n

만약 $x \in [x_0,\ x_n]$에 대하여 $f(x)$의 값을 추정한다면 이는 보간법 문제라 부르며, $[x_0,\ x_n]$ 외부의 x에 대한 $f(x)$의 값을 추정한다면 이는 외삽법 문제가 된다.

이 장에서는 몇 가지 잘 알려진 보간법을 소개하고자 한다. 보간법의 핵심은 주어진 점들을 지나가는 다항식을 구하는데 있다. 보간다항식으로는 $n+1$개의 점들을 지나가는 n차 Lagrange 보간다항식, n차 Newton 보간다항식이 있다. 이 들은 함수의 값만 사용하며 전체 구간 $[x_0,\ x_n]$에 단 하나의 다항식만 정의된다는 특징이 있다. 이들은 접근 방법은 서로 다르나 결국 동일한 n차 보간다항식을 도출한다.

함수의 값뿐만 아니라 도함수의 값을 활용하는 보간법을 Hermite 보간법이라 부른다. 이 방법은 다른 문헌을 참고하고 이 장에서는 다루지 않는다. 다항식의 차수 n이 클 경우 다항식의 그래프의 특성상 심한 굴곡현상이 발생한다. 이는 상당히 큰 오차가 발생할 수 있음을 의미한다. 이런 문제를 해결하기 위해서 전체 구간 $[x_0,\ x_n]$에 차수가 낮은 여러 개의 다항식을 정의하는 방법이 있는데 이를 스플라인(spline) 보간 함수라 부른다. 위에서 언급한 각 방법에 대한 특징과 장점 및 활용에 대하여 이 장에서 구체적으로 살펴보도록 한다.

5.2 Lagrange 보간법

5.2.1 1차 보간다항식

두 점 $(x_0,\ y_0)$, $(x_1,\ y_1)$가 주어졌을 때 다음 식을 살펴보자.

$$P_1(x) = \frac{(x_1 - x)y_0 + (x - x_0)y_1}{x_1 - x_0} \tag{5.1}$$

먼저 $P_1(x_0)= y_0$, $P_1(x_1)= y_1$을 만족한다는 것을 알 수 있다. 이는 함수 $P_1(x)$의 그래프가 두 점 $(x_0,\ y_0)$, $(x_1,\ y_1)$을 지나간다는 것을 의미한다. 또한 $P_1(x)$는 1차 다항식임이 명백하다. 따라서 $P_1(x)$는 주어진 두 점을 지나가는 1차(선형) 다항식이 된다. 예를 들어 두 점 (1, 1), (3, 2)를 지나가는 선형 다항식은

$$P_1(x)= \frac{(3-x)1+(x-1)2}{3-1} = \frac{1}{2}(x+1)$$

이 된다.

식 (5.1)을 다음과 같이 나타낼 수 있다.

$$P_1(x)= y_0L_0(x)+y_1L_1(x) \tag{5.2}$$

여기서

$$L_0(x)= \frac{x-x_1}{x_0-x_1},\ L_1(x)= \frac{x-x_0}{x_1-x_0}$$

이며 $L_0(x_0)= 1$, $L_0(x_1)= 0$, $L_1(x_0)= 0$, $L_1(x_1)= 1$의 값을 가진다.

예제 5.1 다음 자료는 어떤 함수에 대한 값들이다. 두 점 $(0.6,\ 1.822119)$, $(0.7,\ 2.013753)$을 지나가는 1차 보간다항식을 구하고 $x= 0.63$에서 함수의 근사값을 계산해 보아라. 아래의 데이터를 나타내는 함수는 정확하게 $f(x)= e^x$이고 점 $x= 0.63$에서의 실제값은 $f(0.63) = e^{0.63}= 1.877611$이다.

x	$y= f(x)$
0	1.0
0.4	1.491825
0.5	1.648721
0.6	1.822119
0.7	2.013753
0.8	2.225541
1	2.718282

점 (0.6, 1.822119)을 첫 점 (x_0, y_0)로 점 (0.7, 2.013753)를 두 번째 점 (x_1, y_1)로 간주하고 식 5.1(또는 식 5.2)에 대입하면

$$
\begin{aligned}
P_1(x) &= \frac{(x_1 - x)y_0 + (x - x_0)y_1}{x_1 - x_0} \\
&= \frac{(0.7 - x)1.822119 + (x - 0.6)2.013753}{0.7 - 0.6} \\
&= 1.916340x + 0.672315
\end{aligned}
$$

을 얻는다. 또한 $P_1(0.63) = 1.879609$
가 된다.

5.2.2 2차 보간다항식

세 점 (x_0, y_0), (x_1, y_1), (x_2, y_2)를 지나가는 2차 보간다항식의 형태는 아래와 같이 주어진다.

$$
P_2(x) = y_0 L_0(x) + y_1 L_1(x) + y_2 L_2(x) \tag{5.3}
$$

여기서

$$
L_0(x) = \frac{(x - x_1)(x - x_2)}{(x_0 - x_1)(x_0 - x_2)}
$$

$$
L_1(x) = \frac{(x - x_0)(x - x_2)}{(x_1 - x_0)(x_1 - x_2)}
$$

$$
L_2(x) = \frac{(x - x_0)(x - x_1)}{(x_2 - x_0)(x_2 - x_1)}
$$

로 정의된다. $L_i(x)$, $i = 0, 1, 2$는 명백히 2차 다항식이고 $P_2(x_0) = y_0$, $P_2(x_1) = y_1$, $P_2(x_2) = y_2$을 만족하기 때문에 (5.3)에 주어진 $P_2(x)$는 2차 보간다항식이 된다. 특히 $L_i(x)$, $i = 0, 1, 2$는 다음과 같은 성질을 가지고 있다.

$$L_0(x_0)=1,\ L_0(x_1)=0,\ L_0(x_2)=0$$
$$L_1(x_0)=0,\ L_1(x_1)=1,\ L_1(x_2)=0$$
$$L_2(x_0)=0,\ L_2(x_1)=0,\ L_2(x_2)=1$$

예제 5.2 다음 자료는 예제 5.1에서 다룬 값들이다. 세 점 (0.5, 1.648721), (0.6, 1.822119), (0.7, 2.013753)을 지나가는 2차 보간다항식을 구하고 $x=0.63$에서 함수의 근사값을 계산해 보아라. 점 $x=0.63$에서의 실제값은 $f(0.63)=e^{0.63}=1.877611$이다. 예제 5.1의 결과와 비교해 보아라.

x	$y=f(x)$
0	1.0
0.4	1.491825
0.5	1.648721
0.6	1.822119
0.7	2.013753
0.8	2.225541
1	2.718282

점 (0.5, 1.648721)을 첫 번째 점 $(x_0,\ y_0)$, 점 (0.6, 1.822119)를 두 번째 점 $(x_1,\ y_1)$, 점 (0.7, 2.013753)를 세 번째 점 $(x_2,\ y_2)$로 간주하면

$$L_0(x)=\frac{(x-0.6)(x-0.7)}{(0.5-0.6)(0.5-0.7)}=50(x^2-1.3x+0.42)$$

$$L_1(x)=\frac{(x-0.5)(x-0.7)}{(0.6-0.5)(0.6-0.7)}=-100(x^2-1.2x+0.35)$$

$$L_2(x)=\frac{(x-0.5)(x-0.6)}{(0.7-0.5)(0.7-0.6)}=50(x^2-1.1x+0.3)$$

가 된다. 따라서

$$\begin{aligned}P_2(x)&=y_0L_0(x)+y_1L_1(x)+y_2L_2(x)\\&=1.648721L_0(x)+1.822119L_1(x)+2.013753L_2(x)\end{aligned}$$

로 주어지며 정리하면 $P_2(x) = ax^2 + bx + c$의 형태로 나타낼 수 있다. 또한

$$P_2(0.63) = 1.877694$$

가 된다. 예제 5.1에서 다룬 결과와 비교하면 세 점을 이용한 2차 보간다항식에 의한 근사값이 두 점을 이용한 1차 보간다항식에 의한 근사값보다 실제값에 더욱 가깝다는 것을 볼 수 있다.

5.2.3 고차 보간다항식

위를 확장하면 일반적으로 $n+1$개의 점들 (x_0, y_0), (x_1, y_1), $\cdots$, (x_n, y_n)을 지나가는 n차 보간다항식은 다음과 같이 주어진다.

$$P_n(x) = y_0 L_0(x) + y_1 L_1(x) + \cdots + y_n L_n(x) \tag{5.4}$$

여기서

$$L_i(x) = \frac{(x - x_0)(x - x_1)\cdots(x - x_{i-1})(x - x_{i+1})\cdots(x - x_n)}{(x_i - x_0)(x_i - x_1)\cdots(x_i - x_{i-1})(x_i - x_{i+1})\cdots(x_i - x_n)}$$

나아가

$$L_i(x_j) = \begin{cases} 1, & i = j \\ 0, & i \neq j \end{cases}$$

그리고 $P_n(x_i) = y_i$, $i = 0, 1, \cdots, n$을 만족한다. 식 (5.4)를 n차 Lagrange 보간다항식이라 부른다. 좀 더 엄밀히 말한다면 $n+1$개의 점들을 지나가고 차수가 n보다 작거나 같은 보간다항식이 된다. 그 이유는, 예를 들면, 주어진 세 점이 일직선상에 위치한다면 이 세 점을 지나가는 보간다항식은 2차가 아닌 1차 다항식이 되기 때문이다.

예제 5.3 다음 4개의 점들을 지나가는 3차 Lagrange 보간다항식 $P_3(x)$를 구하고 그래프를 그려 보아라.

x	0	2	3	4
$y=f(x)$	7	11	28	63

4개의 점들을 순서대로 $(x_0,\ y_0)=(0,\ 7)$, $(x_1,\ y_1)=(2,\ 11)$, $(x_2,\ y_2)=(3,\ 28)$, $(x_3,\ y_3)=(4,\ 63)$로 두자. 이 네 점들을 지나가는 3차 보간다항식은 (5.4)를 이용하면 아래의 같이 주어진다.

$$P_3(x)=7L_0(x)+11L_1(x)+28L_2(x)+63L_3(x)$$

여기서

$$L_0(x)=\frac{(x-2)(x-3)(x-4)}{(0-2)(0-3)(0-4)} \quad L_1(x)=\frac{(x-0)(x-3)(x-4)}{(2-0)(2-3)(2-4)}$$

$$L_2(x)=\frac{(x-0)(x-2)(x-4)}{(3-0)(3-2)(3-4)} \quad L_3(x)=\frac{(x-0)(x-2)(x-3)}{(4-0)(4-2)(4-3)}$$

따라서 위를 정리하면

$$P_3(x)=x^3-2x+7$$

이 된다. 4개의 점들(동그라미로 표시되었음)과 $P_3(x)$의 그래프는 그림 5.1에서 볼 수 있다. 그래프에 대한 프로그램은 Lagrange.m에 기술되어 있다.

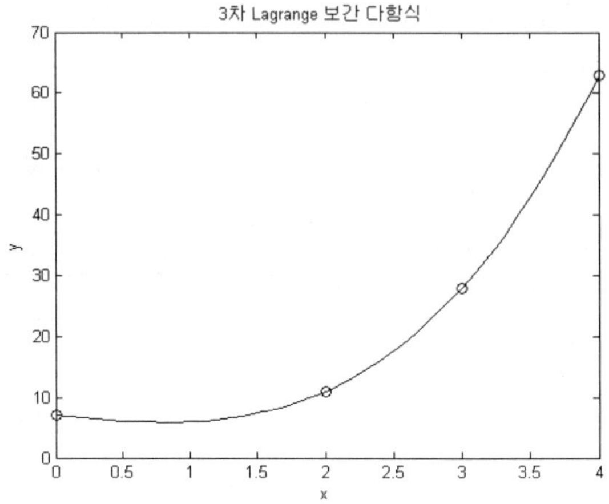

그림 5.1

```
%Lagrange.m%
  xx = [0  2  3  4] ;
  yy = [7  11  28  63] ;
  L0 = ((x-2).*(x-3).*(x-4)) / ((0-2)*(0-3)*(0-4)) ;
  L1 = ((x-0).*(x-3).*(x-4)) / ((2-0)*(2-3)*(2-4)) ;
  L2 = ((x-0).*(x-2).*(x-4)) / ((3-0)*(3-2)*(3-4)) ;
  L3 = ((x-0).*(x-2).*(x-3)) / ((4-0)*(4-2)*(4-3)) ;
  P3fun = '7*L0+11*L1+28*L2+63*L3' ;
  x = 0 :0.1 : 4 ;
  P3val = eval(P3fun) ;
  plot(xx,yy,'o',x,P3val)
```

5.3 Newton 보간법

앞절에서 다룬 n차 Lagrange 보간다항식의 형태는

$$P_n(x) = y_0 L_0(x) + y_1 L_1(x) + \cdots + y_n L_n(x)$$

이다. 반면에 이 절에서 다루는 n차 Newton 보간다항식의 일반적인 형태는 아래와 같이 나타내어진다.

$$P_n(x) = f(x_0) + f[x_0, x_1](x - x_0) + f[x_0, x_1, x_2](x - x_0)(x - x_1) + \cdots + f[x_0, x_1, \cdots, x_n](x - x_0)(x - x_1)\cdots(x - x_{n-1}) \tag{5.5}$$

또는

$$P_n(x) = a_0 + a_1(x - x_0) + a_2(x - x_0)(x - x_1) + \cdots + a_n(x - x_0)(x - x_1)\cdots(x - x_{n-1})$$

여기서

$$a_0 = f(x_0),$$
$$a_1 = f[x_0, x_1],$$
$$a_2 = f[x_0, x_1, x_2],$$
$$\vdots$$
$$a_n = f[x_0, x_1, x_2, \cdots, x_n]$$

을 의미한다.

식 (5.5)에 있는 계수들은 다음과 같이 정의된다.

두 점 $(x_0, f(x_0))$, $(x_1, f(x_1))$과 관련하여

$$f[x_0, x_1] = \frac{f(x_1) - f(x_0)}{x_1 - x_0},$$

세 점 $(x_0, f(x_0))$, $(x_1, f(x_1))$, $(x_2, f(x_2))$와 관련하여

$$f[x_0, x_1, x_2] = \frac{f[x_1, x_2] - f[x_0, x_1]}{x_2 - x_0} = \frac{\dfrac{f(x_2) - f(x_1)}{x_2 - x_1} - \dfrac{f(x_1) - f(x_0)}{x_1 - x_0}}{x_2 - x_0},$$

네 점 $(x_0, f(x_0))$, $(x_1, f(x_1))$, $(x_2, f(x_2))$, $(x_3, f(x_3))$과 관련하여

$$f[x_0, x_1, x_2, x_3] = \frac{f[x_1, x_2, x_3] - f[x_0, x_1, x_2]}{x_3 - x_0},$$

그리고 일반적으로 $n+1$개의 점들 $(x_0, f(x_0))$, $(x_1, f(x_1))$, $\cdots$, $(x_n, f(x_n))$과 관련하여

$$f[x_0, x_1, \cdots, x_n] = \frac{f[x_1, x_2, \cdots, x_n] - f[x_0, x_1, \cdots, x_{n-1}]}{x_n - x_0}$$

로 정의된다. 이들을 분할차(divided difference)라 부른다.

이제 식 (5.5)에 주어진 다항식이 보간다항식의 성질을 만족하는지 살펴보도록 하자.

$n=1$일 때 $P_1(x) = f(x_0) + f[x_0, x_1](x - x_0)$로 주어지며

$$P_1(x_0) = f(x_0)$$
$$P_1(x_1) = f(x_0) + \frac{f(x_1) - f(x_0)}{x_1 - x_0}(x_1 - x_0) = f(x_1)$$

를 만족한다. 따라서 $P_1(x)$는 두 점 $(x_0, f(x_0))$, $(x_1, f(x_1))$를 지나가는 1차 보간다항식임이 명백하다.

$n=2$일 때 $P_2(x) = f(x_0) + f[x_0, x_1](x - x_0) + f[x_0, x_1, x_2](x - x_0)(x - x_1)$가 된다. $P_2(x)$는 2차 다항식이며

$$\begin{aligned}
P_2(x_0) &= f(x_0) \\
P_2(x_1) &= P_1(x_1) = f(x_1) \\
P_2(x_2) &= f(x_0) + f[x_0, x_1](x_2 - x_0) + f[x_0, x_1, x_2](x_2 - x_0)(x_2 - x_1) \\
&= f(x_0) + \frac{f(x_1) - f(x_0)}{x_1 - x_0}(x_2 - x_0) \\
&\quad + \frac{\dfrac{f(x_2) - f(x_1)}{x_2 - x_1} - \dfrac{f(x_1) - f(x_0)}{x_1 - x_0}}{x_2 - x_0}(x_2 - x_0)(x_2 - x_1) \\
&\quad \vdots \\
&= f(x_2)
\end{aligned}$$

을 만족한다. 따라서 $P_2(x)$는 세 점 $(x_0, f(x_0))$, $(x_1, f(x_1))$, $(x_2, f(x_2))$를 지나가는 2차 보간다항식이다. 다른 차수에 대한 다항식도 위와 유사하게 증명할 수 있다. $y_i = f(x_i)$로 표시했을 경우 식 (5.5)를 $n+1$개의 점들 (x_0, y_0), (x_1, y_1), $\cdots$, (x_n, y_n)을 지나가는 n차 Newton 보간다항식이라 부른다.

Newton 보간다항식은 다음과 같은 성질을 가지고 있다.

$$\begin{aligned} P_2(x) &= P_1(x) + f[x_0, x_1, x_2](x-x_0)(x-x_1) \\ P_3(x) &= P_2(x) + f[x_0, x_1, x_2, x_3](x-x_0)(x-x_1)(x-x_2) \\ &\vdots \end{aligned}$$

즉, k차 보간다항식을 형성하려면 처음부터 시작하는 것이 아니라 $k-1$차 보간다항식에 위에서 보여 준 것과 같이 간단히 한 항만 추가하면 되는 장점을 지니고 있다.

n차 Newton 보간다항식을 구해주기 위해서는 분할차 $f[x_0, x_1]$, $f[x_0, x_1, x_2]$, $\cdots$를 계산해야 하며 이 들을 체계적으로 다룰 수 있는 방법이 필요하다. 이에 대한 해답은 주어진 점들을 다음과 같이 배열하고

$$\begin{array}{cc} x_0 & f(x_0) \\ x_1 & f(x_1) \\ x_2 & f(x_2) \\ x_3 & f(x_3) \\ \vdots & \vdots \\ x_n & f(x_n) \end{array}$$

분할차 공식을 이용하여 다음의 표와 같이 작성하는 것이다.

표 5.1

$$
\begin{array}{llllll}
x_0 & f(x_0) & & & & \\
 & & f[x_0, x_1] & & & \\
x_1 & f(x_1) & & f[x_0, x_1, x_2] & & \\
 & & f[x_1, x_2] & & f[x_0, x_1, x_2, x_3] & \\
x_2 & f(x_2) & & f[x_1, x_2, x_3] & & \\
 & & f[x_2, x_3] & & & \ddots \\
x_3 & f(x_3) & & \vdots & & \\
\vdots & \vdots & & & & \\
x_n & f(x_n) & & & &
\end{array}
$$

예를 들면 $f[x_2, x_3]$은 두 점 $(x_2, f(x_2))$, $(x_3, f(x_3))$을 사용하고 $f[x_1, x_2, x_3]$은 세 점 $(x_1, f(x_1))$, $(x_2, f(x_2))$, $(x_3, f(x_3))$을 사용하여 그 값을 계산한다.

예제 5.4 다음 4개의 점들을 지나가는 3차 Newton 보간다항식을 구하여라.

x	0	2	3	4
$y=f(x)$	7	11	28	63

4개의 점들을 순서대로 $(x_0, f(x_0))=(0, 7)$, $(x_1, f(x_1))=(2, 11)$, $(x_2, f(x_2))=(3, 28)$, $(x_3, f(x_3))=(4, 63)$로 두자. 이 네 점들을 지나가는 3차 보간다항식은 (5.5)를 이용하면 아래의 같이 주어진다.

$$
\begin{aligned}
P_3(x) = & f(x_0) + f[x_0, x_1](x-x_0) + f[x_0, x_1, x_2](x-x_0)(x-x_1) \\
& + f[x_0, x_1, x_2, x_3](x-x_0)(x-x_1)(x-x_2)
\end{aligned}
$$

표 5.1을 구체적으로 작성하면

$$
\begin{array}{llccc}
0 & 7 & & & \\
 & & \dfrac{11-7}{2-0}= 2 & & \\
2 & 11 & & \dfrac{17-2}{3-0}=5 & \\
 & & \dfrac{28-11}{3-2}=17 & & \dfrac{9-5}{4-0}=1 \\
3 & 28 & & \dfrac{35-17}{4-2}=9 & \\
 & & \dfrac{63-28}{4-3}=35 & & \\
4 & 63 & & &
\end{array}
$$

즉, $f(x_0)=7$, $f[x_0,\ x_1]=2$, $f[x_0,\ x_1,\ x_2]=5$, $f[x_0,\ x_1,\ x_2,\ x_3]=1$을 의미한다. 따라서

$$
\begin{aligned}
P_3(x) &= 7+2(x-0)+5(x-0)(x-2)+1(x-0)(x-2)(x-3) \\
&= 7+2x+5x(x-2)+x(x-2)(x-3) \\
&= x^3-2x+7
\end{aligned}
$$

가 된다. 계수 a_0, a_1, a_2, a_3을 구하는 MATLAB 프로그램은 NewtonDD.m에 작성되어 있다.

```
%NewtonDD.m%
  x = [0 2 3 4] ;
  y = [7 11 28 63] ;
  n = length(x) ;
  n2 = n ;
  d = 1 ;
  a(1) = y(1) ;
  for k = 2 : n
  for i = 1 : n2-1
        y(i) = (y(i+1)-y(i))/(x(i+d)-x(i)) ;
     end
     a(k) = y(1) ;
     n2 = n2-1 ;
     d = d+1 ;
  end
  for j = 1 : n
     fprintf('a_%2.0f = %10.6f\n', j-1, a(j)) ;
  end
```

위의 프로그램은 벡터 x와 y만 프로그램 내에 입력하고 실행하면 자동으로 계수 a_i, $i = 0, 1, 2, \cdots, n$의 값들을 계산하고 출력한다.

예제 5.3에서 구한 4개의 점들을 지나가는 3차 Lagrange 보간다항식과 예제 5.4에서 구한 3차 Newton 보간다항식은 서로 같다는 것을 알 수 있다. 아래의 정리에서 볼 수 있듯이 이것은 우연이 아니다.

정리 5.1 유일성

$n+1$개의 점들 $(x_0, y_0), (x_1, y_1), \cdots, (x_n, y_n)$을 지나가는 n차 보간다항식 $P_n(x)$은 유일하게 존재한다.

증명 $Q_n(x)$를 위의 $n+1$개의 점들을 지나가는 또 다른 n차 보간다항식이라 가정하자. 그러면 $P_n(x_i) = y_i$일 뿐만 아니라 $Q_n(x_i) = y_i$, $i = 0, 1, 2, \cdots, n$을 만족한다. 이 때 $R(x) = P_n(x) - Q_n(x)$로 놓으면 $R(x)$는 n차 다항함수가 되고 $i = 0, 1, 2, \cdots, n$에 대하여 $R(x_i) = P_n(x_i) - Q_n(x_i) = y_i - y_i = 0$을 만족한다. 이것은 n차 다항식 $R(x)$가 $n+1$개의 근(해)을 가진다는 것을 의미한다. 하지만 n

차 다항식은 최대한 n개의 근만 가질 수 있다. 따라서 모든 x에 대하여 $R(x)=0$가 되어야 한다. 그러므로 $P_n(x)=Q_n(x)$.

n차 보간다항식의 오차에 대해서는 증명 없이 간략하게 기술한다. 아래의 $f(x)$는 구간 $[a,\ b]$에서 정의된 함수이고 $n+1$번 미분 가능한 함수라고 가정한다.

정리 5.2

$P_n(x)$가 $n+1$개의 점들 $(x_0,\ f(x_0)),\ (x_1,\ f(x_1)),\ \cdots,\ (x_n,\ f(x_n))$을 지나가는 n차 보간다항식이면

$$f(x)-P_n(x)=\frac{(x-x_0)(x-x_1)\cdots(x-x_n)}{(n+1)!}f^{(n+1)}(\xi)$$

여기서 ξ는 $x_0,\ x_1,\ \cdots,\ x_n,\ x$의 가장 큰 값과 가장 작은 값 사이의 값이다.

5.4 스플라인(splin) 보간법

앞 절에서 다룬 $n+1$개의 점들 $(x_0,\ y_0),\ (x_1,\ y_1),\ \cdots,\ (x_n,\ y_n)$을 지나가는 n차 보간다항식의 그래프는 n이 클 때 굴곡이 심하다는 특징이 있다. 이로 인하여 상당히 큰 오차가 발생할 수 있다. 오차를 줄일 수 있는 한 가지의 방법은 하나의 n차 다항식을 활용하는 것이 아니라 여러 개의 다항식을 사용하는 것이다. 즉, x-축의 점들 $P=\{x_0,\ x_1,\ \cdots,\ x_n\}$은 전체 구간 $[a,\ b]$의 한 분할($a=x_0<x_1<\cdots<x_n=b$)이라고 생각할 수 있다. 따라서 각 부분구간 $[x_{i-1},\ x_i]$에 적절한 1차, 2차 또는 3차 다항식을 사용하는 것이다. 이를 스플라인 보간법이라 부른다. 일반적으로 $n+1$개의 점들 $(x_0,\ y_0),\ (x_1,\ y_1),\ \cdots,\ (x_n,\ y_n)$을 지나가는 스플라인 보간 함수 $S(x)$는 다음과 같이 나타낼 수 있다.

$$S(x)=\begin{cases} S_0(x), & x_0 \le x \le x_1 \\ S_1(x), & x_1 \le x \le x_2 \\ \quad\vdots & \qquad\vdots \\ S_{n-1}(x), & x_{n-1} \le x \le x_n \end{cases} \tag{5.6}$$

만약 각 소구간 $[x_{i-1}, x_i]$에 두 점 (x_{i-1}, y_{i-1}), (x_i, y_i)을 지나가는 1차 다항식을 사용한다면($S_i(x)$가 선형함수라면) $S(x)$를 1차 스플라인 보간 함수라 부른다. 다만 $S(x)$의 그래프가 부드럽게 연결되는 것이 아니라 예상하겠지만 각 마디점에서 꺾이는 상황이 일어난다. 이 이유는 $S(x)$는 연속이지만 마디점에서 $S'(x)$는 연속이 아니기 때문이다. 두 번째로 시도할 수 있는 것은 각 소구간에 2차 다항식을 쓰는 것이다. 이 경우 $S(x)$를 2차 스플라인 보간 함수라 부른다. 앞의 경우 보다 좀 더 매끄러운 그래프가 생성되지만 여전히 마디점에서 $S''(x)$는 연속이 되지 않는다. 모든 점에서 $S''(x)$가 연속이 되기 위해서는 각 소구간에 3차 다항식을 사용해야 한다. 이 경우 $S(x)$를 3차 스플라인 보간 함수라 부른다.

이제 $n+1$개의 점들 (x_0, y_0), (x_1, y_1), $\cdots$, (x_n, y_n)을 지나가고 (5.6)에서 보는 바와 같이 각 소구간에 3차 다항식이 정의되며 전체 구간 $[x_0, x_n]$에서 $S(x)$, $S'(x)$, $S''(x)$가 연속인 3차 스플라인 보간 함수 $S(x)$를 구해 보도록 하자. 각 소구간에 3차 다항식이 들어가야 하기 때문에 모두 n개의 다음과 같은 3차 다항식을 고려할 수 있다.

$$S_i(x) = a_i + b_i(x - x_i) + c_i(x - x_i)^2 + d_i(x - x_i)^3, \ i = 0, 1, 2, \cdots, n-1 \tag{5.7}$$

앞으로 구해야 하는 것은 $S(x)$, $S'(x)$, $S''(x)$가 연속이라는 조건을 만족하는 $4n$개의 미지수 a_i, b_i, c_i, d_i이다.

먼저 $S(x)$가 연속이 되어야 하기 때문에

$$S_i(x_i) = y_i, \ S_i(x_{i+1}) = y_{i+1}, \ i = 0, 1, 2, \cdots, n-1 \tag{5.8}$$

을 만족한다(또는 $S_{i-1}(x_i) = S_i(x_i) = y_i$). 이를 (5.7)에 대입하면 모두 $2n$개의 방정식이 주어진다. 또한 $S'(x)$가 연속이면

$$S_{i-1}{}'(x_i) = S_i{}'(x_i), \ i = 1, 2, \cdots, n-1 \tag{5.9}$$

그리고 $S''(x)$가 연속이면

$$S_{i-1}{}''(x_i) = S_i{}''(x_i), \ i = 1, 2, \cdots, n-1 \tag{5.10}$$

을 만족한다. 이 경우 추가적으로 모두 $2(n-1)$개의 방정식이 주어진다.

2개의 방정식만 더 유도하면 모두 $4n$개의 방정식과 $4n$개의 미지수가 되기 때문에 미지수들을 모두 구할 수 있다. 2개의 방정식을 유도하기 위하여 다음 두 종류의 경계조건을 부여한다.

자연(natural) 경계 조건

$$S_0''(x_0) = 0, \; S_{n-1}''(x_n) = 0 \tag{5.11}$$

고정(clamped) 경계 조건

$$S_0'(x_0) = y_0', \; S_{n-1}'(x_n) = y_n'$$

이 절에서는 자연 경계 조건을 사용하도록 한다. 특히 마디점들에서 (5.8), (5.9), (5.10), (5.11) 조건들을 만족하면 $S(x)$를 자연 3차 스플라인 보간 함수라 부른다. 예를 들면, 다음 함수는 자연 3차 스플라인 보간 함수이다.

$$S(x) = \begin{cases} -x^3 - 3x^2 - x + 2, & -1 \le x \le 0 \\ x^3 - 3x^2 - x + 2, & 0 \le x \le 1 \end{cases}$$

즉, $S_0(0) = S_1(0)$, $S_0'(0) = S_1'(0)$, $S_0''(0) = S_1''(0)$, $S_0''(-1) = 0$, $S_1''(1) = 0$을 만족한다.

식 (5.7)에 있는 $S_i(x)$를 미분하면

$$S_i'(x) = b_i + 2c_i(x - x_i) + 3d_i(x - x_i)^2, \; i = 0, 1, 2, \cdots, n-1 \tag{5.12}$$

그리고 (5.12)을 한 번 더 미분하면

$$S_i''(x) = 2c_i + 6d_i(x - x_i), \; i = 0, 1, 2, \cdots, n-1 \tag{5.13}$$

을 얻는다.

식 (5.7)과 (5.8)에 있는 첫 번째 조건에 의해서

$$S_i(x_i) = a_i = y_i, \quad i = 0,\ 1,\ 2,\ \cdots,\ n-1$$

가 성립한다. 즉, 미지수 a_i의 값은 y_i로 주어진다. 식 (5.7)과 (5.8)에 있는 두 번째 조건에 의해서

$$\begin{aligned} S_i(x_{i+1}) &= a_i + b_i(x_{i+1} - x_i) + c_i(x_{i+1} - x_i)^2 + d_i(x_{i+1} - x_i)^3 \\ &= a_i + b_i h_i + c_i h_i^2 + d_i h_i^3 \\ &= y_{i+1} \end{aligned}$$

여기서 $h_i = x_{i+1} - x_i$. 나아가 $a_i = y_i$로 놓으면 위의 결과로부터

$$b_i h_i + c_i h_i^2 + d_i h_i^3 = y_{i+1} - y_i, \quad i = 0,\ 1,\ 2,\ \cdots,\ n-1 \tag{5.14}$$

을 얻는다. 식 (5.14)에서 남은 미지수들 b_i, c_i, d_i을 다룰 수 있다.

다음으로 (5.9)에 주어진 조건 $S_{i-1}{}'(x_i) = S_i{}'(x_i)$, $i = 1,\ 2,\ \cdots,\ n-1$을 사용하도록 하자.

$$\begin{aligned} S_i'(x) &= b_i + 2c_i(x - x_i) + 3d_i(x - x_i)^2 \\ S_{i-1}{}'(x) &= b_{i-1} + 2c_{i-1}(x - x_{i-1}) + 3d_{i-1}(x - x_{i-1})^2 \end{aligned}$$

이기 때문에

$$\begin{aligned} S_i'(x_i) &= b_i \\ S_{i-1}{}'(x_i) &= b_{i-1} + 2c_{i-1}h_{i-1} + 3d_{i-1}h_{i-1}^2 \end{aligned}$$

가 된다. 두 식을 등식으로 놓고 정리하면 다음 식이 유도된다.

$$2c_{i-1}h_{i-1} + 3d_{i-1}h_{i-1}^2 = b_i - b_{i-1}, \ i = 1, 2, \cdots, n \tag{5.15}$$

위의 식에서 유의할 점은 $i = n$일 때 b_n은 구하고자 하는 미지수의 범위에 속하는 값이 아니다. 이 문제를 해결하기 위하여 편의상 $S_{n-1}{}'(x_n) = b_n = S_n{}'(x_n)$로 간주한다.

마지막으로 (5.10)에 주어진 조건 $S_{i-1}{}''(x_i) = S_i{}''(x_i), \ i = 1, 2, \cdots, n-1$을 사용하도록 하자.

$$S_i''(x) = 2c_i + 6d_i(x - x_i)$$
$$S_{i-1}{}''(x) = 2c_{i-1} + 6d_{i-1}(x - x_{i-1})$$

이기 때문에

$$S_i''(x_i) = 2c_i$$
$$S_{i-1}{}''(x_i) = 2c_{i-1} + 6d_{i-1}h_{i-1}$$

가 된다. 두 식을 등식으로 놓고 정리하면 다음 식이 유도된다.

$$d_{i-1} = \frac{c_i - c_{i-1}}{3h_{i-1}}, \ i = 1, 2, \cdots, n \tag{5.16}$$

앞에서와 마찬가지로 위의 식에서 유의할 점은 $i = n$일 때 c_n은 구하고자 하는 미지수의 범위에 속하는 값이 아니다. 이 문제를 해결하기 위하여 편의상 $S_{n-1}{}''(x_n) = 2c_n = S_n''(x_n)$로 간주한다. 식 (5.16)은

$$d_i = \frac{c_{i+1} - c_i}{3h_i}, \ i = 0, 1, 2, \cdots, n-1 \tag{5.17}$$

을 의미한다.

이제 식 (5.17)을 (5.14)에 대입하면

$$b_i h_i + c_i h_i^2 + (\frac{c_{i+1} - c_i}{3h_i})h_i^3 = y_{i+1} - y_i, \ i = 0, 1, 2, \cdots, n-1$$

가 되고 b_i에 대해서 정리하면 다음을 얻는다.

$$b_i = \frac{y_{i+1} - y_i}{h_i} - \frac{h_i}{3}(c_{i+1} + 2c_i), \ i = 0, 1, 2, \cdots, n-1 \tag{5.18}$$

또한

$$b_{i-1} = \frac{y_i - y_{i-1}}{h_{i-1}} - \frac{h_{i-1}}{3}(c_i + 2c_{i-1}), \ i = 1, 2, \cdots, n \tag{5.19}$$

가 된다.

식 (5.16), (5.18), (5.19)를 (5.15)에 대입하면

$$\begin{aligned} &2c_{i-1}h_{i-1} + 3(\frac{c_i - c_{i-1}}{3h_{i-1}})h_{i-1}^2 \\ &= [\frac{y_{i+1} - y_i}{h_i} - \frac{h_i}{3}(c_{i+1} + 2c_i)] - [\frac{y_i - y_{i-1}}{h_{i-1}} - \frac{h_{i-1}}{3}(c_i + 2c_{i-1})], \ i = 1, 2, \cdots, n \end{aligned}$$

가 된다. 위의 식을 정리하면 최종적으로 다음과 같은 식이 도출된다.

$$h_{i-1}c_{i-1} + 2(h_i + h_{i-1})c_i + h_i c_{i+1} = 3(\frac{y_{i+1} - y_i}{h_i} - \frac{y_i - y_{i-1}}{h_{i-1}}), \quad i = 1, 2, \cdots, n-1 \tag{5.20}$$

식 (5.11)에 주어진 자연 경계조건 $S_0''(x_0) = 0$, $S_{n-1}''(x_n) = 0$을 사용하면 $S_0''(x_0) = 2c_0 = 0$, $S_{n-1}''(x_n) = 2c_n = 0$가 되기 때문에 $c_0 = c_n = 0$로 둘 수 있다.

따라서 (5.20)에 주어진 선형 연립방정식을 다루면 나머지 $c_1, c_2, \cdots, c_{n-1}$의 값들을 구할 수 있다. c_i의 값들을 구하고 나면 이어서 (5.18)로부터 b_i의 값들과 (5.17)로부터 d_i의 값들을 계산할 수 있고 결국 (5.7)에 정의된 $S_i(x)$를 모두 얻을 수 있다. 식 (5.20)

을 행렬·벡터 $Ac = u$형태로 나타내면 다음과 같다.

$$\begin{pmatrix} 2(h_0+h_1) & h_1 & 0 & 0 & 0 \\ h_1 & 2(h_1+h_2) & h_2 & 0 & 0 \\ \vdots & \ddots & \ddots & \ddots & \vdots \\ 0 & 0 & h_{n-3} & 2(h_{n-3}+h_{n-2}) & h_{n-2} \\ 0 & 0 & 0 & h_{n-2} & 2(h_{n-2}+h_{n-1}) \end{pmatrix} \begin{pmatrix} c_1 \\ c_2 \\ \vdots \\ c_{n-2} \\ c_{n-1} \end{pmatrix}$$
$$= \begin{pmatrix} 3[(y_2-y_1)/h_1-(y_1-y_0)/h_0] \\ 3[(y_3-y_2)/h_2-(y_2-y_1)/h_1] \\ \vdots \\ 3[(y_{n-1}-y_{n-2})/h_{n-2}-(y_{n-2}-y_{n-3})/h_{n-3}] \\ 3[(y_n-y_{n-1})/h_{n-1}-(y_{n-1}-y_{n-2})/h_{n-2}] \end{pmatrix} \tag{5.21}$$

위의 계수행렬의 크기는 $(n-1)\times(n-1)$이다.

예제 5.5 다음 5개의 점들을 지나가는 3차 스플라인 보간 함수 $S(x)$를 구하고 실제 함수 $f(x) = 1/x$와 $S(x)$의 그래프를 그려라.

x	1	2	3	4	5
$y = f(x)$	1	1/2	1/3	1/4	1/5

5개의 점들을 순서대로 $(x_0, y_0) = (1, 1)$, $(x_1, y_1) = (2, 1/2)$, $(x_2, y_2) = (3, 1/3)$, $(x_3, y_3) = (4, 1/4)$, $(x_4, y_4) = (5, 1/5)$두자. 이 경우 $n = 4$가 되며 $S(x)$는 모두 4개의 $S_i(x)$, $i = 0, 1, 2, 3$로 다음과 같이 구성된다.

$$S(x) = \begin{cases} S_0(x) = a_0 + b_0(x-1) + c_0(x-1)^2 + d_0(x-1)^3, & 1 \le x \le 2 \\ S_1(x) = a_1 + b_1(x-2) + c_1(x-2)^2 + d_1(x-1)^3, & 2 \le x \le 3 \\ S_2(x) = a_2 + b_2(x-3) + c_2(x-3)^2 + d_2(x-3)^3, & 3 \le x \le 4 \\ S_3(x) = a_3 + b_3(x-4) + c_3(x-4)^2 + d_3(x-4)^3, & 4 \le x \le 5 \end{cases} \tag{5.22}$$

또한 각 소구간의 길이는 1이기 때문에 $h_i = 1$, $i = 0, 1, 2, 3$가 된다. 먼저

$$a_0 = y_0 = 1,\ a_1 = y_1 = 1/2,\ a_2 = y_2 = 1/3,\ a_3 = y_3 = 1/4$$

로 주어진다. $n=4$이기 때문에 식 (5.21)은 아래와 같고

$$\begin{pmatrix} 2(h_0+h_1) & h_1 & 0 \\ h_1 & 2(h_1+h_2) & h_2 \\ 0 & h_2 & 2(h_2+h_3) \end{pmatrix} \begin{pmatrix} c_1 \\ c_2 \\ c_3 \end{pmatrix} = \begin{pmatrix} 3[(y_2-y_1)/h_1-(y_1-y_0)/h_0] \\ 3[(y_3-y_2)/h_2-(y_2-y_1)/h_1] \\ 3[(y_4-y_3)/h_3-(y_3-y_2)/h_2] \end{pmatrix}$$

제공된 데이터를 위의 식에 대입하면 아래와 같은 선형 연립방정식이 생성된다.

$$\begin{pmatrix} 4 & 1 & 0 \\ 1 & 4 & 1 \\ 0 & 1 & 4 \end{pmatrix} \begin{pmatrix} c_1 \\ c_2 \\ c_3 \end{pmatrix} = \begin{pmatrix} 1 \\ 1/4 \\ 1/10 \end{pmatrix}$$

7장에서 다루는 한 방법으로 위의 해를 구할 수 있으나 현재로서는 Matlab을 이용하여($\boldsymbol{c}= inv(\boldsymbol{A})*\boldsymbol{u}$) 구하도록 하자. 이 경우

$$c_1=0.2518,\ c_2=-0.0071,\ c_3=0.0268$$

이 된다. 이들의 값을 (5.18)에 대입하고 정리하면

$$b_0=-0.5839,\ b_1=-0.3321,\ b_2=-0.0875,\ b_3=-0.0679$$

또한 (5.17)에 대입하고 정리하면

$$d_0=0.0839,\ d_1=-0.0863,\ d_2=0.0113,\ d_3=-0.0089$$

을 얻는다. 이들의 값들을 (5.22)에 대입하면

$$S(x)=\begin{cases} S_0(x)=1-0.5839(x-1)+0.0839(x-1)^3, & 1\le x\le 2 \\ S_1(x)=1/2-0.3321(x-2)+0.2518(x-2)^2-0.0863(x-2)^3, & 2\le x\le 3 \\ S_2(x)=1/3-0.0875(x-3)-0.0071(x-3)^2+0.0113(x-3)^3, & 3\le x\le 4 \\ S_3(x)=1/4-0.0679(x-4)+0.0268(x-4)^2-0.0089(x-4)^3, & 4\le x\le 5 \end{cases}$$

로 주어진다. 그림 5.1은 구간 $[1,5]$ 상에서의 실제 함수 $f(x)=1/x$와 $S(x)$의 그래프이다. 점선은 실제함수, 실선은 스플라인 보간 함수를 나타낸다.

spline 함수의 계수를 구하는 프로그램은 splinef.m에 작성되어 있다. 이 프로그램은 모든 i에 대하여 $h_i = h$을 가정한다. 그리고 $S(x)$의 그래프에 대한 프로그램은 splinep3.m에 주어져 있다.

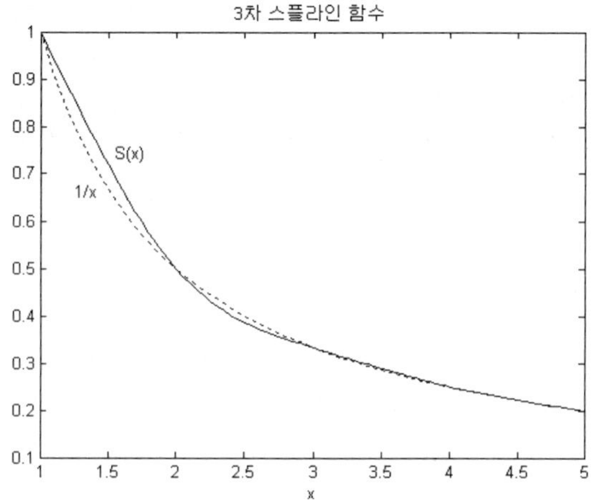

그림 5.1

```
%splinef.m%
  y = [1  1/2  1/3  1/4  1/5] ;
  x = [1  2  3  4  5] ;
  n = length(x)-1 ;
  h = 1 ;
  for  i = 1 : n-1
     A(i,i) = 2*2*h;
  end
  for  i = 1 : n-2
     A(i,i+1) = h ;  A(i+1,i) = h ;
  end
  for  i = 1 : n-1
     u(i) = 3*((y(i+2)-y(i+1))/h-(y(i+1)-y(i))/h) ;
  end
  c = inv(A)*u' ;
  c = [0  c'  0] ;
  for  i = 1 : n
     b(i) = (y(i+1)-y(i))/h-(h/3.0)*(c(i+1)+2*c(i)) ;
  end
```

```
for i = 1 : n
   d(i) = (c(i+1)−c(i))/(3.0*h) ;
end
for i = 1 : n
   a(i) = y(i) ;
end
for i = 1 : n
   fprintf('a_%2.0f = %8.4f        b_%2.0f = %8.4f        c_%2.0f = %8.4f
            d_%2.0f = %8.4f \n', i−1, a(i), i−1, b(i), i−1, c(i), i−1, d(i)) ;
end
```

실행결과 :

```
a_  0 = 1.0000    b_  0 = −0.5839    c_  0 = 0.0000     d_  0 = 0.0839
a_  1 = 0.5000    b_  1 = −0.3321    c_  1 = 0.2518     d_  1 = −0.0863
a_  2 = 0.3333    b_  2 = −0.0875    c_  2 = −0.0071    d_  2 = 0.0113
a_  3 = 0.2500    b_  3 = −0.0679    c_  3 = 0.0268     d_  3 = −0.0089
```

```
%splinep3.m%
   x0 = 1 : 0.05 : 2 ;
   x1 = 2 : 0.05 : 3 ;
   x2 = 3 : 0.05 : 4 ;
   x3 = 4 : 0.05 : 5 ;
   x = 1 : 0.1 : 5 ;
   S0 = 1−0.5839*(x0−1)+0.0839*(x0−1).^3 ;
   S1 = 1/2−0.3321*(x1−2)+0.2518*(x1−2).^2  −0.0863*(x1−2).^3 ;
   S2 = 1/3−0.0875*(x2−3)−0.0071*(x2−3).^2  +0.0113*(x2−3).^3 ;
   S3 = 1/4−0.0679*(x3−4)+0.0268*(x3−4).^2  −0.0089*(x3−4).^3 ;
   f = 1./x ;
   plot(x0,S0,'k', x1,S1,'k', x2,S2,'k', x3,S3,'k', x,f,': b')
```

프로젝트

1. a) 다음 11개의 점들을 지나가는 10차 Newton 보간다항식 $P_{10}(x)$을 구하여라.

x	−5	−4	−3	−2	−1	0	1	2	3	4	5
$y=f(x)$	.0385	.0588	.1000	.2000	.5000	1	.5000	.2000	.1000	.0588	.0385

   b) 위의 11개의 점들을 지나가는 3차 스플라인 보간 함수 $S(x)$를 구하여라.

   c) 위의 점들은 실제함수 $f(x)=1/(1+x^2)$에서 생성된 것이다. 구간 $[-5,\ 5]$ 상에서 $P_{10}(x)$, $S(x)$, 실제함수 $f(x)$의 그래프를 한 면에 모두 그리고 비교하여라.

2. 여성 모자의 윗부분, 동물의 등, 자동차의 윗부분 등을 다자인하고 적절한 점들을 선택하여 그 점들을 지나가는 3차 스플라인 보간 함수를 구하고 그래프를 그려 보아라.

제 5 장

연습문제

보간법

1. Lagrange 방법으로 다음 세 점을 지나가는 2차 보간다항식 $P_2(x)$를 구하고 ax^2+bx+c의 형태로 나타내어라.

x	0	1	2
$y=f(x)$	1	3	2

2. a) Lagrange 보간법과 Newton 보간법으로 다음 4점을 지나가는 3차 보간다항식 $P_3(x)$를 구하여라.

x	−1	0	1	2
$y=f(x)$	1	2	4	6

b) $x=1.5$에서 f의 값을 추정하여라.

3. Newton 보간법으로 다음 점들을 지나가는 5차 다항식 $P_5(x)$를 구하고자 한다. 분할차표(Divided Difference Table)를 작성할 경우 a_3의 값은 무엇인가?

x	0	1	2	3	4	5
$y=f(x)$	1	0.5	1	0.9	1	1.5

4. 다음 5개의 점들을 지나가는 4차 Newton 보간다항식 $P_4(x)$를 구하여라. 또한 $P_4(x)$와 실제 함수 $f(x) = 1/x$의 그래프를 모두 한 면에 그리고 비교하여라.

x	1	2	3	4	5
$y = f(x)$	1	1/2	1/3	1/4	1/5

5. 대한민국 정부 수립 후 연도별로 조사한 총 인구 수는 아래와 같다.

조사 년도	인구(단위 : 천명)
1944	16,565
1949	20,189
1955	21,526
1960	24,989
1966	29,193
1970	31,466
1975	34,707
1980	37,436
1985	40448
1990	43411
1995	44609
2000	46136
2005	47279

4차 보간다항식을 구하여 1972년도의 우리나라의 인구를 추정해 보아라.

6. 다음 함수는 자연 3차 스플라인 보간 함수인가? 이유는?

$$S(x) = \begin{cases} -x^3 + 3x^2 + 19x + 26, & -1 \le x \le 0 \\ -2x^3 + 3x^2 + 19x + 26, & 0 \le x \le 3 \end{cases}$$

7. a) 다음 3점을 지나가는 3차 스플라인 보간 함수 $S(x)$를 구하여라.

x	−2	0	1
$y=f(x)$	−7	−1	1

b) $x=-1$에서실제함수 $f(x)=x^3-1$의 값과 위에서 구한 $S(x)$의 값을 비교해 보아라.

8. a) 다음 4점을 지나가는 3차 스플라인 보간 함수 $S(x)$를 구하여라.

x	−1	0	1	2
$y=f(x)$	1	2	4	6

b) $x=1.5$에서 f의 값을 추정하여라.

9. 두 점 (x_0, y_0), (x_1, y_1)을 지나가는 1차 보간다항식은 다음과 같이 주어짐을 알았다.

$$P_1(x)=\frac{(x_1-x)y_0+(x-x_0)y_1}{x_1-x_0}$$

임의의 두 점 (x_0, y_0), (x_1, y_1)가 주어지고 x가 x_0와 x_1 사이에 있는 점일 때 $P_1(x)$의 값을 구하는 M−파일을 작성해 보아라.

10. 다음 7개의 점들을 지나가는 3차 스플라인 보간 함수 $S(x)$를 구하고 $S(x)$의 그래프를 그려보아라.

x	0	0.2	0.3	0.5	0.6	0.9	1.0
$y=f(x)$	10	15	16	16	14	12	11

제 6 장

수치 미분 및 적분

법 칙

이 장의 내용

제 6 장

수치 미분 및 적분

미분 또는 적분에 관한 여러 문제를 다루다 보면 대수적인 방법으로 해결을 못하는 경우가 발생한다. 미분의 경우 구체적인 함수가 주어지지 않고 실험에 의한 어떤 데이터가 아래와 같이 주어졌을 때 x_3과 같은 점에서 $f'(x_3)$의 근사값이 필요한 상황이 일어날 수 있다.

x	x_1	x_2	x_3	$\cdots$	x_n
$y=f(x)$	$f(x_1)$	$f(x_2)$	$f(x_3)$	$\cdots$	$f(x_n)$

적분의 경우 아래와 같이 주어진 함수의 역도함수가 존재하지 않는 경우가 생긴다.

$$\int_{-5}^{5} e^{-x^2}dx$$

이 장에서는 이런 문제들을 해결할 수 있는 수치 방법들에 대하여 다루고자 한다.

6.1 개요

수치 미분 방법은 주어진 점들에 대한 함수의 값들을 사용하여 도함수 또는 고계 도함수의 근사값을 구한다. 수치 미분 공식을 유도하기 위해서는 여러 가지 접근 방법이 존재하는 데 일반적으로 Taylor 급수, 보간 다항함수 등을 활용한다. 수치 미분 공식은 오차의 크기(몇 개의 점들을 어떻게 사용하느냐)에 따라 구분된다. 어떤 공식은 오차가 $O(h)$가 될 수 있고 또 다른 공식은 오차가 $O(h^2)$가 될 수 있다. 이 들은 보통 두 점 또는 세 점을 사용한다. 이 두 경우 후자의 공식이 더욱 더 정확한 근사값을 계산한다고 할 수 있다. 점들을 더 많이 사용할 경우 더욱 더 정확한 공식을 유도할 수 있다. 이 장에서는 오차가 $O(h)$와 $O(h^2)$인 1계 도함수의 수치 공식에 대하여 살펴보고자 하며 나아가 오차가 $O(h^2)$인 2계 도함수의 수치 공식을 유도하고자 한다.

수치 적분 역시 많은 방법들이 고안되어 있다. 가장 이해하기 쉽고 간단한 방법은 사다리꼴 법칙이다. 이 방법은 부분(소)구간에 함수 $f(x)$를 1차 다항함수로 대체하여 근사값을 구하는 특징을 가지고 있다. 사다리꼴 법칙보다 더 효율적인 방법으로 알려져 있는 것은 심슨 법칙이라 부른다. 이 방법은 소구간에 함수 $f(x)$를 2차 다항함수로 대체한다. 지금까지 알려진 거의 모든 수치 적분 방법들은 다음과 같은 형태의 근사값을 가진다는 것을 알 수 있다.

$$\int_a^b f(x)dx \approx w_0 f(x_0) + w_1 f(x_1) + \cdots + w_n f(x_n)$$

여기서 x_i는 구간 $[a, b]$에 속하는 점이며 w_i는 가중치라 부른다.

세 번째로 소개할 가우스 수치 적분은 x_i와 w_i를 적절히 잘 선택하여 $f(x)$가 특히 다항함수이면 근사값으로 구한 값이 실제 값이 되는 특성을 지니는 방법이다.

이 장에서는 위에서 언급한 세 가지 수치 방법에 대하여 심도있게 다루고자 한다.

6.2 수치 미분

점 x_0에서 도함수 $f'(x)$와 2계 도함수 $f''(x)$의 값을 구하고자 할 때 함수 $f(x)$가 구체적으로 주어지면 대수적으로 f를 한 번 또는 두 번 미분하고 점 x_0에서 계산을 해주면 된다. 하지만 함수가 구체적으로 주어지지 않는 경우, 예를 들면 어떤 실험에 의해서 각 점들 사이의 거리가 일정한($|x_{i+1} - x_i| = h$) 다음과 같은 데이터가 주어졌을 때

x	$y = f(x)$
x_1	$f(x_1)$
x_2	$f(x_2)$
x_3	$f(x_3)$
$\vdots$	$\vdots$
x_n	$f(x_n)$

점 x_2에서의 도함수의 값을 구할 경우 직접 미분해서 계산할 수가 없다. 이 절에서는 위의 같은 경우를 다루기 위하여 몇 가지 방법을 소개하고자 한다.

6.2.1 1계 도함수

도함수의 수치 공식을 유도하기 위하여 먼저 첫 번째 방법으로 도함수의 정의를 사용한다. 도함수의 정의

$$f'(x) = \lim_{h \to 0} \frac{f(x+h) - f(x)}{h}$$

에서 극한의 기호를 생략하면(극한을 취하기 전 상태이면)

$$f'(x) \approx \frac{f(x+h) - f(x)}{h}$$

로 나타낼 수 있다. 따라서 도함수에 대한 수치 공식으로써 다음과 같이 나타낼 수 있다.

$$f'(x) = \frac{f(x+h) - f(x)}{h} + O(h) \tag{6.1}$$

여기서 $O(h)$는 h가 0으로 다가가는 속도로 $[f(x+h) - f(x)]/h$가 $f'(x)$로 다가간다는 것을 의미한다. 식 (6.1)은 두 점 x, $x+h$와 두 점 사이의 거리 h가 주어지면 점 x에서의 도함수의 근사값을 구할 수 있으며 오차는 $O(h)$가 됨을 뜻한다.

두 번째 방법은 Taylor 정리를 활용한다. 점 x를 중심으로 Taylor 급수를 전개하면

$$f(x+h) = f(x) + f'(x)h + \frac{f''(x)h^2}{2!} + \frac{f'''(x)h^3}{3!} + \cdots \tag{6.2}$$

가 된다. 식 (6.2)의 오른쪽 부분에서 첫 두 항만 취하고 그 외의 항들은 하나의 나머지 항으로 간주한다면(즉, Taylor 정리를 적용하면) 다음과 같이 쓸 수 있다.

$$f(x+h)=f(x)+f'(x)h+\frac{f''(\xi)h^2}{2!}$$

여기서 ξ는 x와 $x+h$ 사이에 있는 점이다. 위의 식을 $f'(x)$에 대해서 정리하면

$$f'(x)=\frac{f(x+h)-f(x)}{h}+\frac{f''(\xi)h}{2!}$$

가 된다. 즉 (6.1)과 동일한 공식

$$f'(x)=\frac{f(x+h)-f(x)}{h}+O(h)$$

가 유도된다. 위의 두 공식을 비교하면 오차를 왜 $O(h)$로 표시하는지 그 이유를 짐작할 수 있다. 구체적으로 $f''(\xi)h/2!$에서 h의 지수값이 1이며 이는 오차가 "상수" 곱하기 h로 표현되기 때문이다.

오차가 $O(h^2)$이 되는 도함수 수치 공식도 유도할 수 있다. 식 (6.2)에 h를 $-h$로 대체하면 다음 표현이 주어진다.

$$f(x-h)=f(x)-f'(x)h+\frac{f''(x)h^2}{2!}-\frac{f'''(x)h^3}{3!}+\cdots \tag{6.3}$$

식 (6.2)에서 (6.3)을 빼면

$$f(x+h)-f(x-h)=2f'(x)h+2\frac{f''(x)h^3}{3!}+\cdots$$

을 얻고 $2h$를 양 변에 나누고 정리하면 도함수에 대한 수치 공식이 아래와 같이 정리된다.

$$f'(x)=\frac{f(x+h)-f(x-h)}{2h}+O(h^2) \tag{6.4}$$

오차는 $O(h^2)$가 되는데 이는 위에서 정리할 때 나머지(오차) 항들 중에서 오차가 가장 큰 항 안에 h의 지수가 2이기 때문이다. 식 (6.4)는 x의 왼쪽에 위치하는 점 $x-h$와 x의 오른쪽에 위치하는 점 $x+h$가 주어지고 h는 x와 다른 점 사이의 거리라면 점 x에서의 도함수의 근사값을 구할 수 있으며 오차는 $O(h^2)$가 됨을 의미한다. 오차 $O(h^2)$은 h^2이 0으로 다가가는 속도로 $[f(x+h)-f(x-h)]/2h$가 $f'(x)$로 다가가기 때문에 (6.4)에 있는 공식이 (6.1)에 있는 공식보다 배 정도 더 정확하다고 볼 수 있다 ($h<1$임을 가정). 어떤 수치 공식의 오차가 $O(h^3)$이라면 이 공식에 의한 근사값은 위에서 언급한 공식들에 의한 근사값보다 더욱 정확하다고 할 수 있다.

예제 6.1 다음과 같은 데이터가 주어졌을 때 점 $x=0.6$에서의 도함수의 근사값을 오차가 $O(h)$인 방법과 $O(h^2)$인 방법을 각각 이용하여 구하여라.

x	$y=f(x)$
0.2	0.4472136
0.4	0.6324555
0.6	0.7745967
0.8	0.8944272
1.0	1.0

위의 데이터는 함수 $f(x)=\sqrt{x}$에서 구한 값이다. 따라서 결과들을 실제값과 비교하여라.

각 점들 사이의 거리는 동일하게 $h=0.2$로 주어졌다. 그리고 $x=0.6$이면 $x+h=0.8$이 된다. 따라서 오차가 $O(h)$인 (6.1)을 이용하면

$$f'(0.6) \approx \frac{f(0.8)-f(0.6)}{0.2} = \frac{0.8944272-0.7745967}{0.2} = 0.599153$$

가 된다. 또한 $x-h=0.4$이기 때문에 오차가 $O(h^2)$인 (6.4)를 이용하면

$$f'(0.6) \approx \frac{f(0.8)-f(0.4)}{2(0.2)} = \frac{0.8944272-0.6324555}{0.4} = 0.654929$$

을 얻는다. 실제값은 $f'(0.6)=\frac{1}{2}(0.6)^{-\frac{1}{2}}=0.645497$이다. 따라서 오차가 $O(h^2)$인 방법에 의한 근사값이 $O(h)$인 방법의 근사값보다 실제값에 더욱 가깝다는 것을 알 수 있다.

6.2.2 2계 도함수

2계 도함수에 대한 근사 공식을 구하는 한 방법으로 (6.2)와 (6.3)을 더하도록 한다. 이 경우

$$f(x+h)+f(x-h)=2f(x)+h^2f''(x)+\frac{2}{4!}h^4f^{(4)}(x)+\cdots$$

가 주어진다. $2f(x)$를 왼쪽으로 이항하고 h^2를 양 변에 나누고 정리하면 2계 도함수에 대한 수치 공식이 아래와 같이 정리된다.

$$f''(x)=\frac{f(x+h)-2f(x)+f(x-h)}{h^2}+O(h^2) \tag{6.5}$$

오차 $O(h^2)$에 대한 해석은 위의 경우와 유사하다. 식 (6.5)는 x와 x의 왼쪽에 위치하는 점 $x-h$, x의 오른쪽에 위치하는 점 $x+h$가 주어지고 h는 x와 다른 점 사이의 거리라면 점 x에서의 2계 도함수의 근사값을 구할 수 있으며 오차는 $O(h^2)$가 됨을 의미한다. 다른 수치미분에 대한 공식은 부록 A을 참조하기 바란다.

예제 6.2 다음과 같은 데이터가 주어졌을 때 점 $x=0.6$에서의 2계 도함수의 근사값을 오차가 $O(h^2)$인 방법을 이용하여 구하여라.

x	$y=f(x)$
0.2	0.4472136
0.4	0.6324555
0.6	0.7745967
0.8	0.8944272
1.0	1.0

위의 데이터는 함수 $f(x) = \sqrt{x}$에서 구한 값이다. 따라서 결과를 실제값과 비교하여라.

$h = 0.2$ 그리고 $x = 0.6$이면 $x - h = 0.4$, $x + h = 0.8$이 된다. 따라서 오차가 $O(h^2)$인 (6.5)를 이용하면

$$f''(0.6) \approx \frac{f(0.8) - 2f(0.6) + f(0.4)}{(0.2)^2} = -0.557765$$

가 주어진다. 실제값은 $f''(0.6) = -\frac{1}{4}(0.6)^{-\frac{3}{2}} = -0.537914$이다.

6.3 사다리꼴(Trapezoidal) 법칙

$f(x)$에 대한 역도함수가 존재하면 이 함수에 대한 적분 $\int_a^b f(x)dx$를 대수적으로 구할 수 있다. 반면에 $f(x) = e^{-x^2}$와 같은 경우 역도함수가 존재하지 않아 f에 대한 적분을 대수적으로 구할 수가 없다. 이 절에서는 적분의 근사값을 수치적으로 구하는 사다리꼴 법칙을 소개한다. 사다리꼴 법칙의 핵심은 적분하고자 하는 함수 $f(x)$ 대신에 1차 다항함수를 사용하여 근사값을 구하는데 있다.

먼저 가장 간단한 형태를 살펴보도록 하자. 즉, 구간 $[a, b]$ 위에 $f(x)$가 정의되었다면 두 점 $(a, f(a))$, $(b, f(b))$를 지나가는 1차 다항함수는

$$P_1(x) = \frac{(b-x)f(a) + (x-a)f(b)}{b-a}$$

로 주어진다. 5장에서도 다루었지만 $P_1(x)$는 1차 다항식이 명백하며 $P_1(a) = f(a)$, $P_1(b) = f(b)$를 만족한다(그림 6.1 참조).

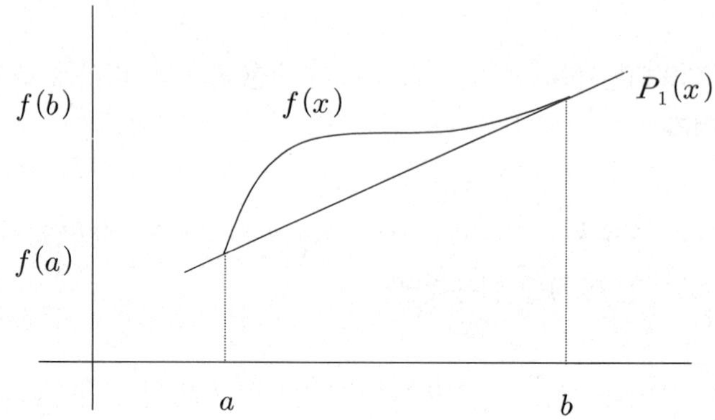

그림 6.1

이제 $f(x)$를 $P_1(x)$로 대체하여 적분하고 정리하면

$$\int_a^b f(x)dx \approx \int_a^b P_1(x)dx = \int_a^b \frac{(b-x)f(a)+(x-a)f(b)}{b-a}dx = (b-a)[\frac{f(a)+f(b)}{2}]$$

을 얻는다. 적분의 결과를 다음 기호로 표시하도록 하자.

$$T_1(f) = (b-a)[\frac{f(a)+f(b)}{2}]$$

$T_1(f)$는 전체 구간 $[a, b]$에 하나의 사다리꼴을 사용하여 적분의 근사값을 구한 값이라고 볼 수 있다. 위의 그림에서 보듯이 하나의 사다리꼴을 사용한다면 오차가 매우 클 수 있다. 오차를 줄이기 위한 하나의 방법은 여러 개의 사다리꼴을 사용하는 것이다. 사다리꼴(즉, 1차 다항식)을 두 개 사용한다면 다음과 같은 모습이 될 것이다. c는 a, b 사이의 임의의 점이다.

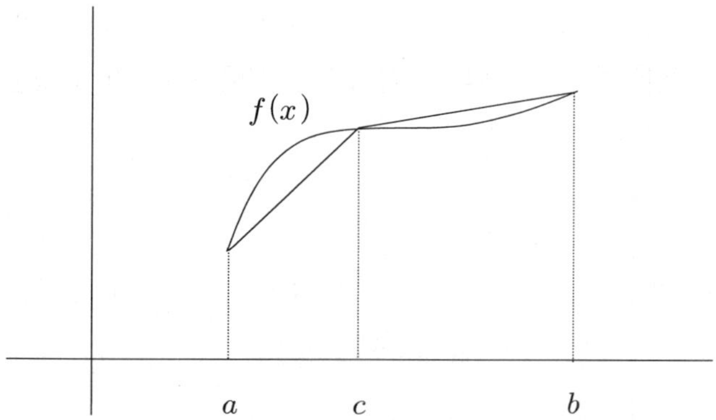

그림 6.2

구체적으로

$$\begin{aligned}\int_a^b f(x)dx &= \int_a^c f(x)dx + \int_c^b f(x)dx \\ &\approx \int_a^c P_1(x)dx + \int_c^b \widetilde{P_1}(x)dx \\ &= (c-a)[\frac{f(a)+f(c)}{2}] + (b-c)[\frac{f(c)+f(b)}{2}]\end{aligned}$$

로 주어진다. 여기서 $P_1(x)$는 두 점 $(a,\ f(a))$, $(c,\ f(c))$를 통과하는 1차 다항함수이며 $\widetilde{P_1}(x)$는 이어지는 두 점 $(c,\ f(c))$, $(b,\ f(b))$을 지나가는 1차 다항함수이다. $T_2(f)$를 다음과 같이 나타내도록 하자.

$$T_2(f) = (c-a)[\frac{f(a)+f(c)}{2}] + (b-c)[\frac{f(c)+f(b)}{2}]$$

더욱 더 정확한 근사값을 얻기 위해서는 더 많은 사다리꼴을 사용해야할 것이다. 따라서 전체 구간 $[a,\ b]$를 n등분하고 각 소구간에 $f(x)$를 1차 다항함수로 대체하도록 한다. $[a,\ b]$를 n등분하면 다음과 같은 $n+1$개의 점(분할점 또는 망점)들이 생성된다.

$$x_j = a + jh,\ j = 0,\ 1,\ 2,\ \cdots,\ n$$

여기서 $h=(b-a)/n$이며, $x_0=a$, $x_n=b$가 된다. 즉, 각 소구간의 길이는 동일하며 $h=x_i-x_{i-1}$이 된다. 각 소구간의 양 끝점들을 지나가는 1차 다항함수들을 사용했을 경우 다음과 같은 그림이 주어지고

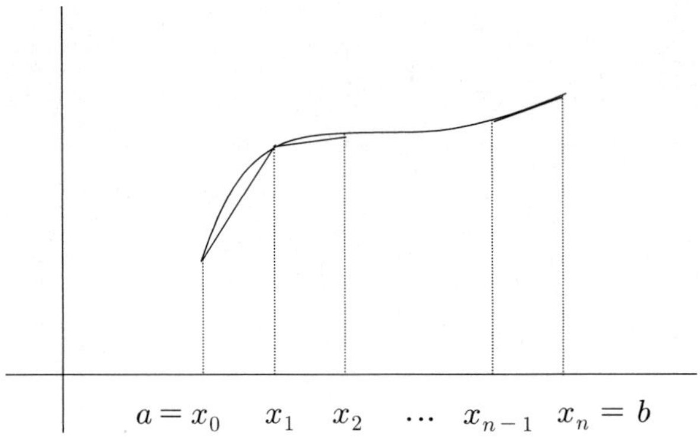

그림 6.3

적분의 근사값은

$$\begin{aligned}\int_a^b f(x)dx &= \int_{x_0}^{x_1} f(x)dx + \int_{x_1}^{x_2} f(x)dx + \cdots + \int_{x_{n-1}}^{x_n} f(x)dx \\ &\approx (x_1-x_0)[\frac{f(x_0)+f(x_1)}{2}] + (x_2-x_1)[\frac{f(x_1)+f(x_2)}{2}] + \cdots \\ &\quad + (x_n-x_{n-1})[\frac{f(x_{n-1})+f(x_n)}{2}] \\ &= h[\frac{1}{2}f(x_0)+f(x_1)+f(x_2)+\cdots+f(x_{n-1})+\frac{1}{2}f(x_n)]\end{aligned}$$

로 주어진다. 일반적으로

$$T_n(f)=h[\frac{1}{2}f(x_0)+f(x_1)+\cdots+f(x_{n-1})+\frac{1}{2}f(x_n)]$$

로 표기하며 $T_n(f)$를 사다리꼴 법칙(Trapezoidal rule)이라 부른다.

예제 6.2 사다리꼴 법칙을 이용하여 다음 적분의 근사값을 구하여라.

$$\int_0^1 \frac{1}{1+x}dx =$$

구간은 4등분 한다. 실제해는 $\ln 2 = 0.69314718$이다.

전체 구간 $[0, 1]$을 4등분 하면 $n = 4$, $h = (1-0)/4 = 1/4$가 된다. 분할점들은

$$x_0 = 0,\ x_1 = \frac{1}{4},\ x_2 = \frac{2}{4},\ x_3 = \frac{3}{4},\ x_4 = 1$$

가 된다. 또한 $f(x) = 1/(1+x)$이다. 따라서

$$\begin{aligned} T_4(f) &= h[\frac{1}{2}f(x_0) + f(x_1) + f(x_2) + f(x_3) + \frac{1}{2}f(x_4)] \\ &= \frac{1}{4}[\frac{1}{2}(1) + \frac{4}{5} + \frac{4}{6} + \frac{4}{7} + \frac{1}{2}(\frac{1}{2})] \\ &= 0.697024 \end{aligned}$$

실제해와 비교해 보면 소수점 3째 자리에서부터 오차가 일어남을 알 수 있다. Trapezoidal.m은 사다리꼴 법칙을 실행하는 프로그램이다.

```
% Trapezoidal.m %
  f = '1/(1+x)' ;
  n = 4 ;
  a = 0.0 ; b = 1.0 ;
  h = (b-a)/n ;
  x = a ;
  fa = eval(f) ;
  x = b ;
  fb = eval(f) ;
  sumends = fa+fb ;
  sum = 0.0 ;
```

```
for i = 1 : n-1
   x = a+h*i ;
   sum = sum+eval(f) ;
end
sums = h*(0.5*sumends+sum) ;
fprintf('사다리꼴 수치적분 값 : %10.6f\n', sums) ;
```

6.4 심슨(Simpson) 법칙

사다리꼴 법칙은 각 소구간에 $f(x)$ 대신에 1차 다항함수를 사용하여 적분값의 근사치를 구한다. 반면에 심슨 법칙은 소구간에 $f(x)$를 2차 다항함수로 대체하여 근사값을 구하는 방법이다. 그림 6.4에서 보는 바와 같이

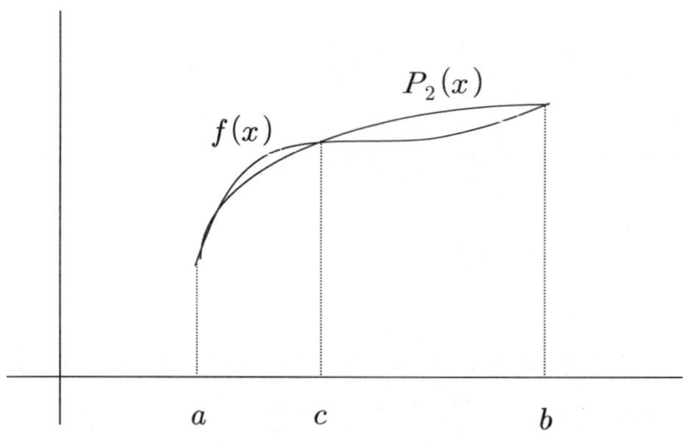

그림 6.4

Lagrange 보간법을 이용하여 세 점 $(a,\ f(a))$, $(c,\ f(c))$, $(b,\ f(b))$을 지나가는 2차 다항함수를 구하면

$$P_2(x) = \frac{(x-c)(x-b)}{(a-c)(a-b)} f(a) + \frac{(x-a)(x-b)}{(c-a)(c-b)} f(c) + \frac{(x-a)(x-c)}{(b-a)(b-c)} f(b)$$

로 주어진다. $P_2(x)$가 2차 다항함수이며 $P_2(a) = f(a)$, $P_2(c) = f(c)$, $P_2(b) = f(b)$가 됨은 자명하다.

전체 구간 $[a,\ b]$를 2등분했다고 가정하고 $h=c-a=b-c$로 놓자. $f(x)$를 $P_2(x)$로 대체하고 적분하고 정리하면

$$
\begin{aligned}
\int_a^b f(x)dx &\approx \int_a^b P_2(x)dx \\
&= \int_a^b [\frac{(x-c)(x-b)}{h^2}f(a)+\frac{(x-a)(x-b)}{h^2}f(c)+\frac{(x-a)(x-c)}{h^2}f(b)]dx \\
&\vdots \\
&= \frac{h}{3}[f(a)+4f(c)+f(b)]
\end{aligned}
$$

로 주어진다. 위의 결과를 $S_2(f)=\frac{h}{3}[f(a)+4f(c)+f(b)]$로 표시하면 $S_2(f)$는 전체구간 $[a,\ b]$에 하나의 2차 다항함수를 사용하여 구한 근사값이 된다. 앞에서 다룬 사다리꼴 법칙의 원리와 같이 전체구간을 더욱 세분화하여 여러 개의 2차 다항함수를 사용한다면 더욱 더 정확한 수치값을 얻을 수 있을 것이다.

따라서 일반적으로 전체 구간 $[a,\ b]$를 n등분(여기서 n은 짝수)하면 다음과 같은 $n+1$개의 점들이 생성된다.

$$x_j=a+jh,\ j=0,\ 1,\ 2,\ \cdots,\ n$$

여기서 $h=(b-a)/n$이며, $x_0=a$, $x_n=b$가 된다. 위에서 다룬 예와 같이 첫 세 점 $(x_0,\ f(x_0))$, $(x_1,\ f(x_1))$, $(x_2,\ f(x_2))$을 지나가는 2차 다항함수 $P_2(x)$, 그 다음 세 점인 $(x_2,\ f(x_2))$, $(x_3,\ f(x_3))$, $(x_4,\ f(x_4))$을 지나가는 2차 다항함수 $Q_2(x)$, $\cdots$, 그리고 마지막 세 점인 $(x_{n-2},\ f(x_{n-2}))$, $(x_{n-1},\ f(x_{n-1}))$, $(x_n,\ f(x_n))$을 지나가는 2차 다항함수 $T_2(x)$를 각각 구할 수 있다. 대응되는 소구간에 $f(x)$를 이들로 대체하고 적분하고 정리하면 다음과 같은 결과를 얻는다.

$$\begin{aligned}\int_a^b f(x)dx &= \int_{x_0}^{x_2} f(x)dx + \int_{x_2}^{x_4} f(x)dx + \cdots + \int_{x_{n-2}}^{x_n} f(x)dx \\ &\approx \int_{x_0}^{x_2} P_2(x)dx + \int_{x_2}^{x_4} Q_2(x)dx + \cdots + \int_{x_{n-2}}^{x_n} T_2(x)dx \\ &\vdots \\ &= \frac{h}{3}[f(x_0)+4f(x_1)+f(x_2)] + \frac{h}{3}[f(x_2)+4f(x_3)+f(x_4)] + \cdots \\ &\quad + \frac{h}{3}[f(x_{n-2})+4f(x_{n-1})+f(x_n)]\end{aligned}$$

즉,

$$\int_a^b f(x)dx \approx \frac{h}{3}[f(x_0)+4f(x_1)+2f(x_2)+4f(x_3)+2f(x_4)+\cdots \\ +2f(x_{n-2})+4f(x_{n-1})+f(x_n)]$$

일반적으로

$$S_n(f) = \frac{h}{3}[f(x_0)+4f(x_1)+2f(x_2)+4f(x_3)+2f(x_4)+\cdots+2f(x_{n-2})+4f(x_{n-1})+f(x_n)]$$

로 표기하며 $S_n(f)$를 심슨 법칙(Simpson rule)이라 부른다. 사다리꼴 법칙과 심슨 법칙은 Newton-Cotes 방법의 부류에 속한다. 다른 수치 적분 공식들은 부록 B에서 볼 수 있다.

예제 6.3 심슨 법칙을 이용하여 다음 적분의 근사값을 구하여라.

$$\int_0^1 \frac{1}{1+x}dx =$$

구간은 4등분 한다. 실제해는 $\ln 2 = 0.69314718$이다.

전체 구간 $[0,\ 1]$을 4등분 하면 $n=4$, $h=(1-0)/4=1/4$가 된다. 마디점들은

$$x_0 = 0,\ x_1 = \frac{1}{4},\ x_2 = \frac{2}{4},\ x_3 = \frac{3}{4},\ x_4 = 1$$

가 된다. 또한 $f(x) = 1/(1+x)$이다. 따라서

$$S_4(f) = \frac{h}{3}[f(x_0) + 4f(x_1) + 2f(x_2) + 4f(x_3) + f(x_4)]$$

$$\frac{1}{12}[1 + 4\frac{4}{5} + 2\frac{2}{3} + 4\frac{4}{7} + \frac{1}{2}]$$

$$= 0.693254$$

실제해와 비교해 보면 소수점 4째 자리에서부터 오차가 일어남을 알 수 있다. Simpson.m은 심슨 법칙을 실행하는 프로그램이다.

```
% Simpson.m %
  f = '1/(1+x)' ;
  n = 4 ;
  a = 0.0 ; b = 1.0 ;
  h = (b-a)/n ;
  x = a ;
  fa = eval(f) ;
  x = b ;
  fb = eval(f) ;
  sumends = fa+fb ;
  sumodd=0.0 ;
  for i = 1 : 2 : n-1
     x = a+h*i ;
     sumodd = sumodd+eval(f) ;
  end
  sumeven = 0.0 ;
  for i = 2 : 2 : n-2
     x = a+h*i ;
     sumeven = sumeven+eval(f) ;
  end
  sums = (h/3.0)*(sumends+4.0*sumodd+2.0*sumeven) ;
  fprintf('심슨 수치적분 값 : %10.6f\n', sums) ;
  end
```

6.5 가우스(Gaussian) 적분

앞에서 다룬 사다리꼴과 심슨 법칙에서 도출되는 근사값은 마디(망)점들에서의 함수의 값에 가중치(weight)를 곱한 유한 항의 합으로 다음과 같이 나타낼 수 있다.

$$\int_a^b f(x)dx \approx w_0 f(x_0) + w_1 f(x_1) + \cdots + w_n f(x_n) \tag{6.6}$$

예제 6.2에서 다룬 사다리꼴 법칙의 경우 $n=4$일 때 마디점들은 $x_0=0$, $x_1=1/4$, $x_2=2/4$, $x_3=3/4$, $x_4=1$이고 이들에 대응되는 가중치는 각각 $w_0=h/2$, $w_1=h$, $w_2=h$, $w_3=h$, $w_4=h/2$로 주어졌다고 생각할 수 있다. 여기서 x_j는 등간격으로 주어지는 점들이다. 예제 6.3에서 다룬 심슨 법칙의 경우 마디점들은 위와 동일하고 이들에 대한 가중치는 각각 $w_0=h/3$, $w_1=4h/3$, $w_2=2h/3$, $w_3=4h/3$, $w_4=h/3$로 주어졌다고 볼 수 있다.

이제 식 (6.6)의 오른쪽 값을

$$I_n(f) = w_0 f(x_0) + w_1 f(x_1) + \cdots + w_n f(x_n)$$

로 놓도록 하자.

가우스 수치 적분은 x_j를 적절히 선택하여 $f(x)$가 1차보다 작거나 같은 다항함수이면 $I_0(f)$는 근사값이 아닌 정확한 적분값이 되고, $f(x)$가 3차보다 작거나 같은 다항함수이면 $I_1(f)$는 정확한 적분값이 되며, 일반적으로 $f(x)$가 $2n+1$차보다 작거나 같은 다항함수이면 $I_n(f)$는 정확한 적분값이 되게 하는 방법이다.

먼저 가우스 적분은 일단 구간 $[-1, 1]$ 상에서의 적분을 먼저 고려하고 일반 구간 $[a, b]$에서의 적분은 변수변환을 하여 처리한다.

$n=0$인 경우

$$\int_{-1}^{1} f(x)dx \approx w_0 f(x_0)$$

로 나타낼 수 있다. $f(x)$가 1차보다 작거나 같은 다항함수일 때 $w_0 f(x_0) = \int_{-1}^{1} f(x)dx$ 가 되는 x_0, w_0를 구하기 위하여 이들의 미지수에 관련되는 2개의 방정식을 유도해야 하는데 다음 두 기저함수

$$g_1(x) = 1,\ g_2(x) = x$$

를 활용하도록 한다. 즉,

$$\int_{-1}^{1} g_1(x)dx = w_0 g_1(x_0),\ \int_{-1}^{1} g_2(x)dx = w_0 g_2(x_0)$$

로 놓고 두 미지수에 대한 값을 구한다.

구체적으로

$$\int_{-1}^{1} 1dx = w_0 1,\ \int_{-1}^{1} xdx = w_0 x_0$$

가 되고 적분하면 연립방정식

$$\begin{aligned} w_0 &= 2 \\ w_0 x_0 &= 0 \end{aligned}$$

가 주어진다. 위의 해는 $x_0 = 0$, $w_0 = 2$가 된다. 따라서, $n = 0$일 때

$$\int_{-1}^{1} f(x)dx \approx 2f(0)$$

의 공식이 도출된다.

예를 들어 $f(x) = 4x + 3$이면 $f(x)$는 1차 다항함수이다. 따라서 $n = 0$의 경우 $2f(0) = 6$ 그리고 $\int_{-1}^{1}(4x+3)dx = 6$으로 주어지기 때문에 가우스 수치 적분의 성질을

만족함을 알 수 있다.

$n=1$인 경우

$$\int_{-1}^{1} f(x)dx \approx w_0 f(x_0) + w_1 f(x_1)$$

로 나타낼 수 있다. $f(x)$가 3차보다 작거나 같은 다항함수일 때 $w_0 f(x_0) + w_1 f(x_1) = \int_{-1}^{1} f(x)dx$가 되는 x_0, x_1, w_0, w_1을 구하기 위하여 모두 4개의 방정식을 유도해야 하는데 다음 4개의 기저함수

$$g_1(x) = 1,\ g_2(x) = x,\ g_3(x) = x^2,\ g_4(x) = x^3$$

를 활용하도록 한다. 즉,

$$\int_{-1}^{1} g_1(x)dx = w_0 g_1(x_0) + w_1 g_1(x_1),\ \int_{-1}^{1} g_2(x)dx = w_0 g_2(x_0) + w_1 g_2(x_1)$$
$$\int_{-1}^{1} g_3(x)dx = w_0 g_3(x_0) + w_1 g_3(x_1),\ \int_{-1}^{1} g_4(x)dx = w_0 g_4(x_0) + w_1 g_4(x_1)$$

로 놓고 4개의 미지수에 대한 값을 구한다. 구체적으로

$$\int_{-1}^{1} 1dx = w_0 1 + w_1 1,\ \int_{-1}^{1} xdx = w_0 x_0 + w_1 x_1$$
$$\int_{-1}^{1} x^2 dx = w_0 x_0^2 + w_1 x_1^2,\ \int_{-1}^{1} x^3 dx = w_0 x_0^3 + w_1 x_1^3$$

가 되고 각각 적분하고 정리하면 비선형 연립방정식

$$\begin{aligned} w_0 + w_1 &= 2 \\ w_0 x_0 + w_1 x_1 &= 0 \\ w_0 x_0^2 + w_1 x_1^2 &= \frac{2}{3} \end{aligned}$$

$$w_0 x_0^3 + w_1 x_1^3 = 0$$

가 형성된다. 위와 같은 비선형 연립방정식의 해를 구하는 방법은 9장에서 다룬다. 위의 해를 구하게 되면

$$\begin{aligned} x_0 &= -\frac{\sqrt{3}}{3} = -0.577350 \\ x_1 &= \frac{\sqrt{3}}{3} \quad = \quad 0.577350 \\ w_0 &= 1.0 \\ w_1 &= 1.0 \end{aligned}$$

가 된다. 따라서, $n=1$일 때

$$\int_{-1}^{1} f(x)dx \approx 1f(-\frac{\sqrt{3}}{3}) + 1f(\frac{\sqrt{3}}{3})$$

의 공식이 도출된다.

$n=2$인 경우

$$\int_{-1}^{1} f(x)dx \approx w_0 f(x_0) + w_1 f(x_1) + w_2 f(x_2) \tag{6.7}$$

로 나타낼 수 있다. $f(x)$가 5차보다 작거나 같은 다항함수일 때 위의 오른쪽 부분의 값이 실제값과 일치가 되는 x_0, x_1, x_2, w_0, w_1, w_2을 구하기 위해서는 모두 6개의 방정식이 필요하다. 이들은 앞의 경우를 비추어 볼 때 이미 예상하겠지만 다음 6개의 기저함수 $g_1(x)=1$, $g_2(x)=x$, $g_3(x)=x^2$, $g_4(x)=x^3$, $g_5(x)=x^4$, $g_6(x)=x^5$를 사용하면 된다. 식 (6.7)에 각각의 함수를 대입하고 적분하고 정리하면 6개의 미지수와 6개의 방정식인 비선형 연립방정식이 주어진다. 이 연립방정식의 해를 구하면 다음과 같다.

$$\begin{aligned} x_0 &= \quad 0.774597 \\ x_1 &= \quad 0 \end{aligned}$$

$$x_2 = -0.774597$$
$$w_0 = 0.555556$$
$$w_1 = 0.888889$$
$$w_2 = 0.555556$$

따라서, $n = 2$일 때

$$\int_{-1}^{1} f(x)dx \approx 0.555556f(0.774597) + 0.888889f(0) + 0.555556f(-0.774597)$$

의 공식이 주어진다.

표 6.1은 $n = 4$일 때까지의 결과가 정리되어 있다.

표 6.1

n	x_i	w_i
0	0	2.0
1	0.577350	1.0
	0.577350	1.0
2	0.774597	0.555556
	0	0.888889
	0.774597	0.555556
3	0.861136	0.347855
	0.339981	0.652145
	0.339981	0.652145
	0.861136	0.347855
4	0.906180	0.236927
	0.538469	0.478629
	0	0.568889
	0.538469	0.478629
	0.906180	0.236927

예제 6.4 표 6.1의 자료를 이용하여 $n=1$, $n=2$일 때 다음 적분의 근사값을 구하여라.

$$\int_{-1}^{1}\frac{1}{1+x^2}dx=$$

실제해는 $\tan^{-1}(1)-\tan^{-1}(-1)=1.570796$이다.

$f(x)=1/(1+x^2)$이다. $n=1$이면

$$\begin{aligned}\int_{-1}^{1}\frac{1}{1+x^2}dx &\approx 1f(-0.577350)+1f(0.577350)\\ &=\frac{1}{1+(-0.577350)^2}+\frac{1}{1+(0.577350)^2}\\ &=1.500000\end{aligned}$$

$n=2$이면

$$\begin{aligned}\int_{-1}^{1}\frac{1}{1+x^2}dx &\approx 0.555556f(-0.774597)+0.888889f(0)+0.555556f(0.774597)\\ &=\frac{0.555556}{1+(-0.774597)^2}+\frac{0.888889}{1+(0)^2}+\frac{0.555556}{1+(0.774597)^2}\\ &=1.583334\end{aligned}$$

가 된다.

일반적으로 $[a,\ b]\neq[-1,\ 1]$ 상에서 적분 $\int_a^b f(x)dx$를 구하고자 할 때는 변수 x를 변수 t로 다음과 같이 변환해 주어야 한다.

$$x=\frac{b+a+t(b-a)}{2},\quad -1\le t\le 1$$

즉,

$$\int_a^b f(x)dx = \int_{-1}^{1} f(\frac{b+a+t(b-a)}{2})\frac{b-a}{2}dt$$
$$= \frac{b-a}{2}\int_{-1}^{1} f(\frac{b+a+t(b-a)}{2})dt$$

따라서 일반구간에 대한 공식은

$$\int_a^b f(x)dx = \frac{b-a}{2}\int_{-1}^{1} f(\frac{b+a+t(b-a)}{2})dt \tag{6.8}$$

가 된다.

식 (6.8)는 $g(t) = f(\frac{b+a+t(b-a)}{2})$로 두고 가우스 수치 적분을 $\int_{-1}^{1} g(t)dt$에 적용하고 $(b-a)/2$를 곱해주면 원래의 적분 $\int_a^b f(x)dx$의 근사값을 계산할 수 있음을 말해준다.

예제 6.5 가우스 수치 적분으로 $n=1$에 대한 다음 적분의 근사값을 구하여라.

$$\int_0^1 \frac{1}{1+x}dx =$$

실제해는 $\ln 2 = 0.693147$이다.

$a=0,\ b=1,\ f(x) = 1/(1+x)$이다. 식 (6.8)을 이용하면

$$\int_0^1 \frac{1}{1+x}dx = \frac{1-0}{2}\int_{-1}^{1} f(\frac{1+0+t(1-0)}{2})dt$$
$$= \frac{1}{2}\int_{-1}^{1} f(\frac{1+t}{2})dt$$
$$= \frac{1}{2}\int_{-1}^{1} \frac{1}{(1+\frac{1+t}{2})}dt$$

$$= \frac{1}{2}\int_{-1}^{1}\frac{2}{3+t}dt \qquad \%g(t) = 2/(3+t)\%$$

$$= \frac{1}{2}[1\frac{2}{3+(-0.577350)}+1\frac{2}{3+(0.577350)}]$$

$$= 0.692308$$

로 주어진다.

프로젝트

1. 이론적으로 유체의 점성 마찰 계수 K와 속도 변화 $x''(t)$의 관계는 다음과 같은 법칙이 성립한다고 한다.

$$x''(t) = -Kx'(t)$$

어떤 유체에 대한 한 실험에서 아래와 같은 데이터를 수집하였을 때 계수 K의 값(근사값)을 구해보아라.

t(초)	$x(t)(km)$
4.5	1.242
9.5	2.551
14.5	3.79

2. 다음 적분에 대한 근사값을 구하고자 한다.

$$\int_{-5}^{5} e^{-x^2}dx$$

$n = 100$으로 두고 프로그램(Trapezoidal.m과 Simpson.m)을 수정하여 구하여라. 또한 $n = 4$로 놓고 가우스 수치 공식을 이용하여 근사값을 구하고 앞의 두 방법에 의한 결과와 비교해 보아라.

제 6 장 연습문제

수치 미분 및 적분

1. 다음과 같은 데이터가 주어졌을 때 점 $x=0.5$에서 $h=0.1$에 대한 $f'(0.5)$, $f''(0.5)$의 근사값을 오차가 $O(h^2)$인 방법을 사용하여 구하여라. 실제값은 $e^{0.5}=1.648721$이다.

x	$y=f(x)$
0.3	1.349859
0.4	1.491825
0.5	1.648721
0.6	1.822119
0.7	2.013753

2. 문제 1에 주어진 데이터를 이용하여 점 $x=0.5$에서 $h=0.2$에 대한 $f'(0.5)$, $f''(0.5)$의 근사값을 오차가 $O(h^2)$인 방법을 사용하여 구하여라.

3. $f(x)=\dfrac{1}{x^2+4}$일 때 $\int_1^5 f(x)dx$의 근사값을 구하고자 한다.

a) $n=4$로 두고 사다리꼴 방법으로 구하여라.

b) $n=4$로 두고 심슨 방법으로 구하여라.

4. $\int_{-1}^{1}\dfrac{1}{x^2+4}dx$의 근사값을 $n=1$로 두고 표 6.1을 참조하여 가우스 수치 방

법으로 구하여라.

5. $\int_1^5 \frac{1}{x^2+4}dx$의 근사값을 $n=3$로 두고 표 6.1을 참조하여 가우스 수치 방법으로 구하여라.

6. $f(x)=xe^x$일 때 $\int_{-1}^1 f(x)dx$의 근사값을 구하고자 한다.

a) $n=4$로 두고 사다리꼴 법칙과 심슨 법칙으로 구하여라.

b) $n=2$로 두고 가우스 수치 공식으로 구하여라.

7. 아래의 자료에 대하여

x	$y=f(x)$
0.0	0.0
0.2	0.4472136
0.4	0.632455
0.6	0.7745967
0.8	0.8944272
1.0	1.0

적분 $\int_0^1 f(x)dx$의 근사값을 사다리꼴 법칙과 심슨 법칙을 이용하여 구하여라. 위의 데이터는 함수 $f(x)=\sqrt{x}$에서 구한 값이다. 따라서 결과들을 실제값과 비교하여라.

제 7 장

선형 연립방정식의 수치해법

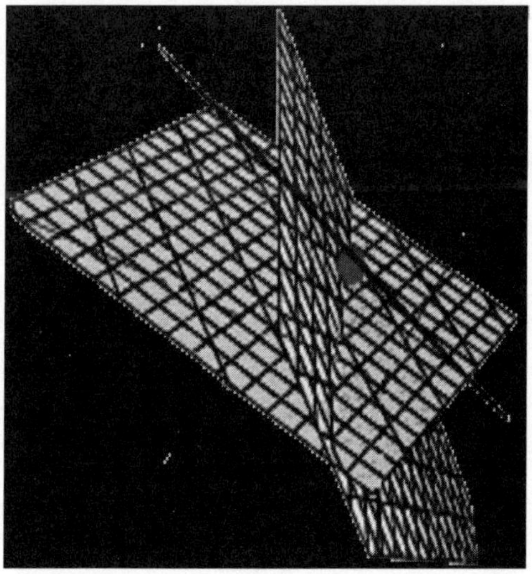

이 장의 내용

제 7 장

선형 연립방정식의 수치해법

선형 연립방정식, $Ax=b$의 해를 구한다는 것은 기하학적 관점에서 보면 직선, 평면, 초평면들의 교점을 구하는 것을 의미한다. 선형 연립방정식은 여러 분야의 실질적인 문제들을 모형화하면 나타내어지는 수학적 모델이다. 이 장에서는 위와 같은 선형 연립방정식의 수치 해를 구하는 방법을 중점적으로 다루고자 한다.

7.1 개요

선형 연립방정식을 다루는 방법들은 크게 직접적인 방법(direct method)과 반복적인 방법(iterative method) 두 가지로 나누어진다. 직접적인 방법이란 것은 정확한 해를 유한번 실행하여 얻는 과정을 말하며 반복적인 방법은 계속 반복적으로 실행하여 정확한 해로 수렴하도록 하는 과정을 의미한다.

많이 쓰이는 직접적인 방법으로는 가우스 소거법(Gaussian elimination method), LU 분해법, Gauss-Jordan 방법 등이 있다. 가우스 소거법은 주어진 계수 행렬 A를 상삼각행렬로 변환하여 해를 구하고 Gauss-Jordna 방법은 A를 대각행렬로 변환하여 해를 구하는 방법이다. LU 분해법은 $A=LU$로 분해하여 해를 구한다. 이 장에서는 가우스 소거법과 LU 분해법을 소개한다.

반복적인 방법으로는 Jacobi 방법, Gauss-Seidel 방법, SOR 방법 등이 있다. 반복적인 방법은 계수행렬 A의 규모가 크고 대부분의 원소가 0으로 채워진 경우에 효과적으로 사용할 수 있다. 이와 같은 행렬들은 특히 수치 편미분방정식을 다룰 때 종종 나타난다. 이 장에서는 Jacobi 반복법과 Gauss-Seidel 반복법을 살펴보도록 하고 SOR 방법에 대해서는 간략하게 다룬다.

7.2 가우스 소거법

방정식과 미지수가 각각 n개인 선형 연립방정식의 일반 형태는 다음과 같다.

$$\begin{aligned} a_{11}x_1 + a_{12}x_2 + \cdots + a_{1n}x_n &= b_1 \\ a_{21}x_1 + a_{22}x_2 + \cdots + a_{2n}x_n &= b_2 \\ \vdots \quad\quad \vdots \quad\quad \cdots \quad\quad \vdots \;\; &\quad \vdots \\ a_{n1}x_1 + a_{n2}x_2 + \cdots + a_{nn}x_n &= b_n \end{aligned} \tag{7.1}$$

여기서 a_{ij}와 b_i는 실수이다. 식 (7.1)을 행렬-벡터 형식으로 나타내면 $\boldsymbol{Ax} = \boldsymbol{b}$가 되며 여기서

$$\boldsymbol{A} = \begin{pmatrix} a_{11} & a_{12} & \cdots & a_{1n} \\ a_{21} & a_{22} & \cdots & a_{2n} \\ \vdots & \vdots & \ddots & \vdots \\ a_{n1} & a_{n2} & \cdots & a_{nn} \end{pmatrix} \quad \boldsymbol{x} = \begin{pmatrix} x_1 \\ x_2 \\ \vdots \\ x_n \end{pmatrix} \quad \boldsymbol{b} = \begin{pmatrix} b_1 \\ b_2 \\ \vdots \\ b_n \end{pmatrix}$$

을 의미한다. 가우스 소거법의 과정을 설명하기 위하여 편의상 $\boldsymbol{A}$와 $\boldsymbol{b}$를 나란히 놓은 다음과 같은 추가행렬(augment matrix)를 형성한다.

$$[\boldsymbol{A} \mid \boldsymbol{b}] = \begin{pmatrix} a_{11} & a_{12} & \cdots & a_{1n} & | & b_1 \\ a_{21} & a_{22} & \cdots & a_{2n} & | & b_2 \\ \vdots & \vdots & \ddots & \vdots & | & \vdots \\ a_{n1} & a_{n2} & \cdots & a_{nn} & | & b_n \end{pmatrix} \tag{7.2}$$

가우스 소거법은 먼저 위의 추가행렬에서 계수행렬 $\boldsymbol{A}$의 대각선 아래에 있는 원소들을 모두 0으로 만든다. 즉, 상삼각형 형태를 갖는 행렬로 나타낸다. 이 과정을 전진소거과정(forward elimination process)이라 부른다. 구체적으로 살펴보면 다음과 같다.

첫 번째 열에서 a_{11}을 제외한 원소들을 제거하기 위해서 다음과 같이 i행 승수

$$m_{i1} = \frac{a_{i1}}{a_{11}}, \; i = 2, \; 3, \; \cdots, \; n$$

을 정의하고 다음과 같이 (7.2)에 차례대로 실행한다. a_{11}은 1열의 피봇원소라 부른다.

2행에서 승수 m_{21}을 1행에 곱하고 빼준다. 즉, $[2\text{행}]-m_{21}\times[1\text{행}]$.

3행에서 승수 m_{31}을 1행에 곱하고 빼준다. 즉, $[3\text{행}]-m_{31}\times[1\text{행}]$.

$\vdots$

n행에서 승수 m_{n1}을 1행에 곱하고 빼준다. 즉, $[n\text{행}]-m_{n1}\times[1\text{행}]$.

첫 번째 열에 대한 위의 과정을 수행하면 추가행렬은 다음과 같이 주어진다.

$$[\boldsymbol{A}\mid\boldsymbol{b}]^{(1)}=\begin{pmatrix} a_{11} & a_{12} & \cdots & a_{1n} & | & b_1 \\ 0 & a_{22}^{(1)} & \cdots & a_{2n}^{(1)} & | & b_2^{(1)} \\ \vdots & \vdots & \ddots & \vdots & | & \vdots \\ 0 & a_{n2}^{(1)} & \cdots & a_{nn}^{(1)} & | & b_n^{(1)} \end{pmatrix} \tag{7.3}$$

여기서, $a_{ij}^{(1)}=a_{ij}-m_{i1}a_{1j},\ i,\ j=2,\ 3,\ \cdots,\ n$

$b_i^{(1)}=b_i-m_{i1}b_1,\ i=2,\ 3,\ \cdots,\ n$

물론 a_{11}은 0이 아닌 것으로 가정한다.

두 번째 열에서 $a_{22}^{(2)}$의 아래에 있는 원소들을 제거하기 위해서 다음과 같이 i행 승수

$$m_{i2}=\frac{a_{i2}^{(1)}}{a_{22}^{(1)}},\ i=3,\ 4,\ \cdots,\ n$$

을 정의하고 다음과 같이 (7.3)에 차례대로 실행한다. $a_{22}^{(2)}$이 2열의 피봇원소가 된다.

3행에서 승수 m_{32}을 2행에 곱하고 빼준다. 즉, $[3\text{행}]-m_{32}\times[2\text{행}]$.

3행에서 승수 m_{42}을 2행에 곱하고 빼준다. 즉, $[4\text{행}]-m_{42}\times[2\text{행}]$.

$\vdots$

n행에서 승수 m_{n2}을 2행에 곱하고 빼준다. 즉, $[n\text{행}]-m_{n2}\times[2\text{행}]$.

두 번째 열에 대한 위의 과정을 수행하면 추가행렬은 다음과 같이 주어진다.

$$[A \mid b]^{(2)} = \begin{pmatrix} a_{11} & a_{12} & a_{13} & \cdots & a_{1n} & | & b_1 \\ 0 & a_{22}^{(1)} & a_{23}^{(1)} & \cdots & a_{2n}^{(1)} & | & b_2^{(1)} \\ 0 & 0 & a_{33}^{(2)} & \cdots & a_{3n}^{(2)} & | & b_3^{(2)} \\ \vdots & \vdots & \vdots & \ddots & \vdots & | & \vdots \\ 0 & 0 & a_{n3}^{(2)} & \cdots & a_{nn}^{(2)} & | & b_n^{(2)} \end{pmatrix}$$

여기서, $a_{ij}^{(2)} = a_{ij}^{(1)} - m_{i2}a_{2j}^{(1)}$, i, $j = 3, 4, \cdots, n$

$b_i^{(2)} = b_i^{(1)} - m_{i2}b_2^{(1)}$, $i = 3, 4, \cdots, n$

$a_{22}^{(1)}$ 역시 0이 아닌 것으로 가정한다.

위의 과정을 $n-1$ 번째 열 까지 모두 실행하면 다음과 같은 추가행렬이 도출된다.

$$[A \mid b]^{(n-1)} = \begin{pmatrix} a_{11} & a_{12} & a_{13} & \cdots & a_{1n} & | & b_1 \\ 0 & a_{22}^{(1)} & a_{23}^{(1)} & \cdots & a_{2n}^{(1)} & | & b_2^{(1)} \\ 0 & 0 & a_{33}^{(2)} & \cdots & a_{3n}^{(2)} & | & b_3^{(2)} \\ \vdots & \vdots & \vdots & \ddots & \vdots & | & \vdots \\ 0 & 0 & 0 & \cdots & a_{nn}^{(n-1)} & | & b_n^{(n-1)} \end{pmatrix} \tag{7.4}$$

여기서

$$a_{ij}^{(k)} = a_{ij}^{(k-1)} - m_{ik}a_{kj}^{(k-1)},$$

$$b_i^{(k)} = b_i^{(k-1)} - m_{ik}b_k^{(k-1)},$$

$$m_{ik} = \frac{a_{ik}^{(k-1)}}{a_{kk}^{(k-1)}},$$

$k = 1, 2, \cdots, n-1$, i, $j = k+1, k+2, \cdots, n$ ($a_{ij}^{(0)} = a_{ij}$, $b_i^{(0)} = b_i$을 의미).

따라서 마지막 원소는

$$a_{nn}^{(n-1)} = a_{nn}^{(n-2)} - m_{n(n-1)}a_{(n-1)n}^{(n-2)}$$

그리고

$$b_n^{(n-1)} = b_n^{(n-2)} - m_{n(n-1)} b_{(n-1)}^{(n-2)}$$

로 표현된다.

식 (7.4)에 있는 추가행렬은 다음과 같이 나타낼 수 있다.

$$\begin{aligned}
a_{11}x_1 + a_{12}x_2 + a_{13}x_3 + \cdots + a_{1n}x_n &= b_1 \\
a_{22}^{(1)}x_2 + a_{23}^{(1)}x_3 + \cdots + a_{2n}^{(1)}x_n &= b_2^{(1)} \\
a_{33}^{(2)}x_3 + \cdots + a_{3n}^{(2)}x_n &= b_3^{(2)} \\
\ddots \qquad \vdots \quad &\quad \vdots \\
a_{nn}^{(n-1)}x_n &= b_n^{(n-1)}
\end{aligned} \tag{7.5}$$

식 (7.1)을 기본-행 연산을 사용하여 (7.5)로 나타내었기 때문에 (7.5)를 만족하는 해는 (7.1)을 만족하고 그 역도 성립한다. 식 (7.5)의 해는 밑에서부터 위로 올라오면서 대입방법을 사용하면 쉽게 구할 수 있음을 알 수 있다. 즉, $a_{ii}^{(i-1)} \neq 0,\ i = n,\ n-1,\ \cdots,\ 1$이라는 가정 하에($a_{11}^{(0)} = a_{11}$을 의미함)

$$x_n = \frac{b_n^{(n-1)}}{a_{nn}^{(n-1)}},$$

$$x_j = \frac{1}{a_{ii}^{(i-1)}}\left[b_i^{(i-1)} - \sum_{j=i+1}^{n} a_{ij}^{(i-1)} x_j\right],\quad i = n-1,\ n-2,\ \cdots,\ 3,\ 2,\ 1$$

가 된다. 이 과정을 후진대입과정(backward substitution process)이라 부른다. 따라서 전진소거과정과 후진대입과정으로 이루어진 이 방법을 가우스 소거법(Gaussian elimination method)이라 부른다.

예제 7.1 다음 선형 연립방정식의 해를 가우스 소거법으로 구하여라.

$$\begin{aligned}
2x_1 - 3x_2 + \qquad\quad x_4 &= 19 \\
4x_1 + x_2 - 4x_3 + 5x_4 &= -7 \\
-6x_1 - 5x_2 + 5x_3 + 2x_4 &= 8 \\
2x_1 + 4x_2 - x_3 - 2x_4 &= -11
\end{aligned} \tag{7.6}$$

연립방정식의 크기는 $n = 4$이며 추가행렬은 아래와 같이 주어진다.

$$\left(\begin{array}{rrrr|r} 2 & -3 & 0 & 1 & 19 \\ 4 & 1 & -4 & 5 & -7 \\ -6 & -5 & 5 & 2 & 8 \\ 2 & 4 & -1 & -2 & -11 \end{array}\right)$$

전진소거과정 :

1열의 피봇원소는 2이며 승수들은 $m_{21} = 4/2 = 2$, $m_{31} = -6/2 = -3$, $m_{41} = 2/2 = 1$가 된다. 이제 $[2\text{행}] - m_{21} \times [1\text{행}]$, $[3\text{행}] - m_{31} \times [1\text{행}]$, $[n\text{행}] - m_{n1} \times [1\text{행}]$을 차례대로 실행하면 다음과 같은 결과가 주어진다.

$$\left(\begin{array}{rrrr|r} 2 & -3 & 0 & 1 & 19 \\ 0 & 7 & -4 & 3 & -45 \\ 0 & -14 & 5 & 5 & 65 \\ 0 & 7 & -1 & -3 & -30 \end{array}\right)$$

2열의 피봇원소는 7이며 승수들은 $m_{32} = -14/7 = -2$, $m_{42} = 7/7 = 1$의 값을 갖는다. $[3\text{행}] - m_{32} \times [2\text{행}]$, $[4\text{행}] - m_{42} \times [2\text{행}]$을 차례대로 실행하면 아래의 결과를 얻게 된다.

$$\left(\begin{array}{rrrr|r} 2 & -3 & 0 & 1 & 19 \\ 0 & 7 & -4 & 3 & -45 \\ 0 & 0 & -3 & 11 & -25 \\ 0 & 0 & 3 & -6 & 15 \end{array}\right)$$

마지막으로 3열의 피봇원소는 −3이 된다. 따라서 승수는 $m_{43} = 3/(-3) = -1$가 되며 $[4\text{행}] - m_{43} \times [3\text{행}]$을 실행하면 상삼각형 형태를 갖는 행렬이 나타난다.

$$\left(\begin{array}{rrrr|r} 2 & -3 & 0 & 1 & 19 \\ 0 & 7 & -4 & 3 & -45 \\ 0 & 0 & -3 & 11 & -25 \\ 0 & 0 & 0 & 5 & -10 \end{array}\right)$$

위의 추가 행렬은 다음의 연립방정식을 의미한다.

$$
\begin{aligned}
2x_1 - 3x_2 + \qquad\quad x_4 &= \quad 19 \\
7x_2 - 4x_3 + \ \ 3x_4 &= -45 \\
-3x_3 + 11x_4 &= -25 \\
5x_4 &= -10
\end{aligned}
\tag{7.7}
$$

후진대입과정 :

$$x_4 = -10/5 = -2$$

$$x_3 = \frac{1}{-3}[-25 - 11x_4] = \frac{1}{-3}[-25 - 11(-2)] = 1$$

$$x_2 = \frac{1}{7}[-45 + 4(1) - 3(-2)] = -5$$

$$x_1 = \frac{1}{2}[19 + 3(-5) - (-2)] = 3$$

따라서, $x_1 = 3$, $x_2 = -5$, $x_3 = 1$, $x_4 = -2$는 (7.7)의 해일뿐만 아니라 (7.6)의 해가 됨을 확인할 수 있다.

부분 피봇팅 전략

가우스 소거법에서 피봇원소들이 0이 아님을 가정하였다. 만약 피봇원소가 0이면, 즉 i번째 단계에서 i행의 대각원소가 0이면 그 아래에 있는 원소들 중에 0이 아닌 것(예. j행)과 바꾸어 주면 된다. 이 경우 i는 j행으로 j는 i행으로 모든 원소들의 위치를 바꾸어 주어야 한다. 물론 i행의 대각원소가 0이고 또한 그 아래에 있는 원소들이 모두 0이면 계수행렬 A는 역행렬을 가지지 못하고 연립방정식의 해도 구할 수가 없다. 하지만 피봇원소가 0이 아니라 하더라도 0에 가까운 수라면 오차가 크게 발생할 수 있다. 그 이유는 다음과 같다.

컴퓨터는 유한개의 이진수(digits)만 저장할 수 있다는 것은 3장에서 다루었다. 만약 피봇원소가 아주 작다면 그와 관련되는 승수들은 매우 큰 숫자가 된다. 따라서, 차후에 일어나는 계산에서 아주 작은 숫자와 매우 큰 숫자를 더하거나 빼는 경우가 발생한다. 이때 아주 작은 숫자는 매우 큰 숫자에 비해 하찮은 양이기 때문에 합에 영향을 주지 못하고 특히 절단오차(round-off error)에 의하여 아주 작은 숫자는 절단되어 두 수의 합이 바로 매우 큰 수가 되는 경우가 일어 날 수 있다. 이 경우의 절단 오차는 설령 얼마 안 된다 하더라도 어떤 문제를 다루기 위하여 많은 계산을 요구하는 경우 절단오차가 차츰차츰 누적이 되어 구하고자하는 수치해가 완전히 엉뚱한 값이 되어 나올 수가 있다.

결국 안정적인 수치계산을 수행하기 위해서는 절단오차를 되도록이면 줄여야 하는데 한 가지 방법은 가우스 소거법 과정에서 정해지는 승수의 크기(절대값)를 가능하면 1 보다 작거나 같게 만들면 된다. 이를 만족하기 위해서는 분모로 들어가는 피봇원소의 크기(절대값)가 그 열에 있는 다른 원소들 보다 크거나 같으면 된다. 따라서 부분 피봇팅 전략은 각 단계에서 피봇원소를 정할 때 대각원소를 그냥 피봇원소로 정하는 것이 아니라 대각원소와 그 아래에 있는 원소들 중에 절대값이 가장 큰 원소를 피봇원소로 정하는 것이다.

예제 7.2 다음 선형 연립방정식의 해를 부분 피봇팅 전략으로 구하고자 할 때 첫 단계에서의 피봇원소와 이와 관련되는 승수들을 구해 보아라.

$$\begin{aligned} 2x_1 - 3x_2 + \qquad\quad x_4 &= 19 \\ 4x_1 + x_2 - 4x_3 + 5x_4 &= -7 \\ -6x_1 - 5x_2 + 5x_3 + 2x_4 &= 8 \\ 2x_1 + 4x_2 - x_3 - 2x_4 &= -11 \end{aligned}$$

추가행렬은 아래와 같이 주어진다.

$$\left(\begin{array}{rrrr|r} 2 & -3 & 0 & 1 & 19 \\ 4 & 1 & -4 & 5 & -7 \\ -6 & -5 & 5 & 2 & 8 \\ 2 & 4 & -1 & -2 & -11 \end{array}\right)$$

순수한 가오스 소거법에 의한 첫 번째 피봇원소는 첫 행, 첫 열에 있는 2가 된다. 하지만 부분 피봇팅 전략을 적용하면 첫 번째 피봇원소는 첫 열에서 절대값이 가장 큰 −6이 된다. 따라서 1행과 3행을 교환하면 아래와 같이 주어진다.

$$\left(\begin{array}{rrrr|r} -6 & -5 & 5 & 2 & 8 \\ 4 & 1 & -4 & 5 & -7 \\ 2 & -3 & 0 & 1 & 19 \\ 2 & 4 & -1 & -2 & -11 \end{array}\right)$$

첫 번째 피봇원소가 −6이기 때문에 그 아래에 있는 원소들을 0으로 만들기 위해서 필요한 승수들은

$$m_{21} = 4/(-6) = -2/3, \quad m_{31} = 2/(-6) = -1/3, \quad m_{41} = 2/(-6) = -1/3$$

이 된다.

Gauss.m은 가우스 소거법에 부분 피봇팅 전략을 가미한 프로그램이다. 위에 주어진 선형 연립방정식을 Gauss.m으로 다루면 다음과 같은 결과가 출력된다.

선형 연립방정식 Ax = b의 해 :
x(1) = 3.0000
x(2) = −5.0000
x(3) = 1.0000
x(4) = −2.0000

```
% Gauss.m %
  A = [2 -3 0 1 ; 4 1 -4 5 ; -6 -5 5 2 ; 2 4 -1 -2] ;
  b = [19 ; -7 ; 8 ; -11] ; delt = 1.0e-06 ; n = 4 ;
  for k = 1 : n-1
    pivot = abs(A(k,k)) ;
    knext = k+1 ;
    iptrow = k ;
% 피봇 행을 구함 %
  for i = knext : n ;
    if (abs(A(i,k)) > pivot)
      pivot = abs(A(i,k)) ;
      iptrow = i ;
    end
  end
% 행렬 A와 벡터 b의 행 k와 행 iptrow의 교환 %
  if (k ~= iptrow)
    for j = k : n
      temp = A(k,j) ;
      A(k,j) = A(iptrow,j) ;
        A(iptrow,j) = temp ;
    end
    temp = b(k) ;
    b(k) = b(iptrow) ;
    b(iptrow) = temp ;
  end
```

```
% 전진소거법 과정 %
   for i = knext : n
      for j = knext : n
         A(i,j) = A(i,j)−A(i,k)*A(k,j)/A(k,k) ;
      end
      b(i) = b(i)−b(k)*A(i,k)/A(k,k) ;
   end
% 전진소거법 과정 %
   for i = knext : n
      for j = knext : n
         A(i,j) = A(i,j)−A(i,k)*A(k,j)/A(k,k) ;
      end
      b(i) = b(i)−b(k)*A(i,k)/A(k,k) ;
   end
% 후진대입법 과정 %
   x(n) = b(n)/A(n,n) ;
   for i = n−1 : −1 : 1
      sum = b(i) ;
      for j = i+1 : n
         sum = sum−A(i,j)*x(j) ;
         x(i) = sum/A(i,i) ;
      end
   end
end
% 해 x의 출력 %
   fprintf('선형 연립방정식 Ax = b의 해 : \n') ;
   for i = 1 : n
      fprintf('x(%d) = %6.4f\n', i, x(i)) ;
   end
```

다른 방법들을 다루기 전에 다음 절에서는 행렬 A와 관련되는 '조건수'라는 개념을 소개한다. 많은 경우 선형 연립방정식 $Ax = b$은 안정적이라서 오른쪽 벡터 b에 약간의 변화가 있어도 오차가 크게 발생하지 않지만 간혹 b에 약간의 섭동만 있어도 오차가 크게 발생하는 연립방정식이 존재한다. 조건수의 크기에 따라 연립방정식의 체계가 안정적인지 또는 불량조건을 가졌는지를 판단할 수 있다.

7.3 조건수(condition number)

선형 연립방정식 $Ax=b$의 계수행렬 A 또는 오른쪽 벡터 b의 값에 약간의 변화(또는 섭동(perturb))가 있을 수 있다. 이 경우 $Ax=b$의 해 x에 얼마나 큰 오차가 발생하느냐에 따라 선형 연립방정식은 두 가지로 구분된다. 오차가 크게 발생하지 않고 미미하다면 좋은 조건(well-conditioned)을 가진 연립방정식이며 약간의 변화에도 오차가 크게 발생한다면 불량 조건(ill-conditioned)을 가진 연립방정식이라 부른다. 이 절에서는 조건수를 정의하고 그 의미를 살펴보고자 한다.

벡터의 노름

다음 네 조건을 만족하면 $\| \ \|$를 벡터 x의 노름이라 부른다.

a) $\|x\| \geq 0$

b) $\|x\| = 0 \Leftrightarrow x = 0$

c) 모든 x, 모든 실수 α에 대하여 $\|\alpha x\| = |\alpha| \|x\|$

d) 모든 x, y에 대하여 $\|x+y\| \leq \|x\| + \|y\|$

예를 들면 $x=(x_1, x_2, \cdots, x_n) \in R^n$일 때 아래와 같이 정의된 것은 벡터의 노름이 된다.

1. $\|x\|_2 = \sqrt{\sum_{i=1}^{n} x_i^2}$
2. $\|x\|_\infty = \max_{1 \leq i \leq n} |x_i|$

구체적인 예로 $x=(-1, 2, 0, -3)$이면 $\|x\|_2 = \sqrt{14}$, $\|x\|_\infty = 3$이 된다. 또한 $\tilde{x} = (-1, 1.9, 0.2, -3)$이라고 하면

$$\|x-\tilde{x}\|_2 = \sqrt{(-1-(-1))^2 + (2-1.9)^2 + (0-0.2)^2 + (-3-(-3))^2} = \sqrt{0.05}$$

$$\|x-\tilde{x}\|_\infty = \max\{|-1-(-1)|, |2-1.9|, |0-0.2|, |-3-(-3)|\} = 0.2$$

행렬의 노름

다음 다섯 조건을 만족하면 $\| \ \|$를 행렬 A의 노름이라 부른다.

a) $\|A\| \geq 0$

b) $\|A\| = 0 \Leftrightarrow A = 0$

c) 모든 A, 모든 실수 α에 대하여 $\|\alpha A\| = |\alpha| \|A\|$

d) 모든 A, B에 대하여 $\|A+B\| \leq \|A\| + \|B\|$

e) 모든 A, B에 대하여 $\|AB\| \leq \|A\| \|B\|$

예를 들면 $n \times n$행렬 A에 대하여 다음과 같이 정의하면 행렬 노름이 된다.

$$\|A\|_\infty = \max_{1 \leq i \leq n} \sum_{j=1}^{n} |a_{ij}|$$

구체적인 예로 $A = \begin{pmatrix} 2 & 1 & -3 \\ 4 & 0 & 1 \\ -7 & 1 & 0 \end{pmatrix}$이면 $\|A\|_\infty = 8$이 된다.

일치성(consistency)

다음 조건을 만족하면 행렬노름과 벡터노름은 일치성을 가진다고 한다.

$$\text{모든 } A,\ x\text{에 대하여 } \|Ax\| \leq \|A\| \|x\|$$

위에 정의된 $\|A\|_\infty$와 $\|x\|_\infty$는 아래의 이유로 일치성을 가짐을 알 수 있다.

$$\begin{aligned} \|Ax\|_\infty &= \max_{1 \leq i \leq n} \left| \sum_{j=1}^{n} a_{ij} x_j \right| \leq \max_{1 \leq i \leq n} \sum_{j=1}^{n} |a_{ij}| |x_j| \\ &\leq \max_{1 \leq i \leq n} \sum_{j=1}^{n} |a_{ij}| \max_{1 \leq j \leq n} |x_j| \\ &= \|A\|_\infty \|x\|_\infty \end{aligned}$$

x는 선형 연립방정식 $Ax = b$의 정확한 해이고 $\tilde{x}$는 $Ax = \tilde{b}$의 해, 즉 $A\tilde{x} = \tilde{b}$을 만족한다고 하자. 여기서 $\tilde{b}$는 b에서 약간의 변화를 준 벡터이다. 이 때 다음이 성립한다.

정리 7.1

A가 정칙행렬이고 $x \neq 0$, $b \neq 0$일 때

$$\frac{\|x-\tilde{x}\|}{\|x\|} \leq \|A\|\|A^{-1}\|\frac{\|b-\tilde{b}\|}{\|b\|} \tag{7.8}$$

을 만족한다. 여기서 $\|A\|$와 $\|x\|$의 노름은 일치성을 가진다고 가정한다.

증명 $Ax=b$에서 $A\tilde{x}=\tilde{b}$를 빼면

$$A(x-\tilde{x})=b-\tilde{b}$$

가 된다. A는 정칙행렬이기 때문에 역행렬 A^{-1}이 존재한다. 이 역행렬을 위의 양변에 곱하면

$$x-\tilde{x}=A^{-1}(b-\tilde{b})$$

위의 식의 양변에 노름을 취하고 노름의 일치성을 적용하면 다음과 같이 나타낼 수 있다.

$$\|x-\tilde{x}\|=\|A^{-1}(b-\tilde{b})\| \leq \|A^{-1}\|\|b-\tilde{b}\|$$

나아가 위의 양변에 $\|x\|$를 나누면

$$\frac{\|x-\tilde{x}\|}{\|x\|} \leq \frac{\|A^{-1}\|\|b-\tilde{b}\|}{\|x\|}=\frac{\|A\|\|A^{-1}\|\|b-\tilde{b}\|}{\|A\|\|x\|}$$

가 된다. $b=Ax$에서 $\|b\|=\|Ax\| \leq \|A\|\|x\|$이기 때문에 아래와 같이 쓸 수 있다.

$$\frac{\|x-\tilde{x}\|}{\|x\|} \leq \frac{\|A\|\|A^{-1}\|\|b-\tilde{b}\|}{\|A\|\|x\|} \leq \frac{\|A\|\|A^{-1}\|\|b-\tilde{b}\|}{\|b\|}$$

즉,

$$\frac{\|x-\tilde{x}\|}{\|x\|} \le \|A\|\|A^{-1}\|\frac{\|b-\tilde{b}\|}{\|b\|}.$$

$\|A\|\|A^{-1}\|$를 조건수(condition number)라 부르고 $cond(A)$로 표시한다. 따라서 정리 7.2의 결과는 $\frac{\|x-\tilde{x}\|}{\|x\|} \le cond(A)\frac{\|b-\tilde{b}\|}{\|b\|}$로도 나타낼 수 있다. MATLAB에서도 $cond$ 함수가 있으며 $cond(A)$를 입력하면 행렬 A의 조건수를 계산해 준다. 예를 들면 A가 항등행렬 I이면 $cond(I)=1$이 되며 일반적인 행렬 A에 대하여 $cond(A) \ge 1$을 만족함을 보여줄 수 있다.

정리 7.2의 결과 (7.8)을 살펴보면 조건수 $cond(A)$는 오른쪽 벡터에 약간의 변화가 있을 때 해에 대한 상대오차는 최대한으로 얼마정도 발생할 수 있는지를 알려준다. $cond(A)$가 크다면 상대오차 $\|x-\tilde{x}\|/\|x\|$도 크게 발생할 수 있다는 뜻이다. 따라서 $cond(A)$가 작은 연립방정식은 좋은 조건을 가진 체계(system)이며 $cond(A)$가 큰 연립방정식은 불량 조건을 가진 체계라고 볼 수 있다. 예를 들면

$$A=\begin{pmatrix} 2 & -3 & 0 & 1 \\ 4 & 1 & -4 & 5 \\ -6 & -5 & 5 & 2 \\ 2 & 4 & -1 & -2 \end{pmatrix},\ B=\begin{pmatrix} 2 & -3 & 0 & 1 \\ 2 & -3 & 0 & 0.999 \\ -6 & -5 & 5 & 2 \\ 2 & 4 & -1 & -2 \end{pmatrix}$$

일 때

```
>> cond(A)
ans =
        12.7190

>> cond(B)
ans =
        1.7584e+004
```

임을 볼 수 있다.

7.4 *LU* 분해법

LU 분해법은 선형 연립방정식 $Ax=b$의 해를 구하고자 할 때 계수행렬 A를 $A=LU$로 분해하여 접근하는 방법이다. 여기서 L은 하삼각행렬이며 U는 상삼각행렬이다. A가 $A=LU$로 분해되면 $Ax=b$는 $LUx=b$가 된다. 따라서 $y=Ux$로 두면 $Ly=b$로 나타낼 수 있다. 다시 말하면 $Ax=b$의 해를 구한다는 것은 다루기 용이한 두 개의 연립방정식 $Ly=b$와 $y=Ux$를 다룬다는 것과 같다(여기서 용이하다는 이유는 무엇인가?).

4×4의 예를 살펴보도록 하자.

$$A=\begin{pmatrix} a_{11} & a_{12} & a_{13} & a_{14} \\ a_{21} & a_{22} & a_{23} & a_{24} \\ a_{31} & a_{32} & a_{33} & a_{34} \\ a_{41} & a_{42} & a_{43} & a_{44} \end{pmatrix}$$

가 분해가능하면 A의 분해는 다음과 같이 나타낼 수 있다.

$$L=\begin{pmatrix} l_{11} & 0 & 0 & 0 \\ l_{21} & l_{22} & 0 & 0 \\ l_{31} & l_{32} & l_{33} & 0 \\ l_{41} & l_{42} & l_{43} & l_{44} \end{pmatrix} \quad U=\begin{pmatrix} u_{11} & u_{12} & u_{13} & u_{14} \\ 0 & u_{22} & u_{23} & u_{24} \\ 0 & 0 & u_{33} & u_{34} \\ 0 & 0 & 0 & u_{44} \end{pmatrix}$$

분해법은 L과 U의 대각원소의 값이 일반적으로 어떻게 주어지는지에 따라 다음과 같이 불리어 진다.

Doolittle 방법 : $l_{ii}=1,\ i=1,\ 2,\ \cdots,\ n$

Crout 방법 : $u_{ii}=1,\ i=1,\ 2,\ \cdots,\ n$

이 절에서는 Doolittle 방법에 의한 A의 분해는 어떻게 형성되는지 살펴보도록 하는데 아주 간단하게 아래와 같이 나타낼 수 있음을 알 수 있다. 7장 2절에서 선형 연립방정식 $Ax=b$의 해를 구하기 위하여 순수한 가오스 소거법을 적용하면 각 열 마다(마지막 열은 제외) 승수들 m_{ij}가 생성된다. 이 승수들 m_{ij}가 바로 l_{ij}가 된다. 또한 전진소거 과정이 모두 끝나면 상삼각형 형태의 행렬이 만들어 진다. 이 상삼각형이 바로 U가 된다. 즉,

$$L=\begin{pmatrix} 1 & 0 & 0 & 0 \\ m_{21} & 1 & 0 & 0 \\ m_{31} & m_{32} & 1 & 0 \\ m_{41} & m_{42} & m_{43} & 1 \end{pmatrix} \quad U=\begin{pmatrix} a_{11} & a_{12} & a_{13} & a_{14} \\ 0 & a_{22}^{(1)} & a_{23}^{(1)} & a_{24}^{(1)} \\ 0 & 0 & a_{33}^{(2)} & a_{34}^{(2)} \\ 0 & 0 & 0 & a_{44}^{(3)} \end{pmatrix}$$

예제 7.1에 주어진 계수행렬

$$A=\begin{pmatrix} 2 & -3 & 0 & 1 \\ 4 & 1 & -4 & 5 \\ -6 & -5 & 5 & 2 \\ 2 & 4 & -1 & -2 \end{pmatrix}$$

의 분해는

$$L=\begin{pmatrix} 1 & 0 & 0 & 0 \\ 2 & 1 & 0 & 0 \\ -3 & -2 & 1 & 0 \\ 1 & 1 & -1 & 1 \end{pmatrix} \quad U=\begin{pmatrix} 2 & -3 & 0 & 1 \\ 0 & 7 & -4 & 3 \\ 0 & 0 & -3 & 11 \\ 0 & 0 & 0 & 5 \end{pmatrix} \tag{7.9}$$

이 된다. 즉, $LU=A$가 됨을 확인할 수 있다.

일반적으로

$$A=\begin{pmatrix} a_{11} & a_{12} & \cdots & a_{1n} \\ a_{21} & a_{22} & \cdots & a_{2n} \\ \vdots & \vdots & \ddots & \vdots \\ a_{n1} & a_{n2} & \cdots & a_{nn} \end{pmatrix}$$

의 분해는 다음과 같이 주어진다.

$$L=\begin{pmatrix} 1 & 0 & 0 & \cdots & 0 \\ m_{21} & 1 & 0 & \cdots & 0 \\ m_{31} & m_{32} & 1 & \cdots & 0 \\ \vdots & \vdots & \vdots & \ddots & 0 \\ m_{n1} & m_{n2} & m_{n3} & \cdots & 1 \end{pmatrix} \quad U=\begin{pmatrix} a_{11} & a_{12} & a_{13} & \cdots & a_{1n} \\ 0 & a_{22}^{(1)} & a_{23}^{(1)} & \cdots & a_{2n}^{(1)} \\ 0 & 0 & a_{33}^{(2)} & \cdots & a_{3n}^{(2)} \\ \vdots & \vdots & \vdots & \ddots & \vdots \\ 0 & 0 & 0 & \cdots & a_{nn}^{(n-1)} \end{pmatrix}$$

정리 7.2

$Ax=b$에 가우스 소거법을 적용했을 경우 $LU=A$가 된다.

위의 정리의 증명은 연습문제 12로 돌린다.

예제 7.3 다음 선형 연립방정식의 해를 LU 분해법으로 구하여라.

$$\begin{aligned} 2x_1 - 3x_2 + x_4 &= 19 \\ 4x_1 + x_2 - 4x_3 + 5x_4 &= -7 \\ -6x_1 - 5x_2 + 5x_3 + 2x_4 &= 8 \\ 2x_1 + 4x_2 - x_3 - 2x_4 &= -11 \end{aligned} \tag{7.10}$$

A의 분해 L과 U는 이미 (7.9)에 구해진 상태이다. 오른쪽 벡터는

$$b=(19\ \ -7\ \ 8\ \ -11)^T$$

이기 때문에 두 개의 연립방정식 $Ly=b$와 $Ux=y$를 차례로 다루어 주면 된다. 먼저 $Ly=b$를 구체적으로 나타내면 아래와 같다.

$$\begin{pmatrix} 1 & 0 & 0 & 0 \\ 2 & 1 & 0 & 0 \\ -3 & -2 & 1 & 0 \\ 1 & 1 & -1 & 1 \end{pmatrix}\begin{pmatrix} y_1 \\ y_2 \\ y_3 \\ y_4 \end{pmatrix}=\begin{pmatrix} 19 \\ -7 \\ 8 \\ 11 \end{pmatrix}$$

먼저 첫 행에서 $y_1=19$가 됨은 자명하다. 따라서 위에서 아래로 내려오면서 대입방법을 사용하면 나머지 미지수의 값들을 모두 구할 수 있다. 이 경우 $y=(19\ \ -45\ \ -25\ \ -10)^T$가 된다. 두 번째 연립방정식 $Ux=y$를 구체적으로 나타내면 다음과 같다.

$$\begin{pmatrix} 2 & -3 & 0 & 1 \\ 0 & 7 & -4 & 3 \\ 0 & 0 & -3 & 11 \\ 0 & 0 & 0 & 5 \end{pmatrix}\begin{pmatrix} x_1 \\ x_2 \\ x_3 \\ x_4 \end{pmatrix}=\begin{pmatrix} 19 \\ -45 \\ -25 \\ -10 \end{pmatrix}$$

위와 유사하게 마지막 행에서 $x_4 = -10/5 = -2$가 됨은 자명하다. 다른 미지수들은 아래에서 위로 올라가면서 대입방법을 사용하면 모두 계산할 수 있다. 이 경우 예제 7.1의 해와 동일한 값 $x = (3 \ -5 \ 1 \ -2)^T$가 주어진다.

가우스 소거법에 비해 LU 분해법의 장점은 무엇일까? 이에 대한 답은 다음 경우를 살펴보면 LU 분해법의 필요성을 알 수 있다. 예를 들면, 다루어야 할 선형 연립방정식들이 아주 많은데 이들의 오른쪽 벡터는 모두 다르지만 계수행렬은 모두 같은 A로 주어지는 경우이다 ($Ax = b_1$, $Ax = b_2$, $\cdots$, $Ax = b_n$). 만약 주어진 n개의 연립방정식들을 가오스 소거법으로 처리하면 A의 대각선 아래에 있는 원소들을 모두 0으로 만드는 과정을 똑같은 A에 대하여 모두 n번 실행해야 한다. 반면에 LU 분해법은 A를 한 번만 분해하여 n개의 연립방정식들의 해를 구할 수 있다. 결론적으로 LU 분해법에 의한 전체적인 계산 양은 가우스 소거법에 의한 계산 양 보다 훨씬 적게 든다는 것을 알 수 있다.

7.5 Jacobi 반복법

선형 연립방정식 $Ax = b$의 해를 구하고자 할 때 A가 성긴(sparse) 행렬(원소의 값들이 대부분 0임)이고 A의 사이즈가 매우 크면 가우스 소거법과 같은 직접적인 방법보다 반복적인 방법이 더욱 효과적이다. 이 절에서는 Jacobi 반복법을 설명하고 다음절에서는 Gauss-Seidel 반복법을 소개하고자 한다.

방정식과 미지수가 각각 3개인 다음 예를 살펴보도록 하자.

$$
\begin{aligned}
a_{11}x_1 + a_{12}x_2 + a_{13}x_3 &= b_1 \\
a_{21}x_1 + a_{22}x_2 + a_{23}x_3 &= b_2 \\
a_{31}x_1 + a_{32}x_2 + a_{33}x_3 &= b_3
\end{aligned}
\tag{7.11}
$$

대각원소 $a_{ii} \neq 0$, $i = 1, 2, 3$임을 가정하고 초기값(초기점) $x^{(0)} = (x_1^{(0)}, x_2^{(0)}, x_3^{(0)})$가 주어졌음을 가정한다. 또한 찾고자 하는 (7.11)의 실제해를 $x^* = (x_1^*, x_2^*, x_3^*)$로 나타내도록 하자. 식 (7.11)에서 첫 방정식을 x_1, 두 번째 방정식을 x_2, 세 번째 방정식을 x_3에 대해서 정리하면

$$
\begin{aligned}
x_1 &= \frac{1}{a_{11}}(b_1 - a_{12}x_2 - a_{13}x_3) \\
x_2 &= \frac{1}{a_{22}}(b_2 - a_{21}x_1 - a_{23}x_3) \\
x_3 &= \frac{1}{a_{33}}(b_3 - a_{31}x_1 - a_{32}x_2)
\end{aligned}
\tag{7.12}
$$

을 얻는다. 위의 식의 오른 쪽에 초기값을 대입하면 그 다음 점 $\boldsymbol{x}^{(1)} = (x_1^{(1)},\ x_2^{(1)},\ x_3^{(1)})$을 구할 수 있으며 아래와 같이 나타낼 수 있다.

$$
\begin{aligned}
x_1^{(1)} &= \frac{1}{a_{11}}(b_1 - a_{12}x_2^{(0)} - a_{13}x_3^{(0)}) \\
x_2^{(1)} &= \frac{1}{a_{22}}(b_2 - a_{21}x_1^{(0)} - a_{23}x_3^{(0)}) \\
x_3^{(1)} &= \frac{1}{a_{33}}(b_3 - a_{31}x_1^{(0)} - a_{32}x_2^{(0)})
\end{aligned}
$$

계속해서 $\boldsymbol{x}^{(1)} = (x_1^{(1)},\ x_2^{(1)},\ x_3^{(1)})$를 (7.12)의 오른쪽에 대입하면 그 다음 점 $\boldsymbol{x}^{(2)} = (x_1^{(2)},\ x_2^{(2)},\ x_3^{(2)})$를 구할 수 있다.

$$
\begin{aligned}
x_1^{(2)} &= \frac{1}{a_{11}}(b_1 - a_{12}x_2^{(1)} - a_{13}x_3^{(1)}) \\
x_2^{(2)} &= \frac{1}{a_{22}}(b_2 - a_{21}x_1^{(1)} - a_{23}x_3^{(1)}) \\
x_3^{(2)} &= \frac{1}{a_{33}}(b_3 - a_{31}x_1^{(1)} - a_{32}x_2^{(1)})
\end{aligned}
$$

이를 반복실행 할 경우 다음과 같은 표현이 주어진다.

$$x_1^{(k+1)} = \frac{1}{a_{11}}(b_1 - a_{12}x_2^{(k)} - a_{13}x_3^{(k)})$$
$$x_2^{(k+1)} = \frac{1}{a_{22}}(b_2 - a_{21}x_1^{(k)} - a_{23}x_3^{(k)}) \qquad (7.13)$$
$$x_3^{(k+1)} = \frac{1}{a_{33}}(b_3 - a_{31}x_1^{(k)} - a_{32}x_2^{(k)})$$

방정식과 미지수가 각각 n개인 연립방정식

$$\begin{aligned} a_{11}x_1 + a_{12}x_2 + \cdots + a_{1n}x_n &= b_1 \\ a_{21}x_1 + a_{22}x_2 + \cdots + a_{2n}x_n &= b_2 \\ \vdots \qquad \vdots \quad \cdots \quad \vdots \quad & \vdots \\ a_{n1}x_1 + a_{n2}x_2 + \cdots + a_{nn}x_n &= b_n \end{aligned}$$

에 대한 일반적인 반복실행 표현은 다음과 같이 주어진다.

$$x_i^{(k+1)} = \frac{1}{a_{ii}}(b_i - \sum_{\substack{j=1 \\ j \neq i}}^{n} a_{ij}x_j^{(k)}), \quad i = 1,\ 2,\ \cdots,\ n,\ k = 0,\ 1,\ 2,\ \cdots$$

여기서 $a_{ii} \neq 0$, $i = 1, 2, \cdots, n$ 그리고 초기점 $\boldsymbol{x}^{(0)} = (x_1^{(0)}, x_2^{(0)}, \cdots, x_n^{(0)})$가 주어졌음을 가정한다. 위의 과정을 Jacobi 반복법이라 부른다. 즉, Jacobi 방법은 실제해 $\boldsymbol{x}^*$로 다가가는 수열 $\boldsymbol{x}^{(0)}$, $\boldsymbol{x}^{(1)}$, $\boldsymbol{x}^{(2)}$, $\cdots$을 생성한다. 초기값은 임의로 선정할 수 있으나 가능하면 구하고자하는 실제해에 가까우면 실행횟수를 줄여주는 효과가 있다.

예제 7.4 다음 선형 연립방정식의 해를 Jacobi 반복법으로 구하여라. 초기값은 $\boldsymbol{x}^{(0)} = (0, 0, 0)$으로 정한다. 실제값은 $\boldsymbol{x}^* = (4, -2, 3)$이다.

$$\begin{aligned} 4x_1 + x_2 + 2x_3 &= 20 \\ -x_1 + 3x_2 + x_3 &= -7 \\ 2x_1 + x_2 - 5x_3 &= -9 \end{aligned}$$

식 (7.13)으로 나타내면 구체적으로 다음과 같이 주어진다.

$$x_1^{(k+1)} = \frac{1}{4}(20 - x_2^{(k)} - 2x_3^{(k)})$$

$$x_2^{(k+1)} = \frac{1}{3}(-7 + x_1^{(k)} - x_3^{(k)})$$

$$x_3^{(k+1)} = \frac{1}{-5}(-9 - 2x_1^{(k)} - x_2^{(k)})$$

$k=0$는 초기값 $\boldsymbol{x}^{(0)} = (0,\ 0,\ 0)$을 의미한다. 이를 위의 식의 오른쪽에 대입하면

$$\boldsymbol{x}^{(1)} = (20/4,\ -7/3,\ 9/5) = (5,\ -2.3333,\ 1.8000)$$

을 얻는다. 이를 다시 위의 식의 오른쪽에 대입하고 정리하면
$\boldsymbol{x}^{(2)} = (4.6833,\ -1.2667,\ 3.3333)$가 주어진다. 프로그램 Jacobi.m은
이 과정을 반복 실행하는데 상대오차

$$\|\boldsymbol{x}^{(k+1)} - \boldsymbol{x}^{(k)}\| / \|\boldsymbol{x}^{(k+1)}\| < 1.0 \times 10^{-4}$$

을 만족할 때 정지하고 결과를 출력한다. 각 단계에 대한 결과는 표 7.1에서 볼 수 있다.

표 7.1

k	$x_1^{(k)}$	$x_2^{(k)}$	$x_3^{(k)}$
1	5.0000	−2.3333	1.8000
2	4.6833	−1.2667	3.3333
3	3.6500	−1.8833	3.4200
4	3.7608	−2.2567	2.8833
5	4.1225	−2.0408	2.8530
⋮	⋮	⋮	⋮
16	3.9996	−2.0005	2.9998
17	4.0002	−2.0001	2.9997
18	4.0002	−1.9998	3.0001

```
% Jacobi.m %
  delt = 1.0e-04 ; k = 1 ; n = 3 ; x0 = [0 0 0] ;
  error = 1000 ;
  fprintf(' k        x(1)         x(2)          x(3)\n') ;
  while (error > delt)
    xnext(1) = (1/4)*(20-x0(2)-2*x0(3)) ;
    xnext(2) = (1/3)*(-7+x0(1)-x0(3)) ;
    xnext(3) = (-1/5)*(-9-2*x0(1)-x0(2)) ;
    error = norm(xnext-x0)/norm(xnext) ;
    fprintf('%2d', k) ;
    for i = 1 : n
      fprintf('%10.4f', xnext(i)) ;
    end
    fprintf('\n') ;
    k = k+1 ;
    x0 = xnext ;
  end
```

7.6 Gauss-Seidel 반복법

Jacobi 반복법에서 일반적으로 $x^{(k+1)}$를 구하기 위하여 $x^{(k)}$를 사용한다. 하지만 $n=3$ 인 경우의 첫 단계

$$x_1^{(1)} = \frac{1}{a_{11}}(b_1 - a_{12}x_2^{(0)} - a_{13}x_3^{(0)})$$

$$x_2^{(1)} = \frac{1}{a_{22}}(b_2 - a_{21}x_1^{(0)} - a_{23}x_3^{(0)})$$

$$x_3^{(1)} = \frac{1}{a_{33}}(b_3 - a_{31}x_1^{(0)} - a_{32}x_2^{(0)})$$

를 유심히 살펴보면 두 번째 식에서 $x_2^{(1)}$를 계산하기 위하여 $x_1^{(0)}$를 사용하였는데 $x_1^{(0)}$ 대신에 가장 최근에 구한 $x_1^{(1)}$을 사용한다면 수렴속도가 더욱 빠를 수가 있다. 나아가 세 번째 식에서 $x_3^{(1)}$를 구하기 위하여 $x_1^{(0)}$와 $x_2^{(0)}$를 사용하였는데 최근(앞 식들에서)에 구한 $x_1^{(1)}$와 $x_2^{(1)}$를 대신 사용한다면 효과적인 방법이 될 수 있다. 즉, 다음과 같이 실행하

고자 한다.

$$x_1^{(1)} = \frac{1}{a_{11}}(b_1 - a_{12}x_2^{(0)} - a_{13}x_3^{(0)})$$
$$x_2^{(1)} = \frac{1}{a_{22}}(b_2 - a_{21}x_1^{(1)} - a_{23}x_3^{(0)})$$
$$x_3^{(1)} = \frac{1}{a_{33}}(b_3 - a_{31}x_1^{(1)} - a_{32}x_2^{(1)})$$

이를 반복 실행할 경우 다음과 같은 표현이 주어진다.

$$\begin{aligned} x_1^{(k+1)} &= \frac{1}{a_{11}}(b_1 - a_{12}x_2^{(k)} - a_{13}x_3^{(k)}) \\ x_2^{(k+1)} &= \frac{1}{a_{22}}(b_2 - a_{21}x_1^{(k+1)} - a_{23}x_3^{(k)}) \\ x_3^{(k+1)} &= \frac{1}{a_{33}}(b_3 - a_{31}x_1^{(k+1)} - a_{32}x_2^{(k+1)}) \end{aligned} \tag{7.14}$$

방정식과 미지수가 각각 n개인 연립방정식에 대한 일반적인 반복실행 표현은 아래와 같이 주어진다.

$$x_i^{(k+1)} = \frac{1}{a_{ii}}(b_i - \sum_{j=1}^{i-1} a_{ij}x_j^{(k+1)} - \sum_{j=i+1}^{n} a_{ij}x_j^{(k)}),\ i = 1, 2, \cdots, n,\ k = 0, 1, 2, \cdots$$

역시 $a_{ii} \neq 0$, $i = 1, 2, \cdots, n$ 그리고 초기점 $\boldsymbol{x}^{(0)} = (x_1^{(0)}, x_2^{(0)}, \cdots, x_n^{(0)})$가 주어졌음을 가정한다. 위의 과정을 Gauss-Seidel 반복법이라 부른다.

예제 7.5 예제 7.4에 다룬 선형 연립방정식

$$\begin{aligned} 4x_1 + x_2 + 2x_3 &= 20 \\ -x_1 + 3x_2 + x_3 &= -7 \\ 2x_1 + x_2 - 5x_3 &= -9 \end{aligned}$$

의 해를 Gauss-Seidel 반복법으로 구하여라. 초기값은 $x^{(0)} = (0,\ 0,\ 0)$으로 정한다. 실제값은 $x^{*} = (4,\ -2,\ 3)$이다.

식 (7.14)로 나타내면 구체적으로 다음과 같이 주어진다.

$$x_1^{(k+1)} = \frac{1}{4}(20 - x_2^{(k)} - 2x_3^{(k)})$$

$$x_2^{(k+1)} = \frac{1}{3}(-7 + x_1^{(k+1)} - x_3^{(k)})$$

$$x_3^{(k+1)} = \frac{1}{-5}(-9 - 2x_1^{(k+1)} - x_2^{(k+1)})$$

첫 번째 식에 $x_2^{(0)} = x_3^{(0)} = 0$을 대입하면 $x_1^{(1)} = 5$, 두 번째 식에서 $x_1^{(1)} = 5$, $x_3^{(0)} = 0$을 대입하면 $x_2^{(1)} = -0.6667$, 마지막 식에서 $x_1^{(1)} = 5$, $x_1^{(2)} = -0.6667$을 대입하면 $x_3^{(1)} = 3.6667$가 주어진다. 즉, $x^{(1)} = (5,\ -0.6667,\ 3.6667)$이 된다. 프로그램 Gauss_Seidel.m은 이 과정을 반복실행 하며 같은 정지조건 $\|x^{(k+1)} - x^{(k)}\| / \|x^{(k+1)}\| < 1.0 \times 10^{-4}$를 적용하였다. 표 7.2에서 보듯이 똑 같은 조건에서 Gauss-Seidel 반복법이 Jacobi 반복법 보다 훨씬 빨리 실제해에 도달함을 알 수 있다.

표 7.2

k	$x_1^{(k)}$	$x_2^{(k)}$	$x_3^{(k)}$
1	5.0000	−0.6667	3.6667
2	3.3333	−2.4444	2.6444
3	4.2889	−1.7852	3.1585
4	3.8670	−2.0972	2.9274
5	4.0606	−1.9556	3.0331
⋮	⋮	⋮	⋮
11	4.0005	−1.9996	3.0003
12	3.9998	−2.0002	2.9999
13	4.0001	−1.9999	3.0001

```
% Gauss_Seidel.m %
  delt = 1.0e-04 ; k = 1 ; n = 3 ; x0 = [0  0  0] ;
  error = 1000 ;
  fprintf(' k       x(1)        x(2)        x(3)\n') ;
  while  (error > delt)
    xnext(1) = (1/4)*(20-x0(2)-2*x0(3)) ;
    xnext(2) = (1/3)*(-7+xnext(1)-x0(3)) ;
    xnext(3) = (-1/5)*(-9-2*xnext(1)-xnext(2)) ;
    error = norm(xnext-x0)/norm(xnext) ;
    fprintf('%2d', k) ;
    for  i = 1 : n
      fprintf('%10.4f', xnext(i)) ;
    end
    fprintf('\n') ;
    k = k+1 ;
    x0 = xnext ;
  end
```

Jacobi 반복법과 Gauss-Seidel 반복법의 수렴성과 관련하여 다음과 같은 정리가 있다. 이의 증명은 생략하도록 한다. 먼저 주어진 행렬

$$A = \begin{pmatrix} a_{11} & a_{12} & \cdots & a_{1n} \\ a_{21} & a_{22} & \cdots & a_{2n} \\ \vdots & \vdots & \ddots & \vdots \\ a_{n1} & a_{n2} & \cdots & a_{nn} \end{pmatrix}$$

에 대하여 다음 조건

$$|a_{ii}| > \sum_{\substack{j=1 \\ j \neq i}}^{n} |a_{ij}|, \quad i = 1, 2, \cdots, n$$

을 만족하면 A를 강대각지배(strictly diagonally dominant) 행렬이라 부른다.

정리 7.3

계수행렬 A가 강대각지배 형렬이면 어떠한 초기값 $x^{(0)}$를 선정하더라도 Jacobi 반복법과 Gauss-Seidel 반복법에 의해서 생성되는 수열 $x^{(0)}$, $x^{(1)}$, $x^{(2)}$, …은 선형 연립방정식 $Ax = b$의 해 x^*로 수렴한다.

예를 들면 예제 7.5에 주어진 계수행렬

$$A = \begin{pmatrix} 4 & 1 & 2 \\ -1 & 3 & 1 \\ 2 & 1 & -5 \end{pmatrix}$$

는 $|4| > |1| + |2|$, $|3| > |-1| + |1|$, $|-5| > |2| + |1|$을 만족하기 때문에 강대각지배 행렬이다. 따라서 어떠한 초기값 $x^{(0)}$를 선택하더라도 Jacobi 반복법과 Gauss-Seidel 반복법은 유일한 해로 수렴한다.

만약 A의 대각원소들의 값이 다른 비대각원소들의 값보다 상당히 크다면(초강대각지배 행렬) 수렴속도는 더욱 빨라진다. 위의 행렬 A와 아래의 행렬 B의 경우를 비교하면 그 차이를 확인할 수 있다.

$$B = \begin{pmatrix} 8 & 1 & 2 \\ -1 & 6 & 1 \\ 2 & 1 & -10 \end{pmatrix}$$

Gauss-Seidel 반복법의 일반화뿐만 아니라 이 반복법의 수렴속도를 상당히 향상시킬 수 있도록 고안된 방법을 SOR 방법(successive over-relaxation method)이라 부른다. SOR 방법은 Gauss-Seidel 반복법에서 구한 값

$$\tilde{x}_i^{(k+1)} = \frac{1}{a_{ii}}\left(b_i - \sum_{j=1}^{i-1} a_{ij}x_j^{(k+1)} - \sum_{j=i+1}^{n} a_{ij}x_j^{(k)}\right) \tag{7.15}$$

을 활용하고 소위 완화변수(relaxation parameter) ω를 사용하여 다음과 같이 나타내어

$$x_i^{(k+1)} = x_i^{(k)} + \omega\left(\tilde{x}_i^{(k+1)} - x_i^{(k)}\right) \tag{7.16}$$

수렴속도가 최고가 되도록 적절한 ω를 결정한다. 즉, $k+1$번째의 값을 $x_i^{(k)}$와 $\tilde{x}_i^{(k+1)}$의 선형결합으로 나타낸다. 참고로 만약 $\omega = 1$이면 $x_i^{(k+1)} = \tilde{x}_i^{(k+1)}$가 되기 때문에 (7.16)는 Gauss-Seidel 방법이 된다. 식(7.15)를 (7.16)에 대입하고 정리하면 SOR 반복법이 주어진다.

$$x_i^{(k+1)} = (1-\omega)x_i^{(k)} + \frac{\omega}{a_{ii}}(b_i - \sum_{j=1}^{i-1} a_{ij}\, x_j^{(k+1)} - \sum_{j=i+1}^{n} a_{ij} x_j^{(k)}),$$

$$i = 1,\ 2,\ \cdots,\ n,\ \ k = 0,\ 1,\ 2,\ \cdots$$

양의 정부호를 갖는 행렬 $\boldsymbol{A}$(즉, $x^T \boldsymbol{A} x > 0,\ \ \forall x \neq 0$)를 제외하고 다른 일반적인 행렬들에 대해서 수렴속도가 가장 빠른 ω의 값은 아직 밝혀지지 않고 있다. 하지만 SOR 방법의 수렴성에 대해서는 다음의 결과가 주어진다.

정리 7.4

행렬 $\boldsymbol{A}$가 양의 정부호 형렬이면 $0 < \omega < 2$일 때 SOR 방법은 수렴한다.

SOR.m은 예제 7.5에서 다룬 문제를 $\omega = 0.8$일 때 SOR 방법에 대한 프로그램이다. 실행결과는 표 7.3에 정리되어 있다. 보는바와 같이 $\omega = 0.8$일 때의 SOR 방법이 $\omega = 1$ (Gauss-Seidel 방법)일 때 보다 수렴속도가 매우 빠르다는 것을 알 수 있다.

```
% SOR.m %
  delt = 1.0e-04 ; k = 1 ; n = 3 ; x0 = [0 0 0] ; w = 0.8 ;
  error = 1000 ;
  fprintf(' k        x(1)        x(2)        x(3)\n') ;
  while (error > delt)
    xnext(1) = (1-w)*x0(1)+(w/4)*(20-x0(2)-2*x0(3)) ;
    xnext(2) = (1-w)*x0(2)+(w/3)*(-7+xnext(1)-x0(3)) ;
    xnext(3) = (1-w)*x0(3)+(-w/5)*(-9-2*xnext(1)-xnext(2)) ;
    error = norm(xnext-x0)/norm(xnext) ;
    fprintf('%2d', k) ;
    for i = 1 : n
      fprintf('%10.4f', xnext(i)) ;
    end
    fprintf('\n') ;
    k = k+1 ;
    x0 = xnext ;
  end
```

표 7.3

k	$x_1^{(k)}$	$x_2^{(k)}$	$x_3^{(k)}$
1	4.0000	−0.8000	2.5920
2	3.9232	−1.6717	2.9464
3	3.9404	−1.9359	2.9805
4	3.9831	−1.9865	2.9928
5	3.9968	−1.9962	2.9981
6	3.9993	−1.9989	2.9996
7	3.9998	−1.9997	2.9999
8	3.9999	−1.9999	3.0000

프로젝트

1. 아래의 금속판의 한 내부점(교차점)에 대한 온도는 그 점 둘레에 있는 점들(8점들)에 대한 평균온도라고 한다. 양 옆과 위쪽의 온도는 화시로 150도이며 아래쪽(A와 B 사이)의 온도는 50도라면 9개의 내부점들에 대한 온도 $t_1, t_2, \cdots, t_9$를 구해보아라.

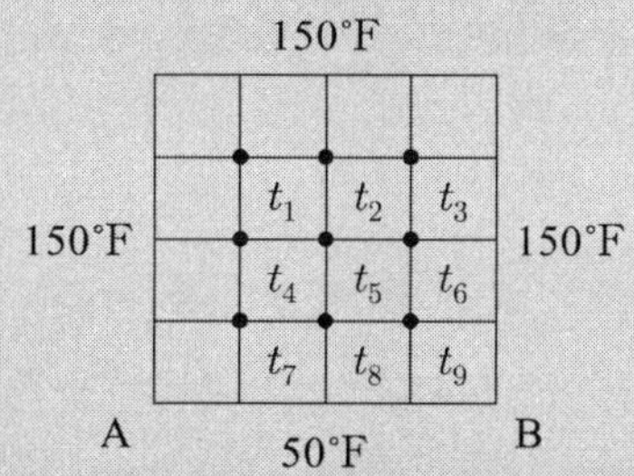

2. 예제 13.3에 주어진 Poisson 방정식

$$\frac{\partial^2 u}{\partial x^2} + \frac{\partial^2 u}{\partial y^2} = 2e^{x+y},\ 0 < x < 1,\ 0 < y < 1$$

의 수치해를 구하기 위하여 아래와 같은 계수 행렬

$$A = \begin{pmatrix} -4 & 1 & 0 & 1 & 0 & 0 & 0 & 0 & 0 \\ 1 & -4 & 1 & 0 & 1 & 0 & 0 & 0 & 0 \\ 0 & 1 & -4 & 0 & 0 & 1 & 0 & 0 & 0 \\ 1 & 0 & 0 & -4 & 1 & 0 & 1 & 0 & 0 \\ 0 & 1 & 0 & 1 & -4 & 1 & 0 & 1 & 0 \\ 0 & 0 & 1 & 0 & 1 & -4 & 0 & 0 & 1 \\ 0 & 0 & 0 & 1 & 0 & 0 & -4 & 1 & 0 \\ 0 & 0 & 0 & 0 & 1 & 0 & 1 & -4 & 1 \\ 0 & 0 & 0 & 0 & 0 & 1 & 0 & 1 & -4 \end{pmatrix}$$

다루어야 할 경우가 발생한다. 편의상 $b = (1, 1, \cdots, 1)$라고 놓았을 때 $Ax = b$의 해를 Gauss-Seidel 반복법으로 구하는 프로그램을 작성하고 해를 출력해 보아라. 정지조건은 $\|x^{(k+1)} - x^{(k)}\| / \|x^{(k+1)}\| < 1.0 \times 10^{-4}$로 둔다.

제 7 장 연습문제

선형 연립방정식의 수치해법

1. 가우스 소거법으로 다음 선형 연립방정식의 해를 구하여라.

$$x_1 + 2x_2 + x_3 = 1$$
$$2x_1 - x_2 + x_3 = 5$$
$$3x_1 + x_2 - 2x_3 = -2$$

2. $A = \begin{pmatrix} 3 & -4 & 1 \\ 6 & -3 & 3 \\ -3 & 6.5 & 2.5 \end{pmatrix}$를 LU로 분해하여라.

3. 다음 선형 연립방정식 문제를 초기점이 $x^{(0)} = (0,\ 0)$일 때 Jacobi 반복법과 Gauss-Seidel 반복법으로 그 다음 점 $x^{(1)}$을 각각 구하여라.

$$5x_1 + 2x_2 = 10$$
$$2x_1 - 6x_2 = 15$$

4. 다음 선형 연립방정식이 주어졌다고 하자.

$$3x_1 + 5x_2 - 2x_3 = 15$$
$$-12x_1 - 21x_2 + 9x_3 = -63$$

$$6x_1 + 9x_2 + 4x_3 = 20$$

a) 위의 문제를 $Ax = b$ 형태로 나타내고 계수행렬 A를 LU로 분해하여라.

b) LU 분해를 이용하여 해 x를 구해 보아라.

5. 다음 선형 연립방정식을 Jacobi 반복법과 Gauss-Seidel 반복법으로 다룬다고 할 때 초기점이 $x^{(0)} = (1, 1, 1, 1)$이면 그 다음 점은 각각 무엇인가?

$$\begin{aligned} 5x_1 + x_2 - 3x_3 &= 1 \\ x_1 - 6x_2 + x_3 - 3x_4 &= 62 \\ -3x_1 + x_2 + 6x_3 + x_4 &= 10 \\ -3x_2 + x_3 - 5x_4 &= 49 \end{aligned}$$

6. 위의 문제 5에 있는 선형 연립방정식의 해를 프로그램을 작성하여 Jacobi 반복법으로 구하여라.

7. 위의 문제 5에 있는 선형 연립방정식의 해를 프로그램을 작성하여 Gauss-Seidel 반복법으로 구하여라.

8. 위의 문제 5에 있는 선형 연립방정식의 해를 프로그램을 작성하여 SOR 반복법으로 구하여라. ω는 적절하게 선택한다.

9. 선형 연립방정식 $Ax = b$를

$$Dx = -(L+U)x + b \quad \text{또는} \quad x = -D^{-1}(L+U)x + D^{-1}b$$

로 나타낼 수 있다. 따라서 Jacobi 반복법은 행렬-벡터 행태로 아래와 같이 주어진다.

$$x^{(k+1)} = -D^{-1}(L+U)x^{(k)} + D^{-1}b \tag{7.14}$$

여기서 L은 대각원소가 모두 0인 하삼각(strictly lower triangle) 행렬, D는 대각(diagonal) 행렬, U는 대각원소가 모두 0인 상삼각(strictly upper triangle) 행렬이다. 아래의 연립방정식을 (7.14)의 형태로 나타낸다면 L, D, U는 무엇이 되어야 하는가?

$$\begin{aligned} a_{11}x_1 + a_{12}x_2 + a_{13}x_3 &= b_1 \\ a_{21}x_1 + a_{22}x_2 + a_{23}x_3 &= b_2 \\ a_{31}x_1 + a_{32}x_2 + a_{33}x_3 &= b_3 \end{aligned}$$

10. 일반적인 행렬 A에 대하여 $cond(A) \geq 1$을 만족함을 증명하여라.

11. 다음과 같은 형태를 갖는 행렬을 Hilbert 행렬이라 부른다.

$$
\boldsymbol{H}_n = \begin{pmatrix} 1 & \frac{1}{2} & \frac{1}{3} & \cdots & \frac{1}{n} \\ \frac{1}{2} & \frac{1}{3} & \frac{1}{4} & \cdots & \frac{1}{n+1} \\ \frac{1}{3} & \frac{1}{4} & \frac{1}{5} & \cdots & \frac{1}{n+2} \\ \vdots & \vdots & \vdots & \ddots & \vdots \\ \frac{1}{n} & \frac{1}{n+1} & \frac{1}{n+2} & \cdots & \frac{1}{2n-1} \end{pmatrix}
$$

MATLAB을 이용하여 $n=5,\ 20,\ 50,\ 100$에 대한 조건수 $cond(\boldsymbol{H}_n)$을 구하여라.

12. $Ax=b$에 가우스 소거법을 적용했을 경우 $LU=A$가 됨을 증명하여라.

힌트 :

$$
(LU)_{ij} = [m_{i1} m_{i2} \cdots m_{ij-1} 1 0 \cdots 0] \begin{bmatrix} a_{1j} \\ a_{2j}^{(1)} \\ a_{3j}^{(2)} \\ \vdots \\ a_{j-1,j}^{(j-2)} \\ a_{jj}^{(j-1)} \\ 0 \\ \vdots \\ 0 \end{bmatrix}
$$

그리고

$$
a_{ij}^{(k)} = a_{ij}^{(k-1)} - m_{ik} a_{kj}^{(k-1)}
$$

$$
b_i^{(k)} = b_i^{(k-1)} - m_{ik} b_k^{(k-1)}
$$

$$
m_{ik} = \frac{a_{ik}^{(k-1)}}{a_{kk}^{(k-1)}}
$$

를 사용하여 두 경우 $i \le j$와 $i > j$로 나누어 $(LU)_{ij} = a_{ij}$임을 보여라.

제 8 장

비선형 연립방정식의 수치해법

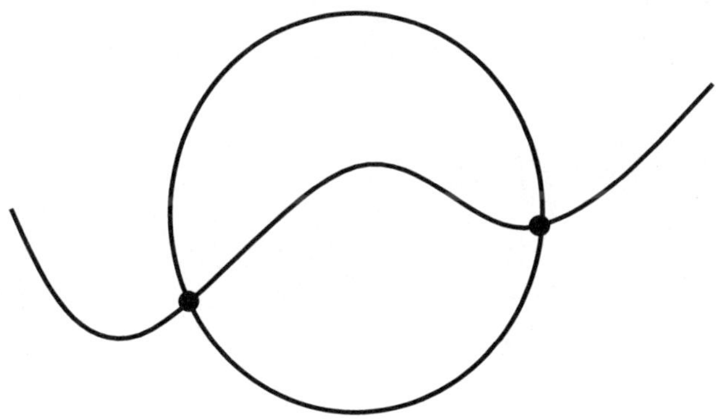

이 장의 내용

제 8 장

비선형 연립방정식의 수치해법

비선형 연립방정식의 해를 구한다는 것은 기하학적 관점에서 보면 곡선들(최소한 하나는 직선이 아님)의 교점을 구하는 것을 의미한다. 비선형 연립방정식은 6장에서 Gaussian 적분의 공식을 유도할 때, 10장에서 비선형 함수를 최소자승법으로 다룰 때 등에서 도출될 뿐만 아니라 여러 분야의 실질적인 문제들을 모형화하면 비선형 연립방정식으로 나타내어진다. 이 장에서는 위와 같은 비선형 연립방정식의 수치 해를 구하는 방법, 특히 Newton 방법을 중점적으로 다루고자 한다. 비선형 문제를 다루는 방법들의 일반적인 특징은 비선형 문제를 선형 문제로 단순화시켜 이의 해를 구하는 과정을 반복하고 이렇게 구한 해들이 차츰차츰 비선형 문제의 실제해로 다가가게 하는 것이다. 이 장에서 다루는 Newton 방법 역시 이 과정을 따른다.

8.1 개요

미지수가 n개인 선형 방정식의 일반 형태는 다음과 같다.

$$c_1x_1 + c_2x_2 + \cdots + c_nx_n = b$$

여기서 c_i들은 상수이다. 만약 위의 방정식에 각 항의 모양이 c_ix_i가 아닌 x_ix_j, x_i^2, $\cos x_i$, e^{x_i} 등과 같은 비선형 모양을 갖는 항이 최소한 하나라도 존재한다면 이 방정식을 비선형 방정식이라 부른다. 아래는 방정식이 2개, 미지수가 2개인 비선형 연립방정식의 한 예이다.

$$\begin{aligned} &e^x + y - 2 = 0 \\ &\cos x - y + (x-y)^2 - 1 = 0 \end{aligned}$$

비선형 연립방정식의 해는 선형 연립방정식의 해와 같이 하나 또는 여러 개 존재할 수도 있고 존재하지 않을 수도 있다.

1변수 함수에 대하여 비선형 방정식의 해를 구하는 Newton 방법은 4장에서 살펴 본 바와 같이 아래의 Taylor 급수에서 유도하였다.

$$f(x)= f(x^{(k)})+\frac{f'(x^{(k)})}{1!}(x-x^{(k)})+\frac{f''(x^{(k)})}{2!}(x-x^{(k)})^2+\cdots \tag{8.1}$$

여기서 $x^{(k)}$는 k번째 실행에서 얻은 근사해, x는 $x^{(k)}$ 근처에 있는 점이다. 위에 식에서 오른쪽의 첫 두 항만 취하고 나머지는 절단하고 버리면

$$f(x)\approx f(x^{(k)})+f'(x^{(k)})(x-x^{(k)})$$

로 나타낼 수 있다. x가 $x^{(k+1)}$이 될 때 $f(x^{(k+1)})$는 거의 0에 가깝다고 예상할 수 있기 때문에 공식을 유도하기 위하여 실제로 0으로 두고 $x^{(k+1)}$에 대해서 정리하면 우리가 이미 알고 있는 Newton 공식이 아래와 같이 주어진다.

$$x^{(k+1)}= x^{(k)}-\frac{f(x^{(k)})}{f'(x^{(k)})},\ k= 0,\ 1,\ 2,\cdots$$

2변수 함수에 대한 비선형 연립방정식의 해를 구하는 Newton 방법 역시 위와 유사하게 2변수에 대한 Taylor 급수의 전개에서 유도할 수 있다. 먼저 2변수 함수 $f(x,\ y)$에 대한 1계 편도함수들은 $\partial f/\partial x$, $\partial f/\partial y$ 또는 f_x, f_y로 나타내기로 한다. f_x는 함수 f를 x에 대하여 미분을 하는데 변수 y는 상수로 취급하며, 반면에 f_y는 x를 상수로 취급하면서 f를 y에 대하여 미분한 것이다. 한 예로 $f(x,\ y)= x^2y^3+100$일 때 $f_x= 2xy^3$, $f_y= 3x^2y^2$가 된다. 점 $(x,\ y)$에서 편도함수 $\partial f/\partial x$의 값은 $\dfrac{\partial f}{\partial x}(x,\ y)$로 표시한다. 예를 들어 $\dfrac{\partial f}{\partial x}(-1,\ 1)= -2$가 된다.

점 $(x,\ y)$가 $(x^{(k)},\ y^{(k)})$에 가까이 있다고 가정할 때 $(x^{(k)},\ y^{(k)})$를 중심으로 2변수 함수 $f(x,\ y)$에 대한 Taylor 급수를 전개하면 다음과 같이 주어진다.

$$
\begin{aligned}
f(x,\ y) = f(x^{(k)},\ y^{(k)}) &+ \frac{\partial f}{\partial x}(x^{(k)},\ y^{(k)})(x - x^{(k)}) + \frac{\partial f}{\partial y}(x^{(k)},\ y^{(k)})(y - y^{(k)}) \\
&+ \frac{\partial^2 f}{\partial x^2}(x^{(k)},\ y^{(k)})(x - x^{(k)})^2 + \frac{\partial^2 f}{\partial x \partial y}(x^{(k)},\ y^{(k)})(x - x^{(k)})(y - y^{(k)}) \\
&+ \frac{\partial^2 f}{\partial y^2}(x^{(k)},\ y^{(k)})(y - y^{(k)})^2 + \cdots
\end{aligned}
\tag{8.2}
$$

즉, 2변수에 대한 Newton 공식은 (8.2)에서 유도되며 이에 대한 구체적인 내용은 다음 절에서 다룬다.

가끔 최적화 문제 $\min f(x)$를 방정식의 해를 구하는 문제 $f'(x) = 0$으로 변형하여 Newton 방법으로 다룰 수 있다. 유사하게, 비록 비효과적이지만, 최적화 문제 $\min f(x,\ y)$는 $f_x = f_y = 0$으로 변형하여 해를 얻을 수 있다. $f_x = f_y = 0$가 되는 점을 함수 f의 임계점(critical point)임을 상기하자. 역으로 방정식의 해를 구하는 문제를 최적화(최소화) 문제로 변형하여 다룰 수 있다. 예를 들면 $f(x) = 0$을 만족하는 해 x를 구하는 문제는 $\min \frac{1}{2} f(x)^2$으로 대체해서 다룰 수가 있고 $f(x,\ y) = 0,\ g(x,\ y) = 0$을 만족하는 해 $(x,\ y)$를 구하는 문제는 $\min \frac{1}{2}[f(x,\ y)^2 + g(x,\ y)^2]$로 변형하여 취급할 수 있다. 최적화를 다루는 잘 알려진 방법으로는 steepest decent 방법, conjugate gradient 방법, BFGS 등 여러 가지가 있으나 이 장에서는 Newton 방법에 대해서만 살펴보도록 한다.

8.2 Newton 방법

2개의 비선형 방정식과 2개의 미지수를 갖는 다음 비선형 연립방정식

$$
\begin{aligned}
f(x,\ y) &= 0 \\
g(x,\ y) &= 0
\end{aligned}
\tag{8.3}
$$

의 해를 구하는 Newton 공식을 유도해 보자. 임의의 초기값 $(x^{(0)},\ y^{(0)})$가 주어졌을 때 이 점을 중심으로 Taylor 급수를 전개하면 $k = 0$에 대한 식 (8.2)이 주어진다. $k = 0$으로 놓고 오른쪽의 첫 세 항만 취하고 나머지를 절단하면

$$f(x,\ y) \approx f(x^{(0)},\ y^{(0)}) + \frac{\partial f}{\partial x}(x^{(0)},\ y^{(0)})(x - x^{(0)}) + \frac{\partial f}{\partial y}(x^{(0)},\ y^{(0)})(y - y^{(0)})$$

가 된다. 즉 (8.2)에서 선형 부분만 취한다는 뜻이다. 위와 유사하게 함수 $g(x,\ y)$에 대해서도 점 $(x^{(0)},\ y^{(0)})$를 중심으로 Taylor 급수를 전개하고 선형 부분만 남겨두면 다음을 얻는다.

$$g(x,\ y) \approx g(x^{(0)},\ y^{(0)}) + \frac{\partial g}{\partial x}(x^{(0)},\ y^{(0)})(x - x^{(0)}) + \frac{\partial g}{\partial y}(x^{(0)},\ y^{(0)})(y - y^{(0)})$$

이제 x는 $x^{(1)}$, y는 $y^{(1)}$가 될 때, $f(x^{(1)},\ y^{(1)})$와 $g(x^{(1)},\ y^{(1)})$의 값들이 0에 가까울 것이라고 예상하고 공식을 유도하기 위하여 역시 이들을 실제로 0으로 놓으면 다음과 같이 나타낼 수 있다.

$$\begin{pmatrix} 0 \\ 0 \end{pmatrix} = \begin{pmatrix} f(x^{(0)}, y^{(0)}) \\ g(x^{(0)}, y^{(0)}) \end{pmatrix} + \begin{pmatrix} \frac{\partial f}{\partial x}(x^{(0)}, y^{(0)}) & \frac{\partial f}{\partial y}(x^{(0)}, y^{(0)}) \\ \frac{\partial g}{\partial x}(x^{(0)}, y^{(0)}) & \frac{\partial g}{\partial y}(x^{(0)}, y^{(0)}) \end{pmatrix} \begin{pmatrix} x^{(1)} - x^{(0)} \\ y^{(1)} - y^{(0)} \end{pmatrix}$$

위의 식을 $x^{(1)}$와 $y^{(1)}$에 대해서 정리하면

$$\begin{pmatrix} x^{(1)} \\ y^{(1)} \end{pmatrix} = \begin{pmatrix} x^{(0)} \\ y^{(0)} \end{pmatrix} - \begin{pmatrix} \frac{\partial f}{\partial x}(x^{(0)}, y^{(0)}) & \frac{\partial f}{\partial y}(x^{(0)}, y^{(0)}) \\ \frac{\partial g}{\partial x}(x^{(0)}, y^{(0)}) & \frac{\partial g}{\partial y}(x^{(0)}, y^{(0)}) \end{pmatrix}^{-1} \begin{pmatrix} f(x^{(0)}, y^{(0)}) \\ g(x^{(0)}, y^{(0)}) \end{pmatrix}$$

가 된다. 즉, 초기점 $(x^{(0)},\ y^{(0)})$가 정해지면 (8.4)를 이용하여 (8.3)에 주어진 비선형 연립방정식의 실제해에 좀 더 가까운 점 $(x^{(1)},\ y^{(1)})$을 구할 수 있다는 것을 의미한다.

그 다음 실행은 점 $(x^{(1)},\ y^{(1)})$을 중심으로 Taylor 급수를 전개하면 $k=1$에 대한 식 (8.2)이 주어진다. $k=1$로 놓고 오른쪽의 첫 세 항만 취하고 나머지를 절단하면

$$f(x,\ y) \approx f(x^{(1)},\ y^{(1)}) + \frac{\partial f}{\partial x}(x^{(1)},\ y^{(1)})(x - x^{(1)}) + \frac{\partial f}{\partial y}(x^{(1)},\ y^{(1)})(y - y^{(1)})$$

가 된다. 즉 (8.2)에서 선형 부분만 취한다는 뜻이다. 위와 유사하게 함수 $g(x,\ y)$에 대해서도 점 $(x^{(1)},\ y^{(1)})$를 중심으로 Taylor 급수를 전개하고 선형 부분만 남겨두면 다음을 얻는다.

$$g(x,\ y) \approx g(x^{(1)},\ y^{(1)}) + \frac{\partial g}{\partial x}(x^{(1)},\ y^{(1)})(x - x^{(1)}) + \frac{\partial g}{\partial y}(x^{(1)},\ y^{(1)})(y - y^{(1)})$$

이제 x는 $x^{(2)}$, y는 $y^{(2)}$가 될 때, $f(x^{(2)},\ y^{(2)})$와 $g(x^{(2)},\ y^{(2)})$의 값들이 0에 가까울 것이라고 예상하고 공식을 유도하기 위하여 역시 이들을 실제로 0으로 놓으면 다음과 같이 나타낼 수 있다.

$$\begin{pmatrix} 0 \\ 0 \end{pmatrix} = \begin{pmatrix} f(x^{(1)}, y^{(1)}) \\ g(x^{(1)}, y^{(1)}) \end{pmatrix} + \begin{pmatrix} \dfrac{\partial f}{\partial x}(x^{(1)}, y^{(1)}) & \dfrac{\partial f}{\partial y}(x^{(1)}, y^{(1)}) \\ \dfrac{\partial g}{\partial x}(x^{(1)}, y^{(1)}) & \dfrac{\partial g}{\partial y}(x^{(1)}, y^{(1)}) \end{pmatrix} \begin{pmatrix} x^{(2)} - x^{(1)} \\ y^{(2)} - y^{(1)} \end{pmatrix}$$

위의 식을 $x^{(2)}$와 $y^{(2)}$에 대해서 정리하면

$$\begin{pmatrix} x^{(2)} \\ y^{(2)} \end{pmatrix} = \begin{pmatrix} x^{(1)} \\ y^{(1)} \end{pmatrix} - \begin{pmatrix} \dfrac{\partial f}{\partial x}(x^{(1)}, y^{(1)}) & \dfrac{\partial f}{\partial y}(x^{(1)}, y^{(1)}) \\ \dfrac{\partial g}{\partial x}(x^{(1)}, y^{(1)}) & \dfrac{\partial g}{\partial y}(x^{(1)}, y^{(1)}) \end{pmatrix}^{-1} \begin{pmatrix} f(x^{(1)}, y^{(1)}) \\ g(x^{(1)}, y^{(1)}) \end{pmatrix}$$

가 된다. 즉, (8.4)를 이용하면 일반적으로 점 $(x^{(1)},\ y^{(1)})$ 보다 비선형 연립방정식의 실제해에 좀 더 가까운 점 $(x^{(2)},\ y^{(2)})$을 구할 수 있다는 것을 의미한다.

위의 과정을 반복 실행하면

$$\begin{pmatrix} x^{(k+1)} \\ y^{(k+1)} \end{pmatrix} = \begin{pmatrix} x^{(k)} \\ y^{(k)} \end{pmatrix} - \begin{pmatrix} \dfrac{\partial f}{\partial x}(x^{(k)}, y^{(k)}) & \dfrac{\partial f}{\partial y}(x^{(k)}, y^{(k)}) \\ \dfrac{\partial g}{\partial x}(x^{(k)}, y^{(k)}) & \dfrac{\partial g}{\partial y}(x^{(k)}, y^{(k)}) \end{pmatrix}^{-1} \begin{pmatrix} f(x^{(k)}, y^{(k)}) \\ g(x^{(k)}, y^{(k)}) \end{pmatrix} \tag{8.4}$$

$k = 0,\ 1,\ 2,\ \cdots$가 주어진다. 식 (8.4)를 2변수에 대한 비선형 연립방정식의 수치해(근사해)를 구하는 Newton 공식이라 부른다. 임의의 초기값 $(x^{(0)},\ y^{(0)})$을 실제해에 '충분

히' 가깝게 정하면 (8.4)는 (8.3)의 해 $(x^*,\ y^*)$로 수렴하는 점들을 반복적으로 구할 수 있다. 실제해가 어디에 존재하는지를 모르는 상태에서 '충분히 가까운'이라는 표현은 애매모호하지만 이론적으로 초기점을 실제해에 충분히 가깝게 설정하면 Newton 방법은 수렴하고 그렇지 않는 어떤 경우(초기값이 실제해에서 너무 멀리 떨어진 경우)는 발산함을 알 수 있다. 참고로 식 (8.4)의 우변에 있는 역행렬을 Jacobian 행렬에 대한 역행렬이라 부른다.

예제 8.1 다음 비선형 연립방정식의 해를 Newton 방법으로 구하여라.

$$f(x,\ y) = e^x + y - 2 = 0$$
$$g(x,\ y) = \cos x - y + (x-y)^2 - 1 = 0$$

초기점은 $(x^{(0)},\ y^{(0)}) = (-1,\ -1)$로 정한다. 실제해는 $(x^*,\ y^*) = (0,\ 1)$이다.

식 (8.4)의 우변에 있는 Jacobian 행렬을 구하면

$$\begin{pmatrix} \dfrac{\partial f}{\partial x} & \dfrac{\partial f}{\partial y} \\ \dfrac{\partial g}{\partial x} & \dfrac{\partial g}{\partial y} \end{pmatrix} = \begin{pmatrix} e^x & 1 \\ -\sin x + 2(x-y) & -1-2(x-y) \end{pmatrix}$$

가 된다. 초기점 $(-1,\ -1)$에 대하여 (8.4)을 계산하면 첫 번째 점은 아래와 같이 주어진다.

$$\begin{pmatrix} x^{(1)} \\ y^{(1)} \end{pmatrix} = \begin{pmatrix} x^{(0)} \\ y^{(0)} \end{pmatrix} - \begin{pmatrix} \dfrac{\partial f}{\partial x}(x^{(0)}, y^{(0)}) & \dfrac{\partial f}{\partial y}(x^{(0)}, y^{(0)}) \\ \dfrac{\partial g}{\partial x}(x^{(0)}, y^{(0)}) & \dfrac{\partial g}{\partial y}(x^{(0)}, y^{(0)}) \end{pmatrix}^{-1} \begin{pmatrix} f(x^{(0)}, y^{(0)}) \\ g(x^{(0)}, y^{(0)}) \end{pmatrix}$$
$$= \begin{pmatrix} -1 \\ -1 \end{pmatrix} - \begin{pmatrix} e^{-1} & 1 \\ -\sin 1 & 0 \end{pmatrix}^{-1} \begin{pmatrix} e^{-1} - 3 \\ \cos(-1) \end{pmatrix}$$
$$= \begin{pmatrix} 0.729704 \\ 0.995798 \end{pmatrix}$$

그 다음 점은 다음과 같이 계산된다.

$$\begin{pmatrix} x^{(2)} \\ y^{(2)} \end{pmatrix} = \begin{pmatrix} x^{(1)} \\ y^{(1)} \end{pmatrix} - \begin{pmatrix} \frac{\partial f}{\partial x}(x^{(1)}, y^{(1)}) & \frac{\partial f}{\partial y}(x^{(1)}, y^{(1)}) \\ \frac{\partial g}{\partial x}(x^{(1)}, y^{(1)}) & \frac{\partial g}{\partial y}(x^{(1)}, y^{(1)}) \end{pmatrix}^{-1} \begin{pmatrix} f(x^{(1)}, y^{(1)}) \\ g(x^{(1)}, y^{(1)}) \end{pmatrix}$$

$$= \begin{pmatrix} -2.243178 \\ 6.092678 \end{pmatrix}$$

프로그램 nonlins2.m은 위의 과정을 반복 실행하도록 작성되었다. 이에 대한 결과는 표 8.1에서 찾아볼 수 있는데 $k=9$일 때 정지조건을 만족하며 여기서 구한 수치해 $(x^{(9)},\ y^{(9)})$는 실제해와 거의 같음을 알 수 있다.

표 8.1

k	$x^{(k)}$	$y^{(k)}$	오차
0	−1.000000	−1.000000	
1	0.729704	0.995798	2.139295e+000
2	−2.243178	6.092678	9.088218e-001
3	−2.472855	1.918253	1.335849e+000
4	−0.708543	1.766848	9.302240e-001
5	−0.212816	1.263562	5.513119e-001
6	−0.038455	1.050759	2.616477e-001
7	−0.001946	1.002593	6.028253e-002
8	−0.000006	1.000007	3.232749e-003
9	−0.000000	1.000000	9.307748e-006

```
% nonlins2.m %
  f = 'exp(x(1))+x(2)-2' ;
  g = 'cos(x(1))-x(2)+(x(1)-x(2))^2-1' ;
  fx = 'exp(x(1))' ;
  fy = '1' ;
  gx = '-sin(x(1))+2*(x(1)-x(2))' ;
  gy = '-1-2*(x(1)-x(2))' ;
  x = [-1 ; -1] ; eps = 10^(-5) ;
  k = 0 ; error = 1000 ;
  fprintf('   k        x_k          y_k            오차\n') ;
  fprintf('%4d %10.6f %10.6f\n', k, x(1), x(2)) ;
  while error >= eps
```

```
        k = k+1 ;
        f1 = eval(f) ; g1 = eval(g) ;
        b = [f1 ; g1] ;
        J11 = eval(fx) ; J12 = eval(fy) ;
        J21 = eval(gx) ; J22 = eval(gy) ;
        J = [J11  J12 ; J21  J22] ;
        xnext = x-inv(J)*b ;
        error = norm(xnext-x)/norm(xnext) ;
        fprintf('%4d  %10.6f  %10.6f  %15.6e\n', k, xnext(1), xnext(2), error) ;
        x = xnext ;
      end
```

이제 n개의 비선형 방정식을 다음과 같이 적도록 하자.

$$
\begin{aligned}
f_1(x_1,\ x_2,\ \cdots,\ x_n) &= 0 \\
f_2(x_1,\ x_2,\ \cdots,\ x_n) &= 0 \\
&\vdots \\
f_n(x_1,\ x_2,\ \cdots,\ x_n) &= 0
\end{aligned}
\tag{8.5}
$$

점 $\boldsymbol{x}^{(k)} = (x_1^{(k)},\ x_2^{(k)},\ \cdots,\ x_n^{(k)})$에서 함수 f_i의 값을 계산하고 또 이 점에서 함수 f_i를 x_j에 대해서 미분한 편도함수의 값을 간략히 $\dfrac{\partial f_i}{\partial x_j}$로 나타내면 (8.4)를 확장한 일반적인 Newton 공식은 다음과 같이 주어진다.

$$
\begin{pmatrix} x_1^{(k+1)} \\ x_2^{(k+1)} \\ \vdots \\ x_n^{(k+1)} \end{pmatrix} = \begin{pmatrix} x_1^{(k)} \\ x_2^{(k)} \\ \vdots \\ x_n^{(k)} \end{pmatrix} - \begin{pmatrix} \dfrac{\partial f_1}{\partial x_1} & \dfrac{\partial f_1}{\partial x_2} & \cdots & \dfrac{\partial f_1}{\partial x_n} \\ \dfrac{\partial f_2}{\partial x_1} & \dfrac{\partial f_2}{\partial x_2} & \cdots & \dfrac{\partial f_2}{\partial x_n} \\ \vdots & \vdots & \ddots & \vdots \\ \dfrac{\partial f_n}{\partial x_1} & \dfrac{\partial f_n}{\partial x_2} & \cdots & \dfrac{\partial f_n}{\partial x_n} \end{pmatrix}^{-1} \begin{pmatrix} f_1 \\ f_2 \\ \vdots \\ f_n \end{pmatrix}
\tag{8.6}
$$

$k = 0,\ 1,\ 2,\ \cdots$ 위의 Newton 공식을 간략히 행렬·벡터 형식으로 나타내면 아래와 같이 주어진다.

$$x^{(k+1)} = x^{(k)} - J(x^{(k)})^{-1} f(x^{(k)}) \tag{8.7}$$

여기서 $f(x^{(k)}) = [f_1(x^{(k)}), f_2(x^{(k)}), \cdots, f_n(x^{(k)})]^T$을 의미한다. $J(x^{(k)})$는 (8.6)의 오른쪽 행렬

$$\begin{pmatrix} \frac{\partial f_1}{\partial x_1} & \frac{\partial f_1}{\partial x_2} & \cdots & \frac{\partial f_1}{\partial x_n} \\ \frac{\partial f_2}{\partial x_1} & \frac{\partial f_2}{\partial x_2} & \cdots & \frac{\partial f_2}{\partial x_n} \\ \vdots & \vdots & \ddots & \vdots \\ \frac{\partial f_n}{\partial x_1} & \frac{\partial f_n}{\partial x_2} & \cdots & \frac{\partial f_n}{\partial x_n} \end{pmatrix}$$

을 의미하며($x^{(k)}$에서 계산됨) 이미 위에서 언급하였지만 이를 Jacobian 행렬이라 부른다. 식 (8.7)은 임의의 초기값 $x^{(0)}$를 (8.5)의 해 x^*에 충분히 가깝게 정한다면 이 해로 수렴하는 점들 $x^{(1)}$, $x^{(2)}$, $\cdots$을 반복적으로 생성한다.

예제 8.2 아래의 방정식들은 3차원 공간에서 구, 포물면, 평면을 각각 의미한다. Newton 방법으로 이들의 교점을 구하여라.

$$x_1^2 + x_2^2 + x_3^2 = 6$$
$$x_1^2 + x_2^2 - x_3 = 4$$
$$x_1 + x_2 + x_3 = 4$$

초기점은 $(1, 0, 1)$로 놓는다.

함수의 표현으로 나타내면

$$f_1(x_1, x_2, x_3) = x_1^2 + x_2^2 + x_3^2 - 6 = 0$$
$$f_2(x_1, x_2, x_3) = x_1^2 + x_2^2 - x_3 - 4 = 0$$
$$f_3(x_1, x_2, x_3) = x_1 + x_2 + x_3 - 4 = 0$$

가 된다. 따라서 Jacobian 행렬을 구하면

$$J(x)=\begin{pmatrix} \frac{\partial f_1}{\partial x_1} & \frac{\partial f_1}{\partial x_2} & \frac{\partial f_1}{\partial x_3} \\ \frac{\partial f_2}{\partial x_1} & \frac{\partial f_2}{\partial x_2} & \frac{\partial f_2}{\partial x_3} \\ \frac{\partial f_3}{\partial x_1} & \frac{\partial f_3}{\partial x_2} & \frac{\partial f_3}{\partial x_3} \end{pmatrix} = \begin{pmatrix} 2x_1 & 2x_2 & 2x_3 \\ 2x_1 & 2x_2 & -1 \\ 1 & 1 & 1 \end{pmatrix}$$

가 된다. 초기점 $(1,\ 0,\ 1)$에 대하여 (8.4)를 계산하면 그 다음 점은 아래와 같이 주어진다.

$$\begin{pmatrix} x_1^{(1)} \\ x_2^{(1)} \\ x_3^{(1)} \end{pmatrix} = \begin{pmatrix} 1 \\ 0 \\ 1 \end{pmatrix} - \begin{pmatrix} 2 & 0 & 2 \\ 2 & 0 & -1 \\ 1 & 1 & 1 \end{pmatrix}^{-1} \begin{pmatrix} -4 \\ -4 \\ -2 \end{pmatrix} = \begin{pmatrix} 3 \\ 0 \\ 1 \end{pmatrix}$$

프로그램 nonlins3.m은 위의 과정을 반복실행하며 이에 대한 결과는 표 8.2에 주어져 있다. 실제해는 $(x_1^*,\ x_2^*,\ x_3^*)=(2,\ 1,\ 1)$이다.

표 8.2

k	$x_1^{(k)}$	$x_2^{(k)}$	$x_3^{(k)}$	오차
0	1.000000	0.000000	1.000000	
1	3.000000	0.000000	1.000000	6.324555e-001
2	2.333333	0.666667	1.000000	3.592106e-001
3	2.066667	0.933333	1.000000	1.521672e-001
4	2.003922	0.996078	1.000000	3.620215e-002
5	2.000015	0.999985	1.000000	2.255303e-003
6	2.000000	1.000000	1.000000	8.809666e-006

```
% nonlins3.m %
 f1 = 'x(1)^2+x(2)^2+x(3)^2-6' ;
 f2 = 'x(1)^2+x(2)^2-x(3)-4' ;
 f3 = 'x(1)+x(2)+x(3)-4' ;
 f1x1 = '2*x(1)' ; f1x2 = '2*x(2)' ; f1x3 = '2*x(3)' ;
 f2x1 = '2*x(1)' ; f2x2 = '2*x(2)' ; f2x3 = '-1' ;
 f3x1 = '1' ; f3x2 = '1' ; f3x3 = '1' ;
 x = [1 ; 0 ; 1] ; eps = 10^(-5) ;
 k = 0 ; error = 1000 ;
 fprintf('  k      x1        x2        x3        오차\n') ;
 fprintf('%4d %10.6f %10.6f %10.6f\n', k, x(1), x(2), x(3)) ;
 while error >= eps
   k = k+1 ;
   f1val = eval(f1) ; f2val = eval(f2) ; f3val = eval(f3) ;
   b = [f1val ; f2val ; f3val] ;
   J11 = eval(f1x1) ; J12 = eval(f1x2) ; J13 = eval(f1x3) ;
   J21 = eval(f2x1) ; J22 = eval(f2x2) ; J23 = eval(f2x3) ;
   J31 = eval(f3x1) ; J32 = eval(f3x2) ; J33 = eval(f3x3) ;
   J = [J11 J12 J13 ; J21 J22 J23 ; J31 J32 J33] ;
   xnext = x-inv(J)*b ;
   error = norm(xnext-x)/norm(xnext) ;
   fprintf('%4d %10.6f %10.6f %10.6f %15.6e\n', k, xnext(1), xnext(2), xnext(3), error) ;
   x = xnext ;
 end
```

프로젝트

최소화 분야에서 잘 알려진 Rosenbrock 함수는 아래와 같이 주어진다.

$$f(x_1,\ x_2) = 100(x_2 - x_1^2)^2 + (1 - x_1)^2$$

이 함수의 최소점을 비선형 연립방정식을 다루는 Newton 방법으로 찾아보아라.

제 8 장 연습문제

비선형 연립방정식의 수치해법

1. 점 $(\pi/2,\ 2,\ 0)$에서 다음 비선형 연립방정식에 대한 Jacobian 행렬을 구하여라.

$$x_1^2 x_2^2 x_3 - 1 = 0$$

$$\cos x_1 x_2 + \frac{1}{2} e^{x_2 x_3} - 1 = 0$$

$$\ln(\sin x_1) + (x_1 + x_2 + x_3)^3 - 1 = 0$$

2. 다음 방정식들에 대하여 그래프를 그려 보아라. 초기점이 $x_1^{(0)} = x_2^{(0)} = 1$일 때 Newton 방법으로 그 다음 점을 구하여라.

$$x_1^2 + x_2^2 - 9 = 0$$

$$x_1^2 - 2x_2 - 2 = 0$$

3. 7장에서 2-점 Gaussian 적분 공식은 미지수가 4개($w_1,\ w_2,\ x_1,\ x_2$)인 아래의 비선형 연립방정식의 해를 구함으로써 형성되었다.

$$w_1 + w_2 = 2$$

$$w_1 x_1 + w_2 x_2 = 0$$

$$w_1 x_1^2 + w_2 x_2^2 = 2/3$$

$$w_1 x_1^3 + w_2 x_2^3 = 0$$

위의 비선형 연립방정식의 수치해를 Newton 방법으로 구하고 7장에서 주어진 값과 비교해 보아라.

4. 다음 비선형 연립방정식의 해를 구하여라.

$$x_1^2 + x_2^2 + x_1 x_2 x_3 - 5 = 0$$
$$e^{-x_1} - x_2^2 + x_3 - 1 = 0$$
$$x_1 x_2 + x_3^2 - 2 = 0$$

5. 아래에 주어진 두 타원의 교점들을 Newton 방법으로 모두 구하여라.

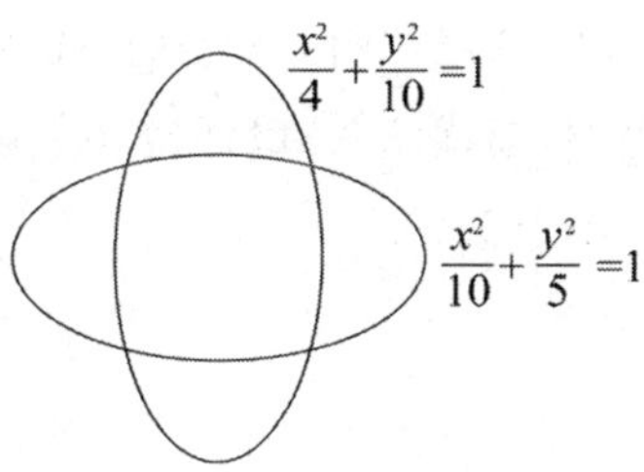

6. 다음 각 함수에 대하여 편도함수들을 구하고 대수적으로 임계점을 찾아보아라.

(a) $f(x, y) = 24xy - 6x^2 y$

(b) $g(x, y) = x^2 - 2xy + \frac{1}{3}y^3 - 3y$

(c) $h(x, y) = 3 - x^2 + 2x - y^2 - 4y$

7. 문제 6에 있는 각 함수들에 대하여 Newton 방법을 이용하여 수치적으로 임계점(즉, 최소점)을 찾아보아라.

8. (3차 방정식의 계수와 근과의 관계에 대한 문제)
$p(x)= a_3x^3 + a_2x^2 + a_1x + a_0 = 0$일 때 α, β, γ가 $p(x)= 0$의 근이면

$$\alpha+\beta+\gamma= -\frac{a_2}{a_3}$$

$$\alpha\beta+\beta\gamma+\alpha\gamma= \frac{a_1}{a_3}$$

$$\alpha\beta\gamma= -\frac{a_0}{a_3}$$

이 성립한다. $p(x)= x^3 - 4x^2 - 11x + 30$일 때 이 다항식의 근을 구할 수 있도록 비선형 연립방정식 형태로 나타내고 Newton 방법으로 수치해를 구하고 실제근과 비교해 보아라.

제 9 장

상미분방정식의 수치해법

이 장의 내용

9.1 개요

9.2 초기값 문제의 해의 존재성

9.3 Euler 방법

9.4 Taylor 방법

9.5 Runge-Kutta 방법

9.6 고계 미분방정식

9.7 다단계 방법의 개요

프로젝트

연습문제

제 9 장

상미분방정식의 수치해법

자연현상 또는 공학 문제를 모델화하면 미분방정식의 형태로 나타낼 수 있다. 예를 들면, 어떤 물체에 대한 온도의 증가 또는 감소율은 $dT/dt = k(T - T_m)$, 전기회로에 대한 전류의 흐름은 $dI/dt = f(t, I)$ 등으로 표현된다. 이들은 일반적으로 다음과 같이 주어지는 1계 상미분방정식 초기값 문제의 형태를 가진다.

$$\frac{dy}{dx} = f(x, y)$$
$$y(x_0) = y_0$$

이 장에서는 이산 점들 $x_i = a + ih$, $i = 0, 1, 2, \cdots$에 대하여 위의 초기값 문제를 만족하는 수치해 $y_i \approx y(x_i)$를 구하는 방법들에 대해서 알아본다.

9.1 개요

미분방정식은 크게 상미분방정식(ordinary differential equation)과 편미분방정식(partial differential equation) 두 종류로 분류된다. 전자는 독립변수가 하나인 경우며 후자는 2개 이상인 경우이다. 미분방정식은 다시 초기값 문제와 경계값 문제로 나뉜다. 전자는 시작점에 대한 초기 조건이 주어진 경우이며 후자는 경계점들에 대한 조건이 주어진 경우를 말한다. 미분방정식의 해를 구할 때 대수적인 방법을 먼저 시도하지만 많은 경우 어려움이 따른다. 따라서 대수적인 방법을 사용하여 정확한 해석적 해를 구하기보다는 실제 해의 근사값을 구하는 수치 방법을 자주 사용한다.

초기값 문제를 다루는 수치방법은 두 가지로 분류되는데 일단계와 다단계 방법이 있다. 현 단계에서 새로운 값을 구할 때 바로 전 단계에서 구한 값만 사용하는 경우 이를 일단계 방법이라 부르고 Euler 방법, Taylor 방법, Runge-Kutta 방법 등을 들 수 있다. 다단계 방법은 현 단계에서 새로운 값을 구할 때 전 단계, 전 전 단계 등에서 구한 여러 개의 값을 사용하는 경우이며 Adams-Bashforth 방법, Adams-Moulton 방법 등이 개발되어 있다(그림 9.1 참조). 이 장에서는 1계 상미분방정식 초기값 문제를 다루는 일단계 수치방법들을 자세히 살펴보고 다단계 방법들은 간략하게 소개만 하고자 한다. 경계값 문제는 12장에서, 편미분방정식에 대한 수치방법은 13장에서 다룬다.

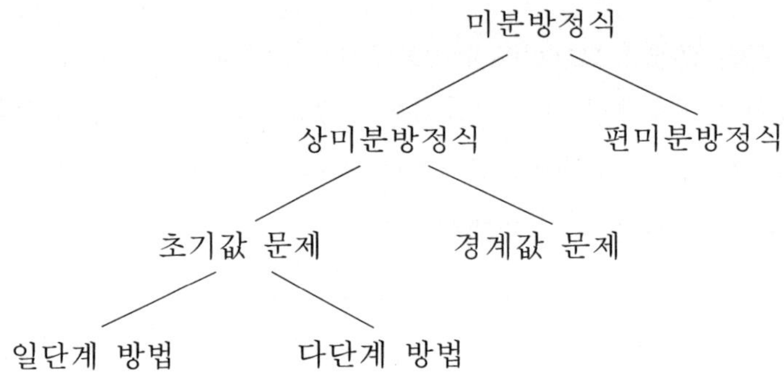

그림 9.1

9.2 초기값 문제의 해의 존재성

다음 1계 상미분방정식 초기값 문제의 해의 존재성을 먼저 살펴보도록 하자.

$$\begin{aligned} &\frac{dy}{dx} = f(x,\ y) \\ &y(x_0) = y_0 \end{aligned} \tag{9.1}$$

Lipschitz 조건

$\Omega = \{(x,\ y) \| x - x_0 | \le a,\ |y - y_0| \le b\}$이라고 하자. 어떤 상수 $L > 0$가 존재해서 Ω에 속하는 모든 점들 $(x,\ y_1)$, $(x,\ y_2)$에 대하여 $|f(x,\ y_1) - f(x,\ y_2)| \le L|y_1 - y_2|$을 만족하면 함수 $f(x,\ y)$는 Lipschitz 조건을 만족한다고 하고 L을 Lipschitz 상수라 부른다.

함수 $f(x,\ y)$가 Ω상에서 유계(bounded)라는 것은 어떤 상수 $M > 0$이 존재해서 Ω에 속하는 모든 점 $(x,\ y)$ 대하여 $|f(x,\ y)| \le M$을 만족함을 의미한다.

정리 9.1

$f(x, y)$가 Ω상에서 연속이고 유계이며 Lipschitz 조건을 만족하면 (9.1)에 있는 초기값 문제는 (x_0, y_0) 근방에서 유일한 해를 가진다.

증명은 생략하도록 한다. 하지만 함수 $f(x, y)$가 Lipschitz 조건을 만족하는지의 여부에 대해서 간단히 확인할 수 있는 방법은 y에 대한 f의 편도함수가 유계인지를 살펴보면 된다. 즉, Ω에 속하는 모든 점 (x, y) 대하여

$$\left|\frac{\partial f}{\partial y}(x, y)\right| \leq L$$

을 만족하면 된다. 이 경우 평균값 정리에 의해서 y_1과 y_2 사이에 어떤 ξ가 존재해서

$$\frac{f(x, y_1) - f(x, y_2)}{y_1 - y_2} = \frac{\partial f}{\partial y}(x, \xi)$$

을 만족하는데 위의 식 양 변에 절대값을 취하고 정리하면

$$\begin{aligned}|f(x, y_1) - f(x, y_2)| &= \left|\frac{\partial f}{\partial y}(x, \xi)\right||y_1 - y_2| \\ &\leq L|y_1 - y_2|\end{aligned}$$

가 된다. 따라서 $f(x, y)$는 Lipschitz 조건을 만족한다.

실질적으로 주어진 모든 미분방정식들에 대하여 Lipschitz 조건을 만족하는지 안하는지 확인할 수는 없다. 다만 정리 9.1은 만약 주어진 미분방정식이 Lipschitz 조건을 만족하면 유일한 해가 명백히 존재한다는 것을 말해 준다.

예제 9.1 다음 초기값 문제는 유일한 해를 가지는지 확인해 보아라.

$$\frac{dy}{dx} = \frac{1-y}{x}, \quad y(1) = 2$$

$f(x, y) = (1-y)/x$, $\partial f/\partial y = -1/x$이다. $x \geq 1/2$을 고려하면 $f(x, y)$는 $\Omega = \{(x, y) \| x-1| \leq 1/2, |y-2| \leq 1\}$상에서 연속이며 $|f(x, y)| \leq 4$이기 때문에 유계이다. 게다가 $|\partial f/\partial y| = |1/x| \leq 2$이므로 f는 Lipschitz 조건을 만족한다. 따라서 위의 초기값 문제는 Ω상에서 유일한 해를 가진다. 실제해는 $y(x) = 1/x + 1$이다.

9.3 Euler 방법

Euler 방법은 1계 상미분방정식 초기값 문제를 다루는 수치 방법 중에 비록 오차는 다른 방법들에 비해 크지만 가장 간단한 방법이라고 할 수 있다. 다음 초기값 문제에 대한 Euler 방법을 유도해 보도록 하자.

$$\begin{aligned} y' &= f(x, y) \\ y(x_0) &= y_0 \end{aligned} \tag{9.2}$$

위에서 dy/dx를 간단히 y'로 나타내어 표시한 점에 유의 하자. 점 x를 중심으로 Taylor 급수를 전개하면

$$y(x+h) = y(x) + y'(x)h + \frac{1}{2!}y''(x)h^2 + \frac{1}{3!}y'''(x)h^3 + \frac{1}{4!}y^{(4)}(x)h^4 + \cdots \tag{9.3}$$

가 된다. 식 (9.3)에서 오른쪽의 첫 두 항만 취하게 되면

$$y(x+h) = y(x) + y'(x)h + \frac{1}{2}y''(\xi)h^2$$

로 주어진다. 여기서 ξ는 x와 $x+h$ 사이의 값이고 $y''(\xi)h^2/2$는 오른쪽의 첫 두 항을 제외한 나머지를 의미한다. 식 (9.2)를 (9.3)에 대입하고 나머지 항을 무시하면(하나의 공식을 유도하기 위하여) 다음과 같이 근사해를 구하는 Euler 방법이 주어진다.

$$y_{k+1} = y_k + hf(x_k,\ y_k),\ \ k = 0,\ 1,\ 2,\ \cdots \tag{9.4}$$

여기서 $x_k = x_0 + kh,\ k = 0,\ 1,\ 2,\ \cdots$로 쓸 수 있고, h는 인접하는 두 점 사이의 간격을 의미한다.

수치해의 의미를 이해하기 위하여 간단히 다음 문제를 고려해 보자. 구간 $[a,\ b]$에서

$$\frac{dy}{dx} = y,\ \ y(0) = 1$$

을 만족하는 해를 대수적인 방법을 이용하여 구하면 변수분리 방법에 의하여 $[a,\ b]$ 상에서 정의되는 함수 $y(x) = e^x$이 됨을 알 수 있다. 수치해는 구간 $[a,\ b]$를 적당히 분할하였을 때 발생하는 이산 점들 $a = x_0,\ x_1,\ \cdots,\ x_n = b$에 대하여 실제해 $y(x_k) = e^{x_k}$에 대한 근사해를 구하는 것을 의미한다. 즉, 실제해는 연속함수인 반면 수치해는 분할 점들에 대한 함수의 근사값이다.

이제 각 실행 단계에서 발생하는 Euler 방법의 오차를 계산해 보도록 하자. 점 x_k에서 $y(x_k)$는 실제값 그리고 y_k는 근사값이라고 하자. 그러면 $e_k = |y(x_k) - y_k|$는 점 x_k에서의 오차를 의미한다. 실제값에 대하여 Taylor 정리를 적용하면

$$\begin{aligned} y(x_{k+1}) &= y(x_k) + y'(x_k)h + \frac{1}{2}y''(\xi_k)h^2 \\ &= y(x_k) + hf(x_k, y(x_k)) + \frac{1}{2}y''(\xi_k)h^2 \end{aligned}$$

로 나타낼 수 있다. 여기서 ξ_k는 x_{k+1}과 x_k 사이의 값이다.

각 실행 단계에서 Euler 방법에 의해서 발생하는 절단오차(truncation error) 또는 국소오차(local error)는 $1/2y''(\xi_k)h^2$에 의하여 $O(h^2)$이 된다. 하지만 Euler 방법은 반복적인 방법이기 때문에 실행을 거듭할수록 오차는 누적이 된다. 따라서 이 방법의 누적오차(accumulation error) 또는 전역오차(global error)는 얼마정도 되는지 계산할 필요가 있다. 다음은 Euler 방법의 전역오차는 얼마가 되는지를 보여준다.

위의 식에서 (9.4)를 빼면

$$y(x_{k+1}) - y_{k+1} = y(x_k) - y_k + h[f(x_k,\ y(x_k)) - f(x_k,\ y_k)] + \frac{1}{2}y''(\xi_k)h^2 \qquad (9.5)$$

가 된다. $f(x,\ y)$가 Lipschitz 조건을 만족한다고 가정하면

$$|f(x_k,\ y(x_k)) - f(x_k,\ y_k)| \le L|y(x_k) - y_k|$$

가 된다. 또한 해가 존재하는 주어진 구간에 속하는 모든 x에 대하여 $|y''(x)| \le M$이라고 가정하자. 식 (9.5)에 절대값을 취하고 이의 성질을 이용하면

$$\begin{aligned} |y(x_{k+1}) - y_{k+1}| &\le |y(x_k) - y_k| + hL|y(x_k) - y_k| + \frac{1}{2}Mh^2 \\ &\le (1 + hL)|y(x_k) - y_k| + \frac{1}{2}Mh^2 \end{aligned}$$

가 된다. 즉,

$$e_{k+1} \le (1 + hL)e_k + \frac{1}{2}Mh^2$$

가 되며

$$\begin{aligned} e_0 &= |y(x_0) - y_0| = 0 \\ e_1 &\le 0 + \frac{1}{2}h^2M \\ e_2 &\le (1 + hL)e_1 + \frac{1}{2}h^2M = [1 + (1 + hL)]\frac{1}{2}h^2M \\ e_3 &\le (1 + hL)e_2 + \frac{1}{2}h^2M = [1 + (1 + hL) + (1 + hL)^2]\frac{1}{2}h^2M \\ &\vdots \\ e_{k+1} &\le [1 + (1 + hL) + (1 + hL)^2 + \cdots + (1 + hL)^k]\frac{1}{2}h^2M \end{aligned}$$

로 나타낼 수 있다. 등비급수의 합을 적용하면

$$e_{k+1} \le h[\frac{(1+hL)^{k+1}-1}{2L}]M$$

가 된다. 또한 $x>0$인 경우 $e^x = 1+x+x^2/2!+\cdots$으로부터 $(1+x) \le e^x$임을 알 수 있고 $(1+hL)^{k+1} \le e^{h(k+1)L} = e^{(x_{k+1}-x_0)L}$가 된다. 따라서

$$|y(x_{k+1}) - y_{k+1}| \le h[\frac{e^{(x_{k+1}-x_0)L}-1}{2L}]M$$

를 얻고 Euler 방법의 전역오차는 $O(h)$임을 의미한다. 이는 다른 표현으로 간략히 나타내면 h가 0으로 다가가는 속도만큼 근사해가 실제해로 다가간다는 뜻이다. 다음 절부터 전역 오차가 $O(h^2)$인 방법들을 다루지만 전역오차가 $O(h)$인 방법은 전역 오차가 $O(h^2)$인 방법에 비해 수렴속도가 2배 정도 느림을 의미한다. 즉, Euler 방법에 의한 근사해의 오차는 오차가 $O(h^2)$인 방법에 비해 2배 정도 크다는 것을 뜻한다.

예제 9.2 Euler 방법으로 구간 $[0, 0.5]$에서 다음 초기값 문제의 근사해를 구하여라. $h=0.05$로 놓는다.

$$\frac{dy}{dx} = y+x-1,\ y(0)=1$$

실제해는 $y(x) = e^x - x$이다.

주어진 문제에서 $f(x, y) = y+x-1$이 된다. $k=0$일 때 $x_0=0$, $y_0=1$이기 때문에 식 (9.4)에 의해서 $y_1 = y_0 + hf(x_0, y_0) = 1+0.05(1+0-1) = 1$이 된다. $k=1$일 때 $x_0 = 0.05$, $y_1 = 1$로 계산되었기 때문에 식 (9.4)에 의해서 $y_2 = y_1 + hf(x_1, y_1) = 1+0.05(0.05+1-1) = 1.0025$가 된다. 프로그램 Euler.m은 식 (9.4)를 $k=1, 2, \cdots, 10$에 대하여 반복 실행하며 그 결과는 표 9.1에 정리되어 있다. 마지막 열은 실제값과 근사값의 오차를 보여준다. 실행횟수가 거듭될수록 오차가 점진적으로 증가함을 알 수 있다. 그림 9.1에서 실

선 '–'는 실제값, 원 'o'는 근사값을 의미한다.

표 9.1

k	x	y_k	실제값	오차
1	0.05	1.000000	1.001271	1.271096e–003
2	0.10	1.002500	1.005171	2.670918e–003
3	0.15	1.007625	1.011834	4.209243e–003
4	0.20	1.015506	1.021403	5.896508e–003
5	0.25	1.026282	1.034025	7.743854e–003
6	0.30	1.040096	1.049859	9.763167e–003
7	0.35	1.057100	1.069068	1.196713e–002
8	0.40	1.077455	1.091825	1.436925e–002
9	0.45	1.101328	1.118312	1.698397e–002
10	0.50	1.128895	1.148721	1.982664e–002

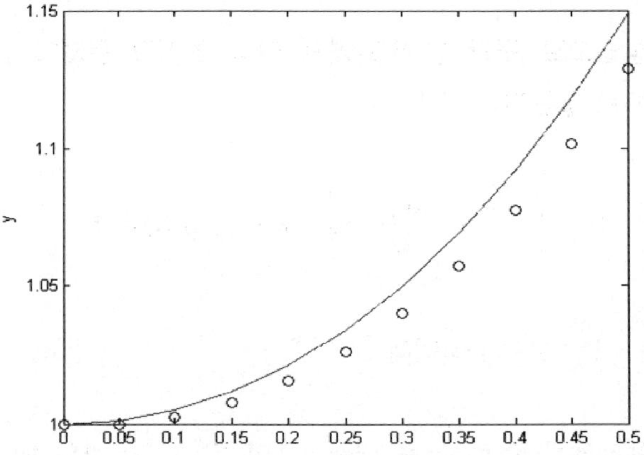

그림 9.1 Euler 방법

```
% Euler.m %
  f = 'y+x-1' ;
  x = 0 ; y = 1 ;
  xstart = x ;
  ytrue = 'exp(x)-x' ;
  h = 0.05 ;
  fprintf('   k        x          y_k          ytrue              오차\n') ;
  for k = 1 : 10
     y = y+h*eval(f) ;
     x = xstart+k*h ;
     yt = eval(ytrue) ;
     yapprox = y ;
     error = abs(yt-yapprox) ;
     fprintf('%4.0f %6.2f %10.6f %10.6f %15.6e\n', k, x, yapprox, yt, error) ;
  end
```

9.4 Taylor 방법

Taylor 방법은 y'', y''' 등과 같은 고계 도함수를 손으로 직접 계산할 수 있는 경우 이들을 포함시켜 다음 Taylor 급수의 전개와 같은 형태를 따르는 방법이다.

$$y(x+h) = y(x) + y'(x)h + \frac{1}{2!}y''(x)h^2 + \frac{1}{3!}y'''(x)h^3 + \cdots + \frac{1}{n!}y^{(n)}(x)h^n + \cdots$$

고계 도함수가 포함되기 때문에 Euler 방법 보다 더욱 정확한 근사해를 구한다. 일반적으로 $(1/n!)y^{(n)}(x)h^n$ 항까지 포함시킨 다음과 같이 주어지는 방법을 n차 Taylor 급수 방법이라 부른다.

$$y(x+h) = y(x) + y'(x)h + \frac{1}{2!}y''(x)h^2 + \frac{1}{3!}y'''(x)h^3 + \cdots + \frac{1}{n!}y^{(n)}(x)h^n$$

즉,

$$y_{k+1} = y_k + y_k{}'h + \frac{1}{2!}y_k{}''h^2 + \frac{1}{3!}y_k{}'''h^3 + \cdots + \frac{1}{n!}y_k^{(n)}h^n \tag{9.6}$$

앞에서 다룬 Euler 방법은 $y'(x)h$ 항까지 포함시켰기 때문에 1차 Taylor 급수 방법이라고도 부른다. n차 Taylor 급수 방법의 절단오차는 $O(h^{n+1})$가 된다.

예제 9.3 4차 Taylor 방법으로 구간 $[0, 0.5]$에서 예제 9.2에서 다룬 아래의 초기값 문제의 근사해를 구하여라. $h=0.05$로 놓는다.

$$\frac{dy}{dx}=y+x-1,\quad y(0)=1$$

4차 Taylor 공식은 다음과 같다.

$$y(x+h)=y(x)+y'(x)h+\frac{1}{2!}y''(x)h^2+\frac{1}{3!}y'''(x)h^3+\frac{1}{4!}y^{(4)}(x)h^4$$

주어진 문제에 의하여

$$\begin{aligned}y'(x)&=y+x-1\\ y''(x)&=y'+1\\ y'''(x)&=y''\\ y^{(4)}(x)&=y'''\end{aligned}$$

가 된다. $k=0$일 때 $x_0=0$, $y_0=1$ 그리고

$$\begin{aligned}y_0'&=y_0+x_0-1=1+0-1=0\\ y_0''&=y_0'+1=0+1=1\\ y_0'''&=y_0''=1\\ y_0^{(4)}&=y_0'''=1\end{aligned}$$

가 된다. 따라서

$$y_1 = y_0 + y_0{}'h + \frac{1}{2!}y_0{}''h^2 + \frac{1}{3!}y_0{}'''h^3 + \frac{1}{4!}y_0^{(4)}h^4$$
$$= 1 + 0h + \frac{1}{2}1h^2 + \frac{1}{6}1h^3 + \frac{1}{24}1h^4$$
$$= 1.001721$$

$k=1$일 때 $x_1 = 0.05$, $y_1 = 1.001721$ 그리고 도함수들을 다음과 같이 계산하고

$$y_1{}' = y_1 + x_1 - 1 = 1.001721 + 0.05 - 1 = 0.051721$$
$$y_1{}'' = y_1{}' + 1 = 0.051721 + 1 = 1.051721$$
$$y_1{}''' = y_1{}'' = 1.051721$$
$$y_1^{(4)} = y_1{}''' = 1.051721$$

4차 Taylor 공식을 이용하면 y_2를 계산할 수 있다. 프로그램 Taylor4.m은 $k=1, 2, \cdots, 10$에 대하여 (9.6)을 반복 실행한다. 이 문제에 대한 결과는 표 9.2에 주어져 있다. 4차 Taylor 방법이 Euler 방법 보다 더욱 정확하다는 것을 알 수 있다.

표 9.2

k	x	y_k	실제값	오차
1	0.05	1.001271	1.001271	2.626024e−009
2	0.10	1.005171	1.005171	5.521326e−009
3	0.15	1.011834	1.011834	8.706616e−009
4	0.20	1.021403	1.021403	1.220402e−008
5	0.25	1.034025	1.034025	1.603716e−008
6	0.30	1.049859	1.049859	2.023129e−008
7	0.35	1.069068	1.069068	2.481333e−008
8	0.40	1.091825	1.091825	2.981204e−008
9	0.45	1.118312	1.118312	3.525811e−008
10	0.50	1.148721	1.148721	4.118425e−008

```
% Taylor4.m %
  f = 'y+x-1' ;
  x = 0 ; y = 1 ;
  xstart = x ;
  ytrue = 'exp(x)-x' ;
  h = 0.05 ;
  fprintf('   k        x            y_k           ytrue                  오차\n') ;
  for k = 1 : 10
    y1 = eval(f) ;
    y2 = y1+1 ;
    y3 = y2 ;
    y4 = y3 ;
    y = y+h*(y1+h*(y2/2.0+h*(y3/6.0+h*y4/24.0))) ;
    x = xstart+k*h ;
    yt = eval(ytrue) ;
    yapprox = y ;
    error = abs(yt-yapprox) ;
    fprintf('%4.0f %6.2f %10.6f %10.6f %15.6e\n', k, x, yapprox, yt, error) ;
  end
```

9.5 Runge-Kutta 방법

초기값 문제

$$y' = f(x,\ y)$$
$$y(x_0) = y_0$$

를 다루는 Runge-Kutta 방법은 앞 절에서 다룬 Talyor 급수 방법과 같은 정도의 정확도를 갖는 방법이지만 y'', y''' 등 고계 도함수를 직접 계산할 필요가 없다. 특히 4차 Runge-Kutta 방법은 4차 Taylor 급수 방법과 같은 절단오차를 가지며 실제로 가장 많이 사용되는 방법이다.

먼저 2차 Runge-Kutta 방법의 유도 과정을 살펴보도록 하자. 2차 Runge-Kutta 방법은 다음과 같은 형식을 가지는데

$$
\begin{aligned}
&y(x+h)=y(x)+\omega_1 k_1+\omega_2 k_2 \\
&k_1=hf(x, y) \\
&k_2=hf(x+\alpha h, y+\beta k_1)
\end{aligned}
$$

요점은 2차 Taylor 급수 방법과 같은 $O(h^3)$ 절단오차를 가지도록 ω_1, ω_2, α, β의 값을 결정하는데 있다. 따라서 다음 두 식을 비교해 보자.

$$y(x+h)=y(x)+\omega_1 hf(x, y)+\omega_2 hf(x+\alpha h, y+\beta hf(x, y)) \tag{9.7}$$

$$y(x+h)=y(x)+y'(x)h+\frac{1}{2!}y''(x)h^2+\frac{1}{3!}y'''(x)h^3+\cdots \tag{9.8}$$

일단 (9.7)에서 $\omega_1=1$, $\omega_2=0$인 경우 Euler 방법을 의미한다는 것을 알 수 있다. 또한 Euler 방법은 h를 포함하는 항을 가진다는 것을 상기하자. 이제 유도해야할 2차 Runge-Kutta 방법의 정확도를 향상시키기 위하여 2차 Runge-Kutta 방법이 h^2을 포함하는 항을 가질 수 있도록 (9.7)을 기술적으로 변형해 나타내 보도록 하자. 점 (x, y)를 중심으로 2 변수 함수 $f(x+\alpha h, y+\beta hf(x, y))$에 대하여 Taylor 급수를 전개하면

$$f(x+\alpha h, y+\beta hf(x, y))=f(x, y)+\frac{\partial f}{\partial x}(x, y)\alpha h+\frac{\partial f}{\partial y}(x, y)\beta hf(x, y)+O(h^2) \tag{9.9}$$

로 나타낼 수 있다. 간략히

$$f=f(x, y),\ f_x=\frac{\partial f}{\partial x}(x, y),\ f_y=\frac{\partial f}{\partial y}(x, y)$$

로 놓으면 (9.7)은 다음과 같이 쓸 수 있다.

$$
\begin{aligned}
y(x+h)&=y(x)+\omega_1 hf+\omega_2 h[f+f_x\alpha h+f_y\beta hf+O(h^2)] \\
&=y(x)+(\omega_1+\omega_2)hf+\alpha\omega_2 h^2 f_x+\beta\omega_2 h^2 ff_y+O(h^3)
\end{aligned} \tag{9.10}
$$

한편 $y'=f(x, y)$로부터 $y''=\frac{\partial f}{\partial x}+\frac{\partial f}{\partial y}\frac{dy}{dx}=f_x+f_y f$가 된다. 이들을 (9.8)에 대입

하고 정리하면

$$y(x+h)=y(x)+hf+\frac{1}{2}h^2f_x+\frac{1}{2}h^2f_yf+O(h^3) \tag{9.11}$$

가 된다. 식 (9.10)과 (9.11)을 비교하면

$$\omega_1+\omega_2=1,\ \alpha\omega_2=\frac{1}{2},\ \beta\omega_2=\frac{1}{2}$$

가 성립해야 함을 알 수 있다. 2차 Runge-Kutta 방법은 $\alpha=\beta=1, \omega_1=\omega_2=1/2$인 경우이다. 즉 2차 Runge-Kutta 공식은 다음과 같이 요약된다.

$$\begin{aligned}
y_{k+1}&=y_k+\frac{1}{2}(k_1+k_2)\\
k_1&=hf(x_k,\ y_k)\\
k_2&=hf(x_k+h,\ y_k+k_1)
\end{aligned}$$

2차 Runge-Kutta 방법은 전역오차가 $O(h^2)$인데 실질적으로 많이 쓰이는 방법은 아니다. 하지만 이 방법의 유도 과정이 그렇게 복잡하지 않기 때문에 실질적으로 많이 사용되는 4차 Runge-Kutta 방법의 공식을 기술하기에 앞서 해석적인 유도과정을 한 번 보여주는데 그 의의가 있다고 할 수 있다. 4차 Runge-Kutta 방법의 공식은 다음과 같이 주어진다.

$$\begin{aligned}
y_{k+1}&=y_k+\frac{1}{6}(k_1+2k_2+2k_3+k_4)\\
k_1&=hf(x_k,\ y_k)\\
k_2&=hf(x_k+\frac{h}{2},\ y_k+\frac{1}{2}k_1)\\
k_3&=hf(x_k+\frac{h}{2},\ y_k+\frac{1}{2}k_2)\\
k_4&=hf(x_k+h,\ y_k+k_3)
\end{aligned} \tag{9.12}$$

앞에서도 언급하였지만 4차 Runge-Kutta 방법은 4차 Taylor 급수 방법과 같은 전역 오차 $O(h^4)$를 가진다.

예제 9.4 4차 Runge–Kutta 방법으로 구간 $[0, 0.5]$에서 예제 9.3에서 다룬 아래의 초기값 문제의 근사해를 구하여라. $h=0.05$로 놓는다.

$$\frac{dy}{dx}=y+x-1,\ y(0)=1$$

$f(x, y)=y+x-1$이고 $k=0$일 때 $x_0=0,\ y_0=1$이기 때문에 (9.12)에서 아래와 같이 $k_1,\ k_2,\ k_3,\ k_4$를 차례로 구할 수가 있다.

$$k_1=hf(x_0,\ y_0)=0$$
$$k_2=hf(x_0+\frac{h}{2},\ y_0+\frac{1}{2}k_1)=0.001250$$
$$k_3=hf(x_0+\frac{h}{2},\ y_0+\frac{1}{2}k_2)=0.001281$$
$$k_4=hf(x_0+h,\ y_0+k_3)=0.002564$$

따라서

$$y_1=y_0+(k_1+2k_2+2k_3+k_4)/6=1.001271$$

가 된다. 프로그램 RK4ord.m은 (9.12)를 $k=1,\ 2,\ \cdots,\ 10$에 대하여 반복 실행한다. 이 예제에 대한 결과는 표 9.3에 주어져 있다. 4차 Taylor 방법과 비슷한 (소수점 이하의 여섯째 자릿수 까지는 정확하게 일치함) 정확도를 가짐을 볼 수 있다.

표 9.3

k	x	y_k	실제값	오차
1	0.05	1.001271	1.001271	2.626024e−009
2	0.10	1.005171	1.005171	5.521326e−009
3	0.15	1.011834	1.011834	8.706616e−009
4	0.20	1.021403	1.021403	1.220402e−008
5	0.25	1.034025	1.034025	1.603716e−008
6	0.30	1.049859	1.049859	2.023129e−008
7	0.35	1.069068	1.069068	2.481333e−008
8	0.40	1.091825	1.091825	2.981204e−008
9	0.45	1.118312	1.118312	3.525811e−008
10	0.50	1.148721	1.148721	4.118425e−008

```
% RK4ord.m %
  f = 'y+x-1' ;
  x = 0 ; y = 1 ;
  xs = x ; ys = y ;
  ytrue = 'exp(x)-x' ;
  h = 0.05 ; h2 = 0.5*h ; nstep = 10 ;
  fprintf('   k      x        y_k        ytrue          오차\n') ;
  for k = 1 : nstep
     k1 = h*eval(f) ;
     x = xs+h2 ; y = ys+0.5*k1 ;
     k2 = h*eval(f) ;
     x = xs+h2 ; y = ys+0.5*k2 ;
     k3 = h*eval(f) ;
     x = xs+h ; y = ys+k3 ;
     k4 = h*eval(f) ;
     y = ys+(k1+2*k2+2*k3+k4)/6.0 ;
     x = k*h ;
     xs = x ; ys = y ;
     yt = eval(ytrue) ;
     yapprox = y ;
     error = abs(yt-yapprox) ;
     fprintf('%4.0f %6.2f %10.6f %10.6f %15.6e\n', k, x, yapprox, yt, error) ;
  end
```

9.6 고계 미분방정식

아래와 같이 주어지는 초기값 1계 선형 연립미분방정식은 앞에서 개발한 Euler 방법, Taylor 방법, 또는 Runge-Kutta 방법으로 다룰 수 있다.

$$
\begin{aligned}
\frac{dy_1}{dx} &= f_1(x,\ y_1,\ y_2,\ \cdots,\ y_n) \\
\frac{dy_2}{dx} &= f_2(x,\ y_1,\ y_2,\ \cdots,\ y_n) \\
&\vdots \\
\frac{dy_n}{dx} &= f_n(x,\ y_1,\ y_2,\ \cdots,\ y_n) \\
y_1(x_0) = \alpha_1,\ y_2(x_0) &= \alpha_2,\ \cdots,\ y_n(x_0) = \alpha_n
\end{aligned}
\tag{9.13}
$$

이 경우 변수는 벡터로 함수는 벡터를 취급하는 함수로 확장해서 다루어야 한다. 즉, (9.13)은 벡터 기호로 다음과 같이 나타낼 수 있다.

$$\boldsymbol{y}' = \boldsymbol{F}(x,\ \boldsymbol{y}),\ \boldsymbol{y}(x_0) = \boldsymbol{\alpha}$$

따라서 고계인 n계 미분방정식

$$
\begin{aligned}
\frac{d^n y}{dx^n} &= f\left(x,\ y,\ \frac{dy}{dx},\ \frac{d^2y}{dx^2},\ \cdots,\ \frac{d^{n-1}y}{dx^{n-1}}\right) \\
y(x_0) = \alpha_1,\ \frac{dy}{dx}(x_0) &= \alpha_2,\ \frac{d^2y}{dx^2}(x_0) = \alpha_3,\ \cdots,\ \frac{d^{n-1}y}{dx^{n-1}}(x_0) = \alpha_n
\end{aligned}
\tag{9.14}
$$

의 해를 구하고자 할 때는 (9.13)과 같이 1계 선형 연립미분방정식의 형태로 변환하면 그 해를 구할 수가 있다. n계 미분방정식을 (9.13)으로 변환하는 방법은

$$
\begin{aligned}
y_1 &= y \\
y_2 &= y_1{}' = \frac{dy}{dx} \\
y_3 &= y_2{}' = \frac{d^2y}{dx^2} \\
&\vdots \\
y_n &= y_{n-1}{}' = \frac{d^{n-1}y}{dx^{n-1}}
\end{aligned}
$$

로 둔다. 그러면 (9.14)는

$$
\begin{aligned}
y_1{}' &= \frac{dy_1}{dx} = y_2 \\
y_2{}' &= \frac{dy_2}{dx} = y_3 \\
&\vdots \\
y_{n-1}{}' &= \frac{dy_{n-1}}{dx} = y_n \\
y_n{}' &= \frac{dy_n}{dx} = f(x,\ y_1,\ y_2,\ \cdots,\ y_n)
\end{aligned}
$$

가 되고 초기값은

$$
y_1(x_0) = \alpha_1,\ y_2(x_0) = \alpha_2,\ \cdots,\ y_n(x_0) = \alpha_n
$$

가 된다. 위의 문제를 다뤘을 경우 y의 근사값은 y_1에서 얻을 수 있기 때문에 (9.14)를 만족하는 근사해는 이산 점 x_k들에 대한 y_1의 값들을 추적하고 기록하면 된다.

예제 9.5 다음 3계 미분방정식을 1계 선형 연립미분방정식으로 나타내고 구간 $[0,\ 1]$에 대하여 수치해를 구하여라. $h = 0.1$로 놓는다.
실제해는 $y(x) = e^{-x} + x^2 - 1$이다.

$$y''' + 2y'' + 4y' + 3y = 3x^2 + 8x + 1$$
$$y(0) = 0,\ y'(0) = -1,\ y''(0) = 3$$

$y_1 = y$, $y_2 = y_1{}' = y'$, $y_3 = y_2{}' = y''$으로 두면

$$y_1{}' = y_2,\ y_2{}' = y_3,\ y_3{}' = f(x,\ y_1,\ y_2,\ y_3)$$

가 되고 따라서 다음의 1계 선형 연립미분방정식을 얻는다.

$$y_1{}' = y_2$$
$$y_2{}' = y_3$$
$$y_3{}' = -2y_3 - 4y_2 - 3y_1 + 3x^2 + 8x + 1$$
$$y_1(0) = 0,\ y_2(0) = -1,\ y_3(0) = 3$$

프로그램 ordsys.m 은 4차 Runge-Kutta 방법을 활용하여 1계 선형 연립미분방정식의 해를 구한다. 함수의 값은 sysfuns.m에서 계산하도록 하였으며 벡터 x를 선언하여 x(1)은 x의 값, x(2)는 구하고자 하는 근사값 y_1, x(3)은 y_2의 값, x(4)는 y_3의 값과 대응하게 하였다. 이 문제의 결과는 표 9.4에 주어져 있다.

표 9.4

x_k	y_1	실제값	오차
0.1	−0.085162	−0.085163	7.069640e−007
0.2	−0.141268	−0.141269	1.273839e−006
0.3	−0.169180	−0.169182	1.705812e−006
0.4	−0.169678	−0.169680	2.010459e−006
0.5	−0.143467	−0.143469	2.197405e−006
0.6	−0.091186	−0.091188	2.277961e−006
0.7	−0.013412	−0.013415	2.264725e−006
0.8	0.089331	0.089329	2.171178e−006
0.9	0.216572	0.216570	2.011284e−006
1.0	0.367881	0.367879	1.799112e−006

```
% ordsys.m %
  a = 0 ; b = 1 ;
  y1 = 0 ; y2 = -1 ; y3 = 3 ;
  x = [a ; y1 ; y2 ; y3] ;
  h = 0.1 ; h2 = 0.5*h ; nstep = 10 ; xlast = length(x) ;
  start1 = x(1) ;
  fprintf('x_k         y_1          ytrue          error\n') ;
  for k = 1 : nstep
    k1 = h*sysfuns(x) ;
    xf = [x(1)+h2 ; x(2 : xlast,1)+0.5*k1] ;
    k2 = h*sysfuns(xf) ;
    xf = [x(1)+h2 ; x(2:xlast,1)+0.5*k2] ;
    k3 = h*sysfuns(xf) ;
    xf = [x(1)+h ; x(2 : xlast,1)+k3] ;
    k4 = h*sysfuns(xf) ;
    x(2 : xlast,1) = x(2 : xlast,1)+(k1+2*k2+2*k3+k4)/6.0 ;
    x(1) = start1+h*k ;
    ytrue = exp(-x(1))+x(1)^2-1 ;
    error = abs(ytrue-x(2)) ;
    fprintf('%4.2f %10.6f %10.6f %14.6e\n', x(1), x(2), ytrue, error)
  end
```

```
% sysfuns.m %
  function [f] = sysfuns(x)
    f(1) = x(3) ;
    f(2) = x(4) ;
    f(3) = -2*x(4)-4*x(3)-3*x(2)+3*x(1)^2+8*x(1)+1 ;
    f = f' ;
  end
```

9.7 다단계 방법의 개요

y_0을 이용하여 y_1을 구하는 방법을 1 단계 방법이라 부른다. 앞에서 다룬 Euler 방법, Taylor 방법, Runge-Kutta 방법 등이 이 부류에 속한다. 두 개의 값 y_0, y_1을 이용하여 y_2를 구하면 2 단계 방법이라 부른다. 일반적으로 y_0, y_1, $\cdots$, y_{k-1}을 이용하여 y_k를 구하면 k 단계 방법이 된다. k 단계 방법의 유도에 대한 핵심은 함수 $f(x, y)$ 대신에 k

점을 지나가는 근사 보간 다항식을 사용한다는 점에 있다.

다음 초기값 문제

$$\frac{dy}{dx} = f(x, y), \ y(x_0) = y_0 \tag{9.15}$$

에서 앞에 있는 식의 양변에 적분을 하면

$$y(x_{k+1}) = y(x_k) + \int_{x_k}^{x_{k+1}} f(x, y)dx \tag{9.16}$$

가 된다. Adams-Bashford n계 방법은 (9.16)에 있는 $f(x, y)$를 n개의 점들 $(x_k, f(x_k, y(x_k)))$, $(x_{k-1}, f(x_{k-1}, y(x_{k-1})))$, $\cdots$, $(x_{k-n}, f(x_{k-n}, y(x_{k-n})))$을 지나가는 보간 다항식으로 대체하고 적분을 하여 얻는 방법이다. $n=1$일 때 위의 첫 두 점을 이용하는 2계 Adams-Bashford 방법은 다음과 같이 주어진다.

$$y_{k+1} = y_k + \frac{h}{2}[3f(x_k, y_k) - f(x_{k-1}, y_{k-1})]$$

절단오차는 $O(h^3)$이 된다. $n=2$일 때 위의 첫 세 점을 이용하는 3계 Adams-Bashford 방법은 다음과 같이 주어진다.

$$y_{k+1} = y_k + \frac{h}{12}[23f(x_k, y_k) - 16f(x_{k-1}, y_{k-1}) + 5f(x_{k-2}, y_{k-2})]$$

이 경우 절단오차는 $O(h^4)$이다. $n=3$일 때 위의 첫 네 점을 이용하는 4계 Adams-Bashford 방법은 다음과 같이 주어진다.

$$y_{k+1} = y_k + \frac{h}{24}[55f(x_k, y_k) - 59f(x_{k-1}, y_{k-1}) + 37f(x_{k-2}, y_{k-2}) - 9f(x_{k-3}, y_{k-3})]$$

이 방법의 절단오차는 $O(h^5)$가 된다.

또 다른 종류의 다단계 방법은 다음 점들 $(x_{k+1}, f(x_{k+1}, y(x_{k+1})))$, $(x_k, f(x_k, y(x_k)))$, $(x_{k-1}, f(x_{k-1}, y(x_{k-1})))$, $\cdots$, $(x_{k-n}, f(x_{k-n}, y(x_{k-n})))$을 사용한다. n계 Adams-Moulton 방법은 (8.15)에 있는 $f(x, y)$를 위의 n개의 점들을 지나가는 보간 다항식으로 대체하고 적분을 하여 얻는 방법이다. $n=0$일 때 위의 첫 두 점 이용하는 2계 Adams-Moulton 방법은 아래와 같이 유도된다.

$$y_{k+1} = y_k + \frac{h}{2}[f(x_{k+1}, y_{k+1}) + f(x_k, y_k)]$$

또한 $n=1$일 때 위의 첫 세 점을 이용하는 3계 Adams-Moulton 방법은

$$y_{k+1} = y_k + \frac{h}{12}[5f(x_{k+1}, y_{k+1}) + 8f(x_k, y_k) - f(x_{k-1}, y_{k-1})]$$

가 되고 $n=2$일 때 위의 첫 네 점을 이용하는 4계 Adams-Moulton 방법은

$$y_{k+1} = y_k + \frac{h}{24}[9f(x_{k+1}, y_{k+1}) + 19f(x_k, y_k) - 5f(x_{k-1}, y_{k-1}) + f(x_{k-2}, y_{k-2})]$$

로 주어진다. 2계, 3계 4계 Adams-Moulton 방법들의 절단오차는 차례대로 $O(h^3)$, $O(h^4)$, $O(h^5)$이다.

초기값 문제를 다룰 때 실질적으로 많이 사용되는 효과적인 방법은 이 절에서 간략히 소개한 4계 Adams-Bashford 방법과 4계 Adams-Moulton 방법을 융합하는 기법을 사용한다. y_{k+1}을 구하기 위하여 4계 Adams-Bashford 공식으로 먼저 예측을 하고 난 뒤 이어서 4계 Adams-Moulton 공식으로 수정을 하는 과정을 거치는데 이 방법을 예측-수정 방법(predictor-corrector method)이라 부르며 다음과 같이 나타내어진다.

$$y_{k+1}^P = y_k + \frac{h}{24}[55f(x_k, y_k) - 59f(x_{k-1}, y_{k-1}) + 37f(x_{k-2}, y_{k-2}) - 9f(x_{k-3}, y_{k-3})]$$

$$y_{k+1} = y_k + \frac{h}{24}[9f(x_{k+1}, y_{k+1}^P) + 19f(x_k, y_k) - 5f(x_{k-1}, y_{k-1}) + f(x_{k-2}, y_{k-2})]$$

초기값 y_{k-3}, y_{k-2}, y_{k-1}, y_k들은 주로 4차 Runge-Kutta 방법을 사용하여 구한다.

프로젝트

다음 초기값 문제의 실제해는 $y(x) = xe^{-x} + 1$이다.

$$\frac{dy}{dx} = (\frac{1}{x} - 1)y - (\frac{1}{x} - 1), \ y(1) = e^{-1} + 1$$

$h = 0.1$로 놓고 구간 $[1,\ 2]$에서 Euler 방법, 4차 Runge-Kutta 방법을 이용하여 근사해를 구하고 실제해와 비교해 보아라. 또한 한 그래프에 실제해와 근사해들의 곡선들을 함께 그려 비교해 보아라.

제 9 장

연습문제

상미분방정식의 수치해법

1. 다음 초기값 문제들에 대하여 해의 존재성과 유일성에 대하여 논하여라.

a) $\dfrac{dy}{dx} = 0.1y,\ y(0) = 1000$

b) $\dfrac{dy}{dx} = \dfrac{\cos x}{e^x} - y,\ y(0) = 0$

2. 다음 초기값 문제에 대하여 해의 존재성과 유일성에 대하여 논하여라. 초기 조건을 만족하는 해는 모두 몇 개인가?

$$\frac{dy}{dx} = y^{1/5},\ y(0) = 0$$

3. 예제 9.1에서 다룬 다음의 초기값 문제를 구간 [1, 1.5]에서 Euler 방법으로 근사해를 구하여라. $h = 0.05$로 놓는다.

$$\frac{dy}{dx} = \frac{1-y}{x},\ y(1) = 2$$

4. 다음 초기값 문제의 해의 존재성과 유일성에 대하여 논하고, 구간 [0, 1]에서 Euler 방법으로 근사해를 구하여라. $h=0.1$로 놓는다.

$$\frac{dy}{dx}=2x(y+2),\quad y(0)=-1$$

실제해는 $y(x)=e^{x^2}-2$이다.

5. 다음 초기값 문제의 해의 존재성과 유일성에 대하여 논하고, 구간 [0, 1]에서 Euler 방법으로 근사해를 구하여라. $h=0.1$로 놓는다.

$$\frac{dy}{dx}=y-\frac{x}{y},\quad y(0)=1$$

실제해는 $y(x)=\sqrt{1+x}$ 이다.

6. 4차 Taylor 방법으로 구간 [1, 1.5]에서 문제 1에 주어진 초기값 문제에 대한 근사해를 구하여라. $h=0.05$로 놓는다.

7. 4차 Taylor 방법으로 구간 [0, 1]에서 문제 2에 주어진 초기값 문제에 대한 근사해를 구하여라. $h=0.1$로 놓는다.

8. 4차 Runge–Kutta 방법으로 구간 [1, 1.5]에서 문제 1에서 다룬 초기값 문제의 근사해를 구하여라. $h=0.05$로 놓는다.

9. 4차 Runge–Kutta 방법으로 구간 [0, 1]에서 문제 2에서 다룬 초기값 문제의 근사해를 구하여라. $h = 0.1$로 놓는다.

10. 4차 Runge–Kutta 방법으로 구간 [0, 1]에서 문제 3에서 다룬 초기값 문제의 근사해를 구하여라. $h = 0.1$로 놓는다.

11. 다음 고계 미분방정식을 1계 선형 연립미분방정식으로 나타내어라.

a) $y'' - \sin(yy') + (y')^3 - e^x = 0$

b) $y''' + 2y'' - x^2y' + y = 0$

12. 다음 2계 미분방정식을 1계 선형 연립미분방정식으로 나타내고 구간 [1, 2]에 대하여 수치해를 구하여라. $h = 0.1$로 놓는다. 실제해는 $y(x) = x\ln x$이다.

$$xy'' + y' + \frac{1}{x}y = 2(1 + \ln x)$$

$$y(1) = 0, \quad y'(1) = 1$$

13. 다음 3계 미분방정식을 1계 선형 연립미분방정식으로 나타내고 구간 [1, 2]에 대하여 수치해를 구하여라. $h = 0.1$로 놓는다. 실제해는 $y(x) = 1/x$이다.

$$y''' = -6y^4$$

$$y(1) = 1, \quad y'(1) = -1, \quad y''(1) = 2$$

14. 아래에 주어진 연립미분방정식은 카오스 개념의 확립에 중요한 역할을 한 Lorenz 방정식이다. [0, 1]상에서 4차 Runge-Kutta 방법으로 근사해를 구하여라. $h = 0.1$로 놓는다.

$$y_1' = -4y_1 + 4y_2$$
$$y_2' = 131y_1 - y_2 - y_1y_3$$
$$y_3' = y_1y_2 - 3/8y_3$$
$$y_1(0) = 1,\ y_2(0) = 0,\ y_3(0) = 0$$

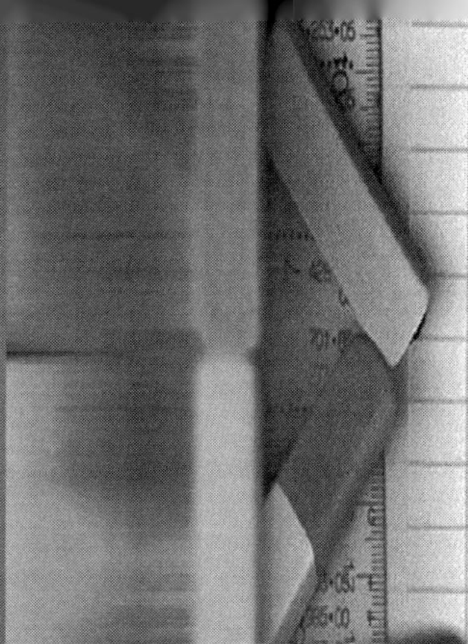

제 10 장

최소자승법

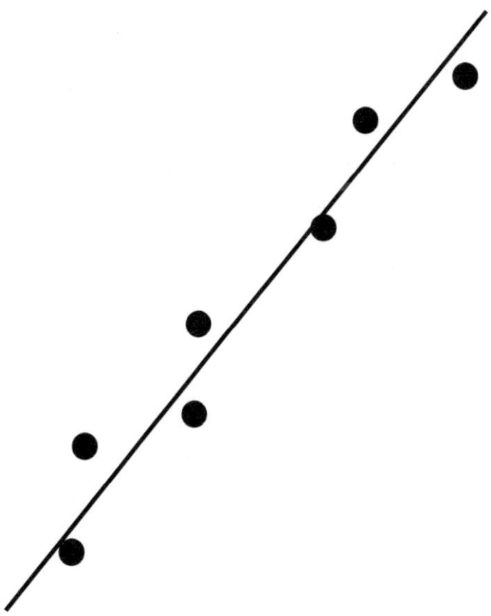

이 장의 내용

10.1 개요

10.2 최소자승법

10.2.1 선형 함수

10.2.2 고차 다항함수

10.2.3 비다항함수

10.2.4 비선형 문제

프로젝트

연습문제

제 10 장

최소자승법

액체의 점성도(viscosity)는 유체의 흐름에 대한 저항성을 나타낸다. 어떤 액체의 점성도 V는 온도 T와 선형 함수 $V = aT + b$의 관계를 가진다고 한다. 이 액체에 대한 실험 결과 다음과 같은 자료를 가진다면 가장 적합한 계수 a, b의 값은 무엇인가?

T	10	20	30	50	70	80	90	100
V	20.3	25.1	31.7	39.4	50.6	54.3	62.0	66.2

이 장에서는 실험, 조사 등에 의해서 주어진 데이터에 가장 적합한 함수를 구하는 방법인 최소자승법을 다룬다.

10.1 개요

이공계뿐만 아니라 사회과학분야 등 여러 영역에서 어떤 실험 또는 조사를 하게 될 경우 아래와 같이 많은 데이터를 수집하고 분석한다.

표 9.1

x	x_1	x_2	x_3	$\cdots$	x_n
y	y_1	y_2	y_3	$\cdots$	y_n

이 데이터들은 이론적으론 정확하게 어떤 함수와 일치해야 하나 실험 또는 조사에 의해서 직접 수집한 데이터들은 측정오류 등과 같은 여러 가지 요인에 의하여 발생하는 실험오차를 포함하고 있다. 따라서 이 데이터들을 가장 잘 나타내어주는 함수(즉, 오차를 최소화하는 함수)를 찾는 방법을 최소자승법(least square method)이라 부른다. 특히 위

에 주어진 n개의 데이터(점)들에 대하여 x와 y가 선형 관계를 가진다고 가정하면 이 점들을 가장 잘 나타내는 직선의 방정식 $y=ax+b$를 구해 주어야 한다. 통계학에서는 이 내용이 한 주요 분야를 차지하며 이를 회귀분석이라 부른다.

데이터에 가장 적합한 함수를 구할 때 1차 다항식뿐만 아니라 일반적으로 n차 다항식을 사용할 수 있으며 나아가 다항식이 아닌 함수들도 사용할 수 있다. 최소자승법은 n개의 이산 점들에 대한 가장 적합한 함수를 구하는 경우에 적용할 뿐만 아니라 어떤 복잡한 함수에 대해 예를 들어 가장 적합한 다항함수를 구해주는 경우에도 적용할 수 있다. 이 장에서는 전자의 경우만 다루도록 한다.

10.2 최소자승법

10.2.1 선형 함수

표 10.1에 있는 점들을 가장 가깝게 지나가는(가장 적합한) 함수의 곡선은 직선이라고 가정하자. 직선의 방정식을 $y=ax+b$로 놓았을 때 이 직선이 점 $(x_k,\ y_k)$를 지나간다면 $y_k=ax_k+b$을 만족한다. 즉, $ax_k+b-y_k=0$가 되고 오차는 0이 된다. 만약, 이 직선이 점 $(x_k,\ y_k)$를 통과하지 않으면 $ax_k+b-y_k\neq 0$가 되고 오차가 발생한다. 이 경우 오차의 양은 $(ax_k+b-y_k)^2$로 표현된다. 따라서 모든 점들에 대한 전체오차는 다음과 같다.

$$\phi(a,\ b)=\sum_{k=1}^{n}(ax_k+b-y_k)^2 \tag{10.1}$$

이제 n개의 점들을 가장 가깝게 지나가는 직선 $y=ax+b$은 (10.1)에 주어진 오차함수 $\phi(a,\ b)$를 최소화하면 얻을 수 있다. 즉, $\partial\phi/\partial a=0,\ \partial\phi/\partial b=0$을 만족하는 미지수 $a,\ b$를 다음 선형 연립방정식으로부터 구하면 된다.

$$\frac{\partial\phi}{\partial a}=0 \Rightarrow 2\sum_{k=1}^{n}(ax_k+b-y_k)x_k=0$$

$$\frac{\partial\phi}{\partial b}=0 \Rightarrow 2\sum_{k=1}^{n}(ax_k+b-y_k)\cdot 1=0$$

위를 정리하면

$$
\begin{aligned}
a\sum_{k=1}^{n} x_k^2 + b\sum_{k=1}^{n} x_k &= \sum_{k=1}^{n} x_k y_k \\
a\sum_{k=1}^{n} x_k + b\sum_{k=1}^{n} 1 &= \sum_{k=1}^{n} y_k
\end{aligned}
\tag{10.2}
$$

로 나타낼 수 있다. 식 (10.2)를 정규 방정식(normal equation)이라 부른다. 또한 식 (10.2)를 행렬·벡터 형태로 나타내면

$$
\begin{pmatrix} \sum_{k=1}^{n} x_k^2 & \sum_{k=1}^{n} x_k \\ \sum_{k=1}^{n} x_k & n \end{pmatrix} \begin{pmatrix} a \\ b \end{pmatrix} = \begin{pmatrix} \sum_{k=1}^{n} x_k y_k \\ \sum_{k=1}^{n} y_k \end{pmatrix}
\tag{10.3}
$$

가 된다.

주목 사실 $\phi(a, b) = \sum_{k=1}^{n} |ax_k + b - y_k|$ 역시 전체오차를 의미하지만 이 오차함수는 실질적으로 잘 사용하지 않는다. 그 이유는 절대값이 포함되면 모든 점에서 미분 가능한 함수가 안 되기 때문이다.

식 (10.3)은 다른 간단한 접근 방법으로 유도할 수 있다. 만약

$$
A = \begin{pmatrix} x_1 & 1 \\ x_2 & 1 \\ \vdots & \vdots \\ x_n & 1 \end{pmatrix}, \quad \boldsymbol{c} = \begin{pmatrix} a \\ b \end{pmatrix}, \quad \boldsymbol{y} = \begin{pmatrix} y_1 \\ y_2 \\ \vdots \\ y_n \end{pmatrix}
$$

로 둔다면

$$
A^T A\boldsymbol{c} = A^T \boldsymbol{y}
\tag{10.4}
$$

는 (10.3)과 일치한다는 것을 알 수 있다.

예제 10.1 10장 첫 부분에서 언급한 액체의 점성도 문제를 다루어 보아라. 즉, 어떤 액체의 점성도 V와 온도 T와의 관계가 $V = aT + b$로 주어진다고 할 때 실험에 의해서 얻은 다음 자료에 가장 적합한 계수 a, b는 무엇인가?

T	10	20	30	50	70	80	90	100
V	20.3	25.1	31.7	37.4	50.6	54.3	62.0	70.2

$$A^T = \begin{pmatrix} 10 & 20 & 30 & 50 & 70 & 80 & 90 & 100 \\ 1 & 1 & 1 & 1 & 1 & 1 & 1 & 1 \end{pmatrix},$$

$$y = (20.3\ 25.1\ 31.7\ 37.4\ 50.6\ 54.3\ 62.0\ 70.2)^T$$

가 된다. 따라서 $A^TAc = A^Ty$은

$$\begin{pmatrix} 33300 & 450 \\ 450 & 8 \end{pmatrix}\begin{pmatrix} a \\ b \end{pmatrix} = \begin{pmatrix} 24012 \\ 352 \end{pmatrix}$$

가 되고 프로그램 lsl.m에 의하여 $a = 0.5301$, $b = 14.1296$가 됨을 알 수 있다. 그림 10.1에 있는 원 'o'는 각각의 데이터를 나타내고 직선은 이 데이터에 가장 적합한 1차 함수 $V = 0.5301T + 14.1296$에 대한 그래프이다.

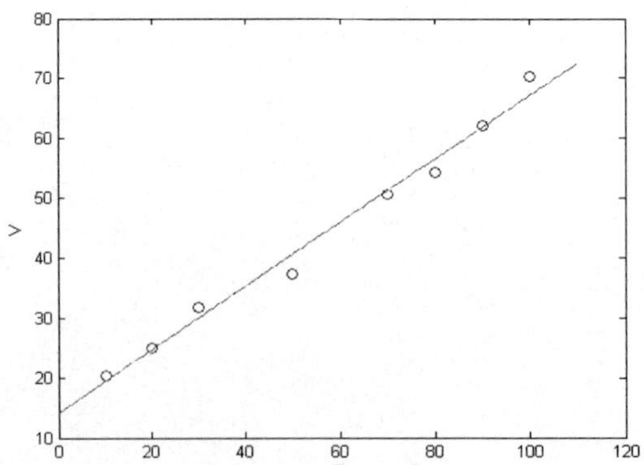

그림 10.1

```
% ls1.m %
  x = [10 ; 20 ; 30 ; 50 ; 70 ; 80 ; 90 ; 100] ;
  y = [20.3 ; 25.1 ; 31.7 ; 37.4 ; 50.6 ; 54.3 ; 62.0 ; 70.2] ;
  xlength = length(x) ;
  one = ones(xlength,1) ;
  A = [x  one] ;
  c = inv(A'*A)*A'*y

  xx = 0 : 1 : 110 ;
  yy = c(1)*xx+c(2) ;
  plot(x, y, 'o', xx, yy, '-') ;
  xlabel('T'); ylabel('V') ;
```

10.2.2 고차 다항함수

주어진 데이터가 2차, 3차 또는 고차 다항함수에 더 적합하다면 아래의 m차 다항함수를 최소자승법에 활용할 수 있다.

$$p(x) = a_m x^m + a_{m-1} x^{m-1} + \cdots + a_1 x + a_0$$

이 경우 오차함수는

$$\phi(a_m,\ a_{m-1},\ \cdots,\ a_0) = \sum_{k=1}^{n} (a_m x_k^m + a_{m-1} x_k^{m-1} + \cdots + a_1 x_k + a_0 - y_k)^2$$

가 되고 정규방정식은

$$A = \begin{pmatrix} x_1^m & x_1^{m-1} & \cdots & x_1 & 1 \\ x_2^m & x_2^{m-1} & \cdots & x_2 & 1 \\ \vdots & \vdots & \ddots & \vdots & \vdots \\ x_n^m & x_n^{m-1} & \cdots & x_n & 1 \end{pmatrix},\quad c = \begin{pmatrix} a_m \\ a_{m-1} \\ \vdots \\ a_1 \\ a_0 \end{pmatrix},\quad y = \begin{pmatrix} y_1 \\ y_2 \\ \vdots \\ y_n \end{pmatrix}$$

로 정의하여 (10.4)로 나타내면 된다.

예를 들어 $m=2$일 때

$$A=\begin{pmatrix} x_1^2 & x_1 & 1 \\ x_2^2 & x_2 & 1 \\ \vdots & \vdots & \vdots \\ x_n^2 & x_n & 1 \end{pmatrix}$$

가 되고 정규방정식은

$$\begin{pmatrix} \sum_{k=1}^{n} x_k^4 & \sum_{k=1}^{n} x_k^3 & \sum_{k=1}^{n} x_k^2 \\ \sum_{k=1}^{n} x_k^3 & \sum_{k=1}^{n} x_k^2 & \sum_{k=1}^{n} x_k \\ \sum_{k=1}^{n} x_k^2 & \sum_{k=1}^{n} x_k & n \end{pmatrix}\begin{pmatrix} a_2 \\ a_1 \\ a_0 \end{pmatrix}=\begin{pmatrix} \sum_{k=1}^{n} x_k^2 y_k \\ \sum_{k=1}^{n} x_k y_k \\ \sum_{k=1}^{n} y_k \end{pmatrix} \tag{10.5}$$

가 된다. 프로그램 lslin.m은 벡터 x와 y 그리고 n을 입력받고 입력된 데이터에 가장 적합한 n차 다항함수를 구한다.

예제 10.2 다음에 주어진 데이터들에 가장 가깝게 지나가는 2차 다항식 $p(x)=a_2x^2+a_1x+a_0$은 무엇인가?

x	−2.0	−1.5	−1.0	0	1.0	1.5	2.0
y	−1.5	0	1.2	1.3	1.0	0.3	−2.0

식 (10.5) 형식으로 나타내면

$$\begin{pmatrix} 44.1250 & 0 & 14.5000 \\ 0 & 14.5000 & 0 \\ 14.5000 & 0 & 7.0000 \end{pmatrix}\begin{pmatrix} a_2 \\ a_1 \\ a_0 \end{pmatrix}=\begin{pmatrix} -11.1250 \\ -0.7500 \\ 0.3000 \end{pmatrix}$$

가 된다. 위의 연립방정식의 해를 구하면

$$a_2=-0.8337,\ a_1=-0.0517,\ a_0=1.7698$$

을 얻는다. 따라서 2차 다항식 $p(x) = -0.8337x^2 - 0.0517x + 1.7698$의 그래프는 그림 10.2에서 볼 수 있다.

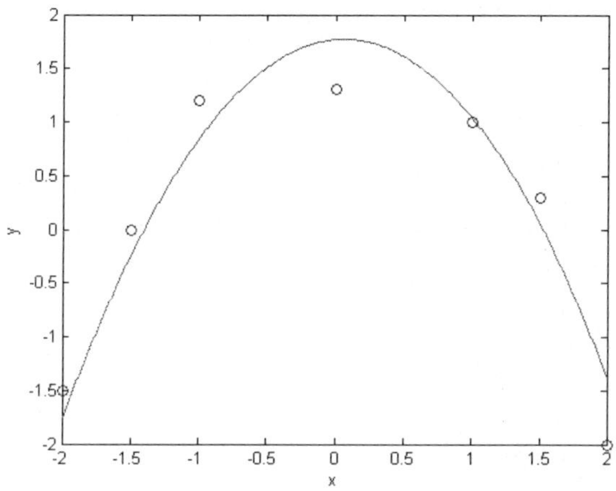

그림 10.2

```
% lslin.m %
  xinput = input('벡터 x = ');
  yinput = input('벡터 y = ');
  n = input('차수 n = ');
  M = length(xinput) ;
  X1 = 0 ; X = 0 ; XY1 = 0 ; XY2 = 0 ;
  P = 0 ; Pxin = 0 ;
  for i = 1 : n+1
     for j = 1 : n+1
        XSUM = 0 ;
        for k = 1 : M
           X1 = xinput(k) ;
           X = X1^(i+j-2) ;
           XSUM = X+XSUM ;
        end
        A(n+2-i, n+2-j) = XSUM ;
     end
  end
  for i = 1 : n+1
        XYSUM = 0 ;
        for k = 1 : M
```

```
XY1 = xinput(k) ;
XY2 = yinput(k) ;
XYSUM = XYSUM+XY1^(i-1)*XY2 ;
    end
    b(n+2-i) = XYSUM ;
end
c = A\b' ;
astart = xinput(1) ;
bend = xinput(M) ;
vstep = 0.01 ;
Pxin = astart : vstep : bend ;
nstep = (bend-astart) / vstep+1 ;
for Q = 1 : nstep
  PSUM = 0 ;
  for T = 1 : n+1
    P = c(n+2-T)*Pxin(Q)^(T-1) ;
    PSUM = P+PSUM ;
  end
  PT(Q) = PSUM ;
end
plot(xinput, yinput, 'o', Pxin, PT, '-')
xlabel('x') ; ylabel('y') ;
```

10.2.3 비다항함수

주어진 데이터 $(x_1,\ y_1),\ (x_2,\ y_2),\ \cdots,\ (x_n,\ y_n)$가 다음과 같은 형태의 함수에 더 적합하다면

$$f(x) = ag_1(x) + bg_2(x) + cg_3(x)$$

오차함수는 아래와 같이 주어지고

$$\phi(a,\ b,\ c) = \sum_{k=1}^{n} [ag_1(x_k) + bg_2(x_k) + cg_3(x_k) - y_k]^2$$

정규방정식은 다음과 같이 표현된다.

$$\begin{pmatrix} \sum_{k=1}^{n} g_1(x_k)^2 & \sum_{k=1}^{n} g_1(x_k)g_2(x_k) & \sum_{k=1}^{n} g_1(x_k)g_3(x_k) \\ \sum_{k=1}^{n} g_1(x_k)g_2(x_k) & \sum_{k=1}^{n} g_2(x_k)^2 & \sum_{k=1}^{n} g_2(x_k)g_3(x_k) \\ \sum_{k=1}^{n} g_1(x_k)g_3(x_k) & \sum_{k=1}^{n} g_2(x_k)g_3(x_k) & \sum_{k=1}^{n} g_3(x_k)^2 \end{pmatrix} \begin{pmatrix} a \\ b \\ c \end{pmatrix} = \begin{pmatrix} \sum_{k=1}^{n} y_k g_1(x_k) \\ \sum_{k=1}^{n} y_k g_2(x_k) \\ \sum_{k=1}^{n} y_k g_3(x_k) \end{pmatrix}$$

예를 들어 $y = ax^2 + b\sin x + ce^x$ 일 때 오차함수는

$$\phi(a,\ b,\ c) = \sum_{k=1}^{n} [ax_k^2 + b\sin x_k + ce^{x_k} - y_k]^2$$

가 되며 정규방정식은

$$\begin{pmatrix} \sum_{k=1}^{n} x_k^4 & \sum_{k=1}^{n} x_k^2 \sin x_k & \sum_{k=1}^{n} x_k^2 e^{x_k} \\ \sum_{k=1}^{n} x_k^2 \sin x_k & \sum_{k=1}^{n} \sin^2 x_k & \sum_{k=1}^{n} \sin x_k e^{x_k} \\ \sum_{k=1}^{n} x_k^2 e^{x_k} & \sum_{k=1}^{n} \sin x_k e^{x_k} & \sum_{k=1}^{n} e^{2x_k} \end{pmatrix} \begin{pmatrix} a \\ b \\ c \end{pmatrix} = \begin{pmatrix} \sum_{k=1}^{n} y_k x_k^2 \\ \sum_{k=1}^{n} y_k \sin x_k \\ \sum_{k=1}^{n} y_k e^{x_k} \end{pmatrix}$$

가 된다.

10.2.4 비선형 문제

지금까지 다룬 최소자승법 문제들은 모두 선형 연립방정식 형태로 귀착되었다. 다음 경우는 비선형 방정식 또는 비선형 연립방정식 형태로 나타낼 수 있는데 이를 비선형 문제라고 부른다. 비선형 문제는 4장 또는 8장에서 다룬 Newton 방법을 이용하여 해결할 수 있다. 주어진 데이터 $(x_1,\ y_1)$, $(x_2,\ y_2)$, $\cdots$, $(x_n,\ y_n)$가 함수 $y = e^{ax}$에 적합하다고 예상하면 가장 적절한 a의 값을 구해주면 된다. 이 경우 오차함수는

$$\phi(a) = \sum_{k=1}^{n} [e^{ax_k} - y_k]^2$$

가 되고 다루어야 할 방정식은

$$2\sum_{k=1}^{n}(e^{ax_k}-y_k)e^{ax_k}x_k=0$$

가 된다. 위의 식은 a에 대하여 비선형이다. 만약 주어진 데이터가 2개의 매개변수를 갖는 함수 $y=be^{ax}$에 더욱 적합하다면 오차함수는

$$\phi(a,\ b)=\sum_{k=1}^{n}[be^{ax_k}-y_k]^2$$

가 되며 도출되는 방정식은 다음과 같이 비선형 연립방정식이 된다.

$$2\sum_{k=1}^{n}(be^{ax_k}-y_k)be^{ax_k}x_k=0$$
$$2\sum_{k=1}^{n}(be^{ax_k}-y_k)e^{ax_k}=0$$

위의 연립방정식을 Newton 방법으로 다루면 가장 적절한 a, b의 값을 구할 수 있다.

프로젝트

다음과 같이 10개의 자료들은 인공위성으로부터 전송받았다.

t	10	20	30	50	60	80	90	100
y	5.0	10.5	20.1	35.0	30.2	14.7	8.3	5.0

여기서 t_i는 파장(wavelength), y_i는 태양 분광 데이터(solar spectroscopy data)을 의미한다. 이 자료들은 비록 실험오차가 내포되어 있어도 벨 모양의 곡선(bell-shape)을 따른다. 벨 모양의 일반적인 함수는 다음과 같이 주어진다.

$$y(a,\ b,\ c,\ d,\ t) = a + be^{-(t+c)^2/d}$$

이 때 가장 적합한 벨 모양의 함수를 구하여라.

제 10 장

연습문제

최소자승법

1. 다음 데이터를 가장 잘 나타내는 직선의 방정식 $y = ax + b$를 구하여라.

x	−2	−1	0	1	2
y	−3	−1	−1	0	0

2. 아래의 데이터를 가장 잘 나타내는 2차 방정식 $y = ax^2 + bx + c$을 구하여라.

x	−1	0	2	3	4	5
y	−2	1	2	1	1	−1

3. 아래의 데이터에 적합한 형태의 방정식이 $y = ax^3 + b$라고 할 때, 계수 a, b를 구하여라.

x	−2	−1	0	1	2
y	−7	−1	2	2	6

4. 어떤 액체의 표면장력(surface tension) S와 온도 T와의 관계는 선형 $S = aT + b$로 주어진다고 알려져 있다. 실험에 의해서 얻은 다음의 자료에 가장 적합한 계수 a, b는 무엇인가?

T	0	20	40	60	80	100
S	75.4	68.3	65.2	57.0	54.9	51.6

5. 다음과 같이 주어진 n개의 데이터에 가장 적합한 형태의 방정식이 $y = ce^x$ 라고 할 때 계수 c의 값은 어떻게 주어지는가?

x	x_1	x_2	x_3	$\cdots$	x_n
y	y_1	y_2	y_3	$\cdots$	y_n

6. 문제 5에 주어진 n개의 데이터에 $y = c\log x$가 더 적합하다면 계수 c의 값은 무엇인가?

7. 아래에 주어진 자료를 가장 잘 나타내는 방정식 $y = e^{ax}$를 구하여라.

x	-1	0	1
y	0.5	1	3

8. 문제 7에 주어진 자료가 방정식 $y = be^{ax}$에 더 적합하다면 계수 a, b를 구할 수 있도록 식을 세워 보아라.

9. 다음 데이터는 세 함수의 일차 결합인 $y = ax^2 + b\sin x + ce^x$을 따른다고 한다.

x	-2	-1	0	1	2
y	5	-8	-1	2	3

a) 계수 a, b, c를 구할 수 있도록 최소자승법에 의한 식을 세워 보아라.
b) 계수 a, b, c의 값들을 구하여라.

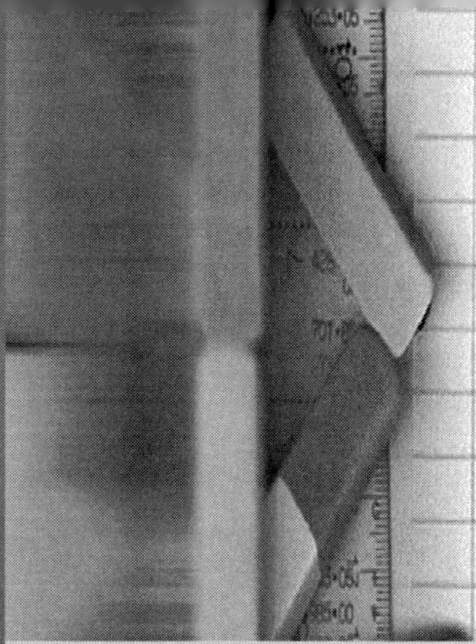

제 11 장

고유값 문제

이 장의 내용

제 11 장

고유값 문제

고유값은 연립미분방정식의 해에 대한 안정성 문제 등과 밀접하게 관련되어 있다. A가 실수값을 갖는 $n \times n$ 행렬일 때 $n \times 1$ 벡터 $x \neq 0$에 대하여

$$Ax = \lambda x \tag{11.1}$$

를 만족하는 상수 λ를 A의 고유값이라 부르고, x는 λ에 대응하는 A의 고유벡터라 부른다. A의 고유값들을 구하기 위해서는 다음 방정식

$$p(\lambda) = \det(A - \lambda I) = c_0 + c_1\lambda + c_2\lambda^2 + \cdots + c_{n-1}\lambda^{n-1} + (-1)^n\lambda^n = 0 \tag{11.2}$$

의 근을 구하면 된다. 하지만 다항식의 근을 구하는 것은 수치적으로 안정적이지 못하기 때문에 이 장에서는 행렬 A의 고유값을 구하는 안정적인 수치방법들에 대해 알아본다.

11.1 개요

행렬 A의 고유값과, 나아가 고유벡터를 구하는 방법들 중에 쉽게 접할 수 있는 하나의 방법은 (11.1)을

$$(A - \lambda I)x = 0 \tag{11.3}$$

로 두는 것이다. 여기서 행렬 $A - \lambda I$는 정칙행렬이 될 수 없기 때문에 $\det(A - \lambda I) = 0$, 즉 (11.2)가 된다. 식 (11.2)를 A의 특성방정식(characteristic equation)이라 부르는데 이 특성방정식의 근들이 바로 A의 고유값들이 된다. 이 과정을 이해하는데 도움이 되도록 다음 예제를 다뤄보도록 하자.

예제 11.1 $A = \begin{pmatrix} 7 & -1 & 3 \\ 23 & -6 & 7 \\ -17 & 6 & -3 \end{pmatrix}$에 대한 고유값을 구하여라.

A의 특성방정식은 다음과 같다.

$$\begin{aligned} p(\lambda) = \det(A - \lambda I) &= \begin{pmatrix} 7-\lambda & -1 & 3 \\ 23 & -6-\lambda & 7 \\ -17 & 6-\lambda & -3 \end{pmatrix} \\ &= -\lambda^3 - 2\lambda^2 + 13\lambda - 10 \\ &= -(\lambda+5)(\lambda-2)(\lambda-1) \\ &= 0 \end{aligned}$$

따라서 $\lambda_1 = -5$, $\lambda_2 = 2$, $\lambda_3 = 1$는 A의 고유값들이다. 식 (11.3)을 사용하여 λ_1에 대응하는 고유벡터를 구하면 $x = 4,\ 15,\ -11^{\,T}$을 얻는다.

하지만 특성방정식의 근들은 일반적으로 구하기가 쉽지 않다. 그 이유는 차수가 높을수록 (즉, n의 값이 클수록) 불량조건 문제가 발생하고 그 결과 실제값에 비해 오차가 매우 큰 엉뚱한 결과를 초래할 수 있기 때문이다. 따라서 A의 고유값을 구하기 위하여 특성방정식의 근을 구하는 방법은 잘 사용하지 않는다.

A의 고유값을 구하는 효과적인 수치방법으로는 대칭행렬에 적합한 Jacobi 방법, Givens 방법, Householder 방법 등이 있으며, 비대칭행렬에 효율적인 멱방법, LR 분해법, QR 분해법 등이 있다. 이 장에서는 절대값이 가장 큰 고유값과 그에 대응하는 고유벡터를 구해주는 멱방법, 반복적인 Jacobi 방법, Householder 방법을 적용하는 반복적인 QR 분해법에 대해서 살펴보고자 한다. 먼저 11장 2절은 고유값의 여러 성질을 다룬다.

11.2 고유값의 성질

두 개의 정방행렬 A와 B에 대하여 만약 어떤 정칙행렬(nonsingular matrix) S가 존재해서 $B = S^{-1}AS$가 되면 A와 B는 서로 유사(similar)하다고 한다. 다음 정리는 두 행렬이 서로 유사하면 같은 고유값을 가진다는 것을 보여 준다.

정리 11.1

A와 B가 서로 유사(similar)하면 그들의 고유값들은 같다.

증명 A와 B가 서로 유사하면 어떤 정칙행렬 S가 존재해서 $B = S^{-1}AS$가 된다. λ를 B의 고유값이라고 하자. 그러면

$$\begin{aligned}\det(B - \lambda I) &= \det(S^{-1}AS - \lambda S^{-1}IS) \\ &= \det[S^{-1}(A - \lambda I)S] \\ &= \det S^{-1}\det(A - \lambda I)\det S \\ &= \det(A - \lambda I)\end{aligned}$$

따라서 λ 역시 A의 고유값이 된다.

정리 11.2

실수 값을 가지는 행렬 A가 대칭(symmetric)이면 실수 고유값들을 가진다.

증명 λ를 A의 고유값, x를 이에 대응하는 고유벡터라고 하면

$$Ax = \lambda x \tag{11.4}$$

를 만족한다. 양쪽에 공액복소수를 취하면

$$A\overline{x} = \overline{\lambda}\,\overline{x} \tag{11.5}$$

가 된다. 식 (11.4)에 전치를 구하고 $\overline{x}$를 곱하면

$$(Ax)^T\overline{x} = (\lambda x)^T\overline{x} = \lambda x^T\overline{x} \tag{11.6}$$

가 되며 한편 (11.5)에 의해서

$$(Ax)^T\overline{x} = x^TA\,\overline{x} = x^T\overline{\lambda}\,\overline{x} = \overline{\lambda}x^T\overline{x} \tag{11.7}$$

로 나타낼 수 있다. 식 (11.6)과 (11.7)을 비교하면 $\lambda x^T\overline{x}=\overline{\lambda}x^T\overline{x}$, 즉$(\lambda-\overline{\lambda})x^T\overline{x}=0$가 된다. 그러나 $x^T\overline{x}\neq 0$이기 때문에 $\lambda=\overline{\lambda}$가 되어야 한다. 이는 결국 λ는 실수가 되어야 함을 의미한다.

정리 11.3

A가 $n\times n$ 행렬이고 $x_1, x_2, \cdots, x_n$은 A의 서로 다른 고유값들 $\lambda_1, \lambda_2, \cdots, \lambda_n$의 고유벡터들이면 $x_1, x_2, \cdots, x_n$는 일차독립이 된다.

증명 증명은 귀납법으로 다룬다. $n=1$일 때 $c_1x_1=0$에서 $x_1\neq 0$이기 때문에 $c_1=0$가 된다. $n=k$일 때 $x_1, x_2, \cdots, x_k$는 일차독립이라고 가정하자. 이제 $x_1, x_2, \cdots, x_{k+1}$이 일차독립이 됨을 보여 주도록 하자. 즉,

$$c_1x_1+c_2x_2+\cdots+c_kx_k+c_{k+1}x_{k+1}=0 \tag{11.8}$$

로 놓았을 때 $c_1=c_2=\cdots=c_k=c_{k+1}=0$임을 보이면 된다. 식 (11.8)의 좌우 각 항에 $A-\lambda_{k+1}I$를 곱하면

$$\begin{aligned}&c_1(Ax_1-\lambda_{k+1}x_1)+c_2(Ax_2-\lambda_{k+1}x_2)+\cdots\\&+c_k(Ax_k-\lambda_{k+1}x_k)+c_{k+1}(Ax_{k+1}-\lambda_{k+1}x_{k+1})=0\end{aligned} \tag{11.9}$$

가 된다. $Ax_i=\lambda_ix_i,\ i=1, 2, \cdots, k+1$를 (11.9)에 대입하면

$$c_1(\lambda_1-\lambda_{k+1})x_1+c_2(\lambda_2-\lambda_{k+1})x_2+\cdots+c_k(\lambda_k-\lambda_{k+1})x_k=0$$

가 주어진다. 가정에 의하여 $x_1, x_2, \cdots, x_k$는 일차독립이기 때문에 $c_i(\lambda_i-\lambda_{k+1})=0$, $i=1, 2, \cdots, k$를 만족한다. 그런데 고유값들은 서로 다르기 때문에 ($\lambda_i\neq\lambda_{k+1}$, $i=1, 2, \cdots, k$) $c_1=c_2=\cdots=c_k=0$가 되어야 한다. 또한 식 (11.5)는 $c_{k+1}x_{k+1}=0$로 나타내어지며 따라서 $c_{k+1}=0$가 된다.

11.3 멱방법(power method)

멱방법은 절대값이 가장 큰 고유값과 이에 대응하는 고유벡터를 구하는 방법이다. 행렬 A는 $n\times n$ 행렬이고 고유값 λ_1, λ_2, $\cdots$, λ_n을 가지며

$$|\lambda_1| > |\lambda_2| \geq |\lambda_3| \geq \cdots \geq |\lambda_n|$$

를 만족한다고 가정하자. 이들에 대응하는 고유벡터들 $\boldsymbol{x}_1$, $\boldsymbol{x}_2$, $\cdots$, $\boldsymbol{x}_n$은 일차 독립이라고 가정한다(고유값들이 서로 다르면 정리 11.3에 의하여 이들에 대응하는 고유벡터들 $\boldsymbol{x}_1$, $\boldsymbol{x}_2$, $\cdots$, $\boldsymbol{x}_n$은 일차 독립이 된다. 또한 서로 다르지 않더라도 n개의 일차독립 고유벡터들을 구할 수 있다). 따라서 $\boldsymbol{x}_1$, $\boldsymbol{x}_2$, $\cdots$, $\boldsymbol{x}_n$은 n차원 유클리디언 공간 R^n에서 하나의 기저(basis)가 된다.

임의의 벡터 $\boldsymbol{v}^{(0)}$가 주어졌을 때 $\boldsymbol{z}^{(0)} = \boldsymbol{v}^{(0)}/\|\boldsymbol{v}^{(0)}\|_\infty$로 놓자. 여기서 $\|\boldsymbol{v}^{(0)}\|_\infty$는 벡터 $\boldsymbol{v}^{(0)}$의 성분들 중에서 절대값이 가장 큰 것을 의미한다. 예를 들어, $\boldsymbol{v}^{(0)} = (2,\ 0.5,\ -3,\ 1)^T$일 때 $\|\boldsymbol{v}^{(0)}\|_\infty = -3$이 된다. $\boldsymbol{x}_1$, $\boldsymbol{x}_2$, $\cdots$, $\boldsymbol{x}_n$은 하나의 기저이기 때문에 $\boldsymbol{z}^{(0)}$는 다음과 같이 이들의 선형 조합으로 나타낼 수 있다.

$$\boldsymbol{z}^{(0)} = c_1\boldsymbol{x}_1 + c_2\boldsymbol{x}_2 + \cdots + c_n\boldsymbol{x}_n$$

$\boldsymbol{v}^{(1)} = A\boldsymbol{z}^{(0)}$로 놓으면

$$\begin{aligned}\boldsymbol{v}^{(1)} &= c_1A\boldsymbol{x}_1 + c_2A\boldsymbol{x}_2 + \cdots + c_nA\boldsymbol{x}_n \\ &= c_1\lambda_1\boldsymbol{x}_1 + c_2\lambda_2\boldsymbol{x}_2 + \cdots + c_n\lambda_n\boldsymbol{x}_n\end{aligned}$$

가 된다. 나아가 $\boldsymbol{z}^{(1)} = \boldsymbol{v}^{(1)}/\|\boldsymbol{v}^{(1)}\|_\infty$로 둔다. 다음은 $\boldsymbol{v}^{(2)} = A\boldsymbol{v}^{(1)} = A^2\boldsymbol{z}^{(0)}$로 놓으면 $\boldsymbol{v}^{(2)} = c_1\lambda_1^2\boldsymbol{x}_1 + c_2\lambda_2^2\boldsymbol{x}_2 + \cdots + c_n\lambda_n^2\boldsymbol{x}_n$가 된다. 그리고 $\boldsymbol{z}^{(2)} = \boldsymbol{v}^{(2)}/\|\boldsymbol{v}^{(2)}\|_\infty$로 둔다. 이 과정을 계속 반복하면 $\boldsymbol{v}^{(k)} = A\boldsymbol{v}^{(k-1)} = A^k\boldsymbol{z}^{(0)}$, $\boldsymbol{z}^{(k)} = \boldsymbol{v}^{(k)}/\|\boldsymbol{v}^{(k)}\|_\infty$가 된다. 따라서

$$\begin{aligned} z^{(k)} &= \frac{A^k z^{(0)}}{\|A^k z^{(0)}\|_\infty} \\ &= \frac{1}{\|A^k z^{(0)}\|_\infty}(c_1\lambda_1^k \boldsymbol{x}_1 + c_2\lambda_2^k \boldsymbol{x}_2 + \cdots + c_n\lambda_n^k \boldsymbol{x}_n) \\ &= \frac{\lambda_1^k}{\|A^k z^{(0)}\|_\infty}[c_1\boldsymbol{x}_1 + c_2(\frac{\lambda_2}{\lambda_1})^k \boldsymbol{x}_2 + \cdots + c_n(\frac{\lambda_n}{\lambda_1})^k \boldsymbol{x}_n] \end{aligned} \tag{11.10}$$

로 나타낼 수 있다. 이제 k가 무한대로 가면($k \to \infty$)

$$z^{(k)} \to \frac{c_1\lambda_1^k}{\|A^k z^{(0)}\|_\infty}\boldsymbol{x}_1 = c\boldsymbol{x}_1$$

가 된다. 즉, $z^{(k)}$는 λ_1에 대응하는 고유벡터 $\boldsymbol{x}_1$ ($\boldsymbol{x}_1$의 배수)로 수렴한다. λ_1의 근사값을 구하기 위해서 A를 (11.10)에 곱하면

$$Az^{(k)} \to \frac{\lambda_1^k}{\|A^k z^{(0)}\|_\infty}c_1\lambda_1\boldsymbol{x}_1 = \lambda_1 z^{(k)} \tag{11.11}$$

로 다가감을 알 수 있다. $z^{(k)}$의 전치(transposition) $(z^{(k)})^T$를 (11.11)의 양 변에 곱하고 정리하면

$$\frac{(z^{(k)})^T A z^{(k)}}{(z^{(k)})^T z^{(k)}} \to \lambda_1$$

가 되고

$$\lambda_1^{(k)} = \frac{(z^{(k)})^T A z^{(k)}}{(z^{(k)})^T z^{(k)}}$$

로 나타내면 k가 무한대로 갈 때 $\lambda_1^{(k)} \to \lambda_1$로 수렴한다.

아래에 간략히 요약하여 나타낸 과정을 멱방법(power method)이라 부른다.

임의의 초기 벡터 $v^{(0)}$를 정하고 다음을 $k=0, 1, 2, \cdots$에 대하여 반복 실행한다.

1. $z^{(k)} = v^{(k)} / \|v^{(k)}\|_\infty$
2. $\lambda_1^{(k+1)} = \dfrac{(z^{(k)})^T A z^{(k)}}{(z^{(k)})^T z^{(k)}}$
3. $v^{(k+1)} = Av^{(k)}$

멱방법의 수렴속도는 (11.10)에 있는 $(\lambda_i/\lambda_1)^k$, $i=2, 3, \cdots, n$들이 얼마나 빨리 0으로 다가가는지에 달려 있다. 특히 $\lambda_1 \gg \lambda_2$이면 수렴속도가 빠르며 $\lambda_1 \approx \lambda_2$일 경우에는 상당히 많은 실행횟수가 요구된다.

예제 11.2 $A = \begin{pmatrix} 7 & -1 & 3 \\ 23 & -6 & 7 \\ -17 & 6 & -3 \end{pmatrix}$일 때 멱방법을 이용하여 절대값이 가장 큰 고유값을 구하여라.

$v^{(0)} = (1, 1, 1)^T$로 임의로 정하면 $\|v^{(0)}\|_\infty = 1$이 된다.

$k=0$인 경우

$$z^{(0)} = v^{(0)} / \|v^{(0)}\|_\infty = (1, 1, 1)^T,$$

$$\lambda_1^{(1)} = \frac{(z^{(0)})^T A z^{(0)}}{(z^{(0)})^T z^{(0)}} = 6.333333, \quad v^{(1)} = Av^{(0)} = (9, -24, -14)^T$$

을 얻는다.

$k=1$인 경우

$$z^{(1)} = v^{(1)} / \|v^{(1)}\|_\infty = (0.375000, 1.000000, -0.583333)^T,$$

$$\lambda_1^{(2)} = \frac{(z^{(1)})^T A z^{(1)}}{(z^{(1)})^T z^{(1)}} = -1.558030, \quad v^{(2)} = Av^{(1)} = (-3, -35, 33)^T$$

를 얻는다. 이어서

$$z^{(2)} = v^{(2)} / \| v^{(2)} \|_{\infty} = (-0.085714,\ -1.000000,\ 0.942857)^T$$

가 된다. 프로그램 power.m에 의하여 얻은 반복 실행 결과는 표11.1에 주어져 있다. $k = 17$일 때 $\lambda_1^{(17)} = -5.000009$이며

$$z^{(17)} = (0.266667,\ 1.000000,\ -0.733333)^T$$

이다. 절대값이 가장 큰 A의 실제 고유값은 −5.0이며 대응되는 고유벡터는 $x_1 = (24/90,\ 1,\ -22/30)^T$이다.

표 11.1

k	고유값 λ_k	고유벡터 z_k
1	6.333333	(0.375000, 1.000000, –-0.583333)
2	–1.558030	(–0.085714, –1.000000, 0.942857)
3	–9.415842	(0.303763, 1.000000, –0.693548)
4	–3.928738	(–0.246699, –1.000000, 0.753996)
5	–5.554251	(0.273934, 1.000000, –0.725942)
10	–4.994535	(–0.266588, –1.000000, 0.733412)
15	–5.000056	(0.266667, 1.000000, –0.733333)
16	–4.999978	(–0.266666, –1.000000, 0.733334)
17	–5.000009	(0.266667, 1.000000, –0.733333)

```
% power.m %
  A = [7 -1 3 ; 23 -6 7 ; -17 6 -3] ;
  n = length(A) ;
  v = ones(n,1) ;
  maxv = max(abs(v)) ;
  z = v/maxv ;
  error = 100 ;
  eps = 10^(-5) ;
  eigen = 0 ;
  k = 0 ;
  fprintf('   k       eigen_k                              z_k \n') ;
  while  error >= eps
     k = k+1 ;
     v = A*z ;
     neweigen = (z'*v)/(z'*z) ;
     maxv = max(abs(v)) ;
     z = v/maxv ;
     error = abs(neweigen-eigen)/abs(neweigen) ;
     eigen = neweigen ;
     fprintf('%4.0f %10.6f ', k, neweigen) ;
     for  i = 1 : n
        fprintf('%10.6f ', z(i)) ;
     end
     fprintf('\n') ;
  end
```

11.4 Jacobi 방법

A를 실수값을 가지는 대칭행렬이라고 하고 D는 A의 고유값을 갖는 대각행렬이라고 하자. 그러면 어떤 직교행렬 Q가 존재해서 $Q^T A Q = D$가 성립한다는 것은 잘 알려져 있다. Jacobi 방법은 반복적인 방법인데 반복 실행 때 마다 A의 비대각원소를 0으로 만드는 직교행렬(예. $Q(i,\ j)$)을 구하여 A의 양쪽에 곱해줌으로써 결국 $Q^T A Q = D$의 형태로 나타내는 방법이다. 행렬 Q를 구하는 방법에 대해서 알아보자. 아래에 있는 행렬

$$A = \begin{pmatrix} a_{11} & a_{12} \\ a_{21} & a_{22} \end{pmatrix}$$

는 대칭행렬이라고 가정했기 때문에 $a_{12} = a_{21}$이다. 또한 $a_{12} \neq 0$라고 가정하자. a_{12}를 0으로 만들기 위하여

$$Q = \begin{pmatrix} \cos\theta & -\sin\theta \\ \sin\theta & \cos\theta \end{pmatrix}$$

라고 놓자. 그러면

$$Q^T A Q = \begin{pmatrix} \cos\theta & \sin\theta \\ -\sin\theta & \cos\theta \end{pmatrix} \begin{pmatrix} a_{11} & a_{12} \\ a_{21} & a_{22} \end{pmatrix} \begin{pmatrix} \cos\theta & -\sin\theta \\ \sin\theta & \cos\theta \end{pmatrix}$$

$$= \begin{pmatrix} a_{11}\cos^2\theta + a_{12}\sin\theta\cos\theta + a_{22}\sin^2\theta & (a_{22} - a_{11})\sin\theta\cos\theta + a_{12}(\cos^2\theta - \sin^2\theta) \\ (a_{22} - a_{11})\sin\theta\cos\theta + a_{12}(\cos^2\theta - \sin^2\theta) & a_{11}\sin^2\theta - 2a_{12}\sin\theta\cos\theta + a_{22}\cos^2\theta \end{pmatrix}$$

가 된다. 비대각원소가 0이 되기 위한 각 θ는

$$(a_{22} - a_{11})\sin\theta\cos\theta + a_{12}(\cos^2\theta - \sin^2\theta) = 0$$

을 만족해야 하는데 항등식을 이용하면

$$\frac{1}{2}(a_{22} - a_{11})\sin 2\theta + a_{12}\cos 2\theta = 0 \tag{11.12}$$

가 되고, 따라서 $\tan 2\theta = 2a_{12}/(a_{11} - a_{22})$을 만족해야 한다. 즉,

$$\theta = \frac{1}{2} tan^{-1}\left(\frac{2a_{12}}{a_{11} - a_{22}}\right), \quad a_{11} \neq a_{22}$$

으로 주어진다. $a_{11} = a_{22}$인 경우는 (11.12)으로부터 $a_{12}\cos 2\theta = 0$이 되기 때문에

$$\theta = \frac{\pi}{4}$$

가 된다.

예제 11.3 $A=\begin{pmatrix}4 & -2\\ -2 & 3\end{pmatrix}$일 때 a_{12}의 값이 0이 되는 Q를 구하여라.

$a_{11}\neq a_{22}$이기 때문에 $\theta=0.5\tan^{-1}2(-2)/(4-3)=-0.662909$가 되며

$$Q=\begin{pmatrix}\cos\theta & -\sin\theta\\ \sin\theta & \cos\theta\end{pmatrix}=\begin{pmatrix}0.788205 & 0.615412\\ -0.615412 & 0.788205\end{pmatrix}$$

로 주어진다. 또한

$$Q^TAQ=\begin{pmatrix}5.561553 & 0.0\\ 0.0 & 1.438447\end{pmatrix}$$

이 된다.

일반적으로 대칭행렬

$$A=\begin{pmatrix}a_{11} & a_{12} & \cdots & a_{1n}\\ a_{21} & a_{22} & \cdots & a_{2n}\\ \vdots & \vdots & \ddots & \vdots\\ a_{n1} & a_{n2} & \cdots & a_{nn}\end{pmatrix}$$

가 주어지고 0이 아닌 a_{ij}의 값을 0으로 만드는 직교행렬은 다음과 같이 나타내어진다.

$$\begin{array}{c} \qquad\qquad i\text{번째 열}\downarrow \quad j\text{번째 열}\downarrow \\ Q(i,j)=\begin{pmatrix}1 & 0 & \cdots & 0 & \cdots & 0 & \cdots & 0\\ 0 & 1 & \cdots & 0 & \cdots & 0 & \cdots & 0\\ \vdots & \vdots & \ddots & \vdots & \vdots & \vdots & \vdots & \vdots\\ 0 & 0 & \cdots & \cos\theta & \cdots & -\sin\theta & \cdots & 0\\ \vdots & \vdots & \cdots & \vdots & \ddots & \vdots & \cdots & \vdots\\ 0 & 0 & \cdots & \sin\theta & \cdots & \cos\theta & \cdots & 0\\ \vdots & \vdots & \vdots & \vdots & \vdots & \vdots & \ddots & \vdots\\ 0 & 0 & \cdots & 0 & \cdots & 0 & \cdots & 1\end{pmatrix}\begin{array}{l} \\ \\ \\ \leftarrow i\text{번째 행}\\ \\ \leftarrow j\text{번째 행}\\ \\ \\ \end{array}\end{array}$$

또한 $a_{ii}\neq a_{jj}$인 경우 $\tan 2\theta=2a_{ij}/(a_{ii}-a_{jj})$을 만족해야 하기 때문에

$$\theta = \frac{1}{2} tan^{-1}(\frac{2a_{ij}}{a_{ii} - a_{jj}})$$

로 주어진다. $a_{ii} = a_{jj}$인 경우는

$$\theta = \begin{cases} \frac{\pi}{4}, & a_{ij} > 0 \\ -\frac{\pi}{4}, & a_{ij} < 0 \end{cases}$$

가 된다. 따라서 $Q(i, j)^T A Q(i, j)$를 하게 되면 A의 ij번째 원소와 ji번째 원소는 0이 된다.

직교행렬은 다음 성질을 만족한다는 것을 쉽게 관찰할 수 있다. $Q(i, j)^T Q(i, j) = I$. 이는 $Q(i, j)^{-1} = Q(i, j)^T$가 되고 모든 직교행렬은 정칙행렬이 된다. 나아가 $A_k = Q(i, j)^T A Q(i, j)$와 A는 유사 행렬이 되어 같은 고유값을 가진다. Jacobi 방법은 A의 비대각원소의 값을 0으로 변환시키는 직교행렬을 구하여 A의 양 변에 곱하여 궁극적으로 대각행렬 D가 나오게 하는 방법이다. 이 방법의 한 가지 단점은 0이었던 비대각원소의 값이 후속적인 변환에 의하여 0이 아닌 값으로 바뀔 수 있다는 것이다. 하지만 비록 이런 경우가 일어나더라도 각 실행 때 마다 절대값이 가장 큰 비대각원소를 찾아 0으로 변환시키면 결국 $A_k \to D$임을 보여줄 수 있다. 실제로 프로그램을 작성할 때는 대각선 위쪽에 있는 원소들에 대하여 $(1, 2)$, $(1, 3)$, $\cdots$, $(1, n)$, $(2, 3)$, $(2, 4)$, $\cdots$, $(n-1, n)$순으로 0이 아닌 비대각원소를 찾아 시행하고 비대각원소의 값들이 0에 가까울 때까지(허용오차에 도달할 때까지) 반복 실행한다.

예제 11.4 $A = \begin{pmatrix} 4 & -2 & 1 \\ -2 & 3 & 5 \\ 1 & 5 & -7 \end{pmatrix}$일 때 $(1, 2)$의 위치에 속하는 원소의 값이 0이 되는 $Q(1, 2)$를 형성하고 이어서 $A_1 = Q(1, 2)^T A Q(1, 2)$에 대한 $(1, 3)$의 위치에 속하는 원소의 값이 0이 되는 $Q(1, 3)$을 형성하여라. Jacobi 방법에 대한 프로그램을 작성하여 A의 모든 고유값을 구하여라.

$a_{11} \neq a_{22}$이기 때문에 $\theta = 0.5\tan^{-1}[2(-2)/(4-3)] = -0.662909$가 되며

$$Q(1,\ 2) = \begin{pmatrix} \cos\theta & -\sin\theta & 0 \\ \sin\theta & \cos\theta & 0 \\ 0 & 0 & 1 \end{pmatrix} = \begin{pmatrix} 0.788205 & 0.615412 & 0 \\ -0.615412 & 0.788205 & 0 \\ 0 & 0 & 1 \end{pmatrix}$$

로 주어진다. 따라서

$$A_1 = Q^T(1,\ 2) A Q(1,\ 2) = \begin{pmatrix} 5.561553 & 0.0 & -2.288856 \\ 0.0 & 1.438447 & 4.556439 \\ -2.288856 & 4.556439 & -7.0 \end{pmatrix}$$

가 된다.

$a_{11} \neq a_{33}$이기 때문에

$$\theta = 0.5\tan^{-1}[2(-2.288856)/(5.561553-(-7.0))] = -0.174733$$

가 되며

$$Q(1,\ 3) = \begin{pmatrix} \cos\theta & 0 & -\sin\theta \\ 0 & 1 & 0 \\ \sin\theta & 0 & \cos\theta \end{pmatrix} = \begin{pmatrix} 0.984773 & 0 & 0.173845 \\ 0 & 1 & 0 \\ -0.173845 & 0 & 0.984773 \end{pmatrix}$$

로 주어진다. 따라서

$$A_2 = Q(1,\ 3)^T A Q(1,\ 3) = \begin{pmatrix} 5.965611 & -0.792113 & 0.0 \\ -0.792113 & 1.438447 & 4.487059 \\ 0.0 & 4.487059 & -7.404058 \end{pmatrix}$$

가 된다.

프로그램 Jacobi.m은 이 과정을 반복 실행하여 $\lim_{k\to\infty} A_k = D$을 구한다. 아래는 $k=8$에 대한 결과이다.

$$A_8 = \begin{pmatrix} 6.159468 & 0.0 & 0.0 \\ 0.0 & 3.128785 & 0.0 \\ 0.0 & 0.0 & -9.288254 \end{pmatrix}$$

즉, A의 고유값은 $\lambda_1 = 6.159468$, $\lambda_2 = 3.128785$, $\lambda_3 = -9.288254$이다. 이는 실제값과 거의 일치한다.

```
% Jacobi.m %
  A = [4 -2 1 ; -2 3 5 ; 1 5 -7] ;
  n = length(A) ; error = 100 ; eps = 10^(-8) ; k = 0 ;
  while error >= eps
  for i = 1 : n-1
     for j = i+1 : n
        if abs(A(i,j)) > eps
           Q = eye(n) ;
           if abs(A(i,i)-A(j,j)) < eps
              if A(i,j) > 0
                 teta = pi/4 ;
              else
                 teta = -pi/4 ;
              end
           else
              teta = 0.5*atan(2*A(i,j)/(A(i,i)-A(j,j))) ;
           end
           Q(i,i) = cos(teta) ; Q(i,j) = -sin(teta) ;
           Q(j,i) = sin(teta) ; Q(j,j) = cos(teta) ;
           A = Q'*A*Q ;
           k = k+1 ;
           fprintf('A_%2.0f = \n', k) ;
           for i2 = 1 : n
                 for j2 = 1 : n
                    fprintf('%10.6f', A(i2,j2)) ;
                 end
                 fprintf('\n') ;
           end
           fprintf('\n') ;
        end
     end
  end
  sum = 0 ;
  for i = 1 : n-1
     for j = i+1 : n
        sum = sum+abs(A(i,j)) ;
     end
  end
  error = sum ;
  end
  end
```

11.5 QR 분해법

A를 실수값을 가지는 비대칭행렬(대칭행렬도 적용할 수 있음)이라고 하자. A의 고유값들은 $|\lambda_1| > |\lambda_2| > \cdots |\lambda_n|$을 만족하고 모두 실수라고 가정한다. QR 분해법의 핵심은 행렬 A를 직교행렬 Q와 상삼각행렬 R로 분해하는데 있다. 이 방법은 Francis(1961)에 의해 개발되었으며 수치적으로 안정적인 방법이라고 할 수 있다. QR 분해법은 먼저 A를 직교행렬 Q_1와 상삼각행렬 R_1로 분해하여 $A = Q_1 R_1$로 나타내고 두 분해요소(decomposition factor)의 위치를 바꾸어 $A_1 = R_1 Q_1$로 나타낸다. 이 경우 Q_1의 역행렬이 존재하기 때문에 $A_1 = Q_1^{-1} A Q_1$가 된다. 따라서 A와 A_1는 유사행렬이 되어 같은 고유값들을 가진다. 다시 A_1를 분해하여 $A_1 = Q_2 R_2$로 나타내고 두 분해요소의 위치를 바꾸어 $A_2 = R_2 Q_2$로 나타낸다. 이 경우 $A_2 = Q_2^{-1} A_1 Q_2$가 된다. 역시 A_1과 A_2는 유사행렬이 되고 이것은 A와 A_2가 유사행렬이 됨을 의미한다. 이 과정을 계속 반복하면

$$\begin{aligned} A_i &= Q_{i+1} R_{i+1} \\ A_{i+1} &= R_{i+1} Q_{i+1} = Q_{i+1}^{-1} A_i Q_{i+1} \end{aligned} \tag{11.13}$$

가 된다. 직교행렬 Q_i를 적절히 선택하면 $T = \lim_{i \to \infty} A_i$는 상삼각형이 되고 A와 T는 유사행렬이 되어 같은 고유값을 가지게 된다. A의 고유값은 T의 대각원소들이 된다. 이 방법을 QR 분해법이라 부른다.

QR 분해법에 적합한 직교행렬 Q_i는 Householder 방법에 의해서 생성할 수 있는데 Q_i의 형성 과정을 살펴보도록 하자.

Householder 방법

Householder 방법은 어떤 열의 부분 전체를 0으로 변환시킨다. 구체적으로 $x = (x_1, x_2, \cdots, x_n)^T$일 때 직교행렬 P를 구하여 Px가 $e_1 = (1, 0, \cdots, 0)^T$의 배수가 되게 하는 방법이다(즉, 대각원소 아래에 있는 원소들을 모두 0으로 만든다). 이 방법은

$$v = x + c e_1, \quad P = I - \frac{2 v v^T}{\|v\|_2^2}$$

로 정의하고 위의 조건을 만족하는 c의 값을 구해야 한다.

먼저

$$\frac{Px = (I - \frac{2vv^T}{\|v\|_2^2})x = x\|v\|_2^2 - 2v(v^Tx)}{\|v\|_2^2} \tag{11.14}$$

가 되고

$$v^Tx = (x^T + ce_1^T)x = \|x\|_2^2 + cx_1 \tag{11.15}$$

가 된다. 식 (11.15)를 (11.14)에 대입하면

$$\begin{aligned} Px &= \frac{x\|v\|_2^2 - 2(x + ce_1)(\|x\|_2^2 + cx_1)}{\|v\|_2^2} \\ &= \frac{x[\|v\|_2^2 - 2(\|x\|_2^2 + cx_1)] - 2ce_1(\|x\|_2^2 + cx_1)}{\|v\|_2^2} \end{aligned} \tag{11.16}$$

로 주어진다. 식 (11.16)에서 x의 계수가 0이 되면, 즉

$$\|v\|_2^2 - 2(\|x\|_2^2 + cx_1) = 0 \tag{11.17}$$

이면 명백히 Px는 e_1의 배수가 됨을 알 수 있다. 따라서 c는 어떤 값을 가져야 되는지 알아보자.

$$\|v\|_2^2 = v^Tv = (x^T + ce_1^T)(x + ce_1) = \|x\|_2^2 + 2cx_1 + c^2 \tag{11.18}$$

로 나타낼 수 있기 때문에 이를 (11.17)에 대입하고 정리하면 $c = \pm\|x\|_2$가 되어야 함을 알 수 있다. 식 (11.17)을 만족하면 (11.16)은

$$Px = \frac{-2ce_1(\|x\|_2^2 + cx_1)}{\|v\|_2^2}$$

가 되고 (11.18)을 $2(\|x\|_2^2 + cx_1)$로 쓸 수 있기 때문에 이를 위의 식에 대입하면 $Px = -ce_1$가 된다는 것을 확인할 수 있다. 결국 $v = x \pm \|x\|_2 e_1$가 되어야 한다. 나아가 상쇄를 방지하기 위하여 실제로는 다음과 같이 정의하여 사용한다.

$$v = x + (x_1\text{의 부호})\|x\|_2 e_1 \tag{11.19}$$

예제 11.3 $A = \begin{pmatrix} 7 & -1 & 3 \\ 23 & -6 & 7 \\ -17 & 6 & -3 \end{pmatrix}$일 때 Householder 방법을 이용하여 A의 첫 번째 열 $x = (7,\ 23,\ -17)^T$이 $e_1 = (1,\ 0,\ 0)^T$의 배수가 되는 직교행렬 P를 구하고 PA에 대해서 살펴보아라.

먼저

$$\begin{aligned} v &= x + (x_1\text{의 부호})\|x\|_2 e_1 \\ &= \begin{pmatrix} 7 \\ 23 \\ -17 \end{pmatrix} + \sqrt{7^2 + 23^2 + (-17)^2}\begin{pmatrix} 1 \\ 0 \\ 0 \end{pmatrix} \\ &= \begin{pmatrix} 36.444864 \\ 23.0 \\ -17.0 \end{pmatrix} \end{aligned}$$

$$\|v\|_2^2 = 2.146228 \times 10^3$$

가 주어진다. 따라서

$$\begin{aligned} P &= I - \frac{2vv^T}{\|v\|_2^2} \\ &= \begin{pmatrix} 1 & 0 & 0 \\ 0 & 1 & 0 \\ 0 & 0 & 1 \end{pmatrix} - \frac{2}{2.146228 \times 10^3}\begin{pmatrix} 36.444864 \\ 23.0 \\ -17.0 \end{pmatrix}(36.444864,\ 23.0,\ -17.0) \end{aligned}$$

$$
= \begin{pmatrix} -0.237732 & -0.781121 & 0.577350 \\ -0.781121 & 0.507042 & 0.364360 \\ 0.577350 & 0.364360 & 0.730690 \end{pmatrix}
$$

가 되고

$$
PA = P_1 A = \begin{pmatrix} -29.444864 & 8.388560 & -7.913095 \\ 0.0 & -0.074971 & 0.112852 \\ 0.0 & 1.620631 & 2.090501 \end{pmatrix}
$$

가 된다.

QR 방법으로 되돌아가자. P_1을 Householder 방법에 의하여 $n \times n$행렬 A의 (1, 1) 아래에 위치하는 비대각원소들을 0으로 만드는 직교행렬, P_2를 행렬 A의 (2, 2) 아래에 위치하는 비대각원소들을 0으로 만드는 직교행렬, ⋯ P_{n-1}을 행렬 A의 $(n-1, n-1)$ 아래에 위치하는 비대각원소를 0으로 만드는 직교행렬이라고 하자. 그러면

$$
P_{n-1} P_{n-2} \cdots P_2 P_1 A = R \tag{11.20}
$$

가 된다. 여기서 R은 상삼각행렬이다.

$Q = (P_{n-1} P_{n-2} \cdots P_2 P_1)^{-1}$로 놓게 되면 (11.20)은

$$
A = QR
$$

로 분해된다. $Q^T Q = I$임을 간단히 보여줄 수 있기 때문에 Q는 직교행렬이 되며 이것이 바로 우리가 찾고자 하는 행렬이다.

QR 방법은 (11.13)을 반복 실행한다. 이 방법의 정지 조건은 A_i의 대각선 아래에 있는 가장 큰 원소의 값이 허용오차보다 작을 때 정지한다. 즉,

$$
|a_{ij}| < eps, \ i = 1, 2, \cdots, n, \ j = 1, 2, \cdots, i-1.
$$

QR 방법의 수렴성에 대해서는 A의 고유값들이 $|\lambda_1| > |\lambda_2| > \cdots |\lambda_n|$을 만족하면

(11.13)에 의해서 생성된 A_i들은 상삼각행렬 T로 수렴한다는 것을 보여줄 수 있다. 이에 대한 증명은 여기서는 생략하기로 한다.

예제 11.4 $A=\begin{pmatrix} 7 & -1 & 3 \\ 23 & -6 & 7 \\ -17 & 6 & -3 \end{pmatrix}$일 때 QR 방법을 이용하여 고유값들을 모두 구하여라.

예제 11.3에서 $x=(7,\ 23,\ -17)^T$이 $e_1=(1,\ 0,\ 0)^T$의 배수가 되도록 하는 P_1을 구하고 난 뒤 다음의 결과를 얻었다.

$$P_1A=\begin{pmatrix} -29.444864 & 8.388560 & -7.913095 \\ 0.0 & -0.074971 & 0.112852 \\ 0.0 & 1.620631 & 2.090501 \end{pmatrix}$$

이제 P_1A의 (3, 2)에 위치하는 원소 1.620631을 0으로 만들기 위하여 P_2를 구하도록하자. 이는 $x=(-0.074971,\ 1.620631)^T$이 $e_1=(1,\ 0)^T$의 배수가 되도록 하는 직교행렬 H를 구한 다음 적절하게 P_2를 형성하면 된다. 위에서 설명한 Householder 방법으로 H를 구하면 다음과 같다.

$$H=\begin{pmatrix} -0.046211 & 0.998932 \\ 0.998932 & 0.046211 \end{pmatrix}$$

따라서

$$P_2=\begin{pmatrix} 1 & 0 & 0 \\ 0 & -0.046211 & 0.998932 \\ 0 & 0.998932 & 0.046211 \end{pmatrix}$$

로 놓으면 되고

$$P_2P_1A=\begin{pmatrix} -29.444864 & 8.388560 & -7.913095 \\ 0.0 & 1.622364 & 2.083053 \\ 0.0 & 0.0 & 0.209335 \end{pmatrix}=R_1$$

이 주어진다. $Q_1=(P_2P_1)^{-1}$로 두면 $A=Q_1R_1$으로 분해된다. 다음은

$A_1 = R_1Q_1$로 두고 위와 같이 Householder 방법을 이용하여 $A_1 = Q_2R_2$로 분해하고 $A_2 = R_2Q_2$로 두는 과정을 반복한다. 이 경우

$$A_1 = \begin{pmatrix} -4.121107 & -20.830659 & 23.432565 \\ -0.064611 & 2.037847 & 1.677551 \\ 0.120860 & 0.149271 & 0.083260 \end{pmatrix}$$

$$A_2 = \begin{pmatrix} -5.134048 & -24.796239 & -18.912346 \\ 0.004369 & 2.146124 & -1.578454 \\ 0.029513 & 0.192368 & 0.987924 \end{pmatrix}$$

을 얻는다. 프로그램 QRdecom.m은 이 과정을 반복실행하며 $k = 25$일 때 정지 조건을 만족하고 다음 결과를 출력한다.

$$A_{25} = \begin{pmatrix} -5.0 & -25.980762 & 17.296568 \\ 0.0 & 2.0 & 1.681883 \\ 0.0 & 0.0 & 1.0 \end{pmatrix}$$

즉, A의 고유값은 $\lambda_1 = -5.0$, $\lambda_2 = 2.0$, $\lambda_3 = 1.0$이다. 이는 실제값과 거의 일치한다.

```
% QRdecom.m %
  A = [7 -1 3 ; 23 -6 7 ; -17 6 -3] ;
  n = length(A) ;
  error = 100 ; eps = 10^(-8) ;
  k = 0 ;
  count = n ;
  while error >= eps
    k = k+1 ;
    R = A ;
    Pprod = eye(n) ;
    for i = 1 : n-1
      x = A(i : n,i) ;
      e = zeros(count,1) ;
      e(1) = 1 ;
      v = x+sign(x(1))*norm(x)*e ;
      H = eye(count)-2*v*v'/norm(v)^2 ;
      P = eye(n) ;
      P(i : n,i : n) = H ;
      Pprod = P*Pprod ;
```

```
      R = P*R ;
      A = R ;
      count = count-1 ;
    end
    Q = inv(Pprod) ;
    A = Q*R ;
    Anext = R*Q ;
    A = Anext ;
    fprintf('A_%2.0f = \n', k) ;
    for i2 = 1 : n
      for j2 = 1 : n
        fprintf('%10.6f', A(i2,j2)) ;
      end
      fprintf('\n') ;
    end
    fprintf('\n') ;
    sum1 = 0 ;
    for i3 = 2 : n
      for j3 = 1 : i3-1
        sum1 = sum1+abs(A(i3,j3)) ;
      end
    end
    error = sum1 ;
    count = n ;
end
```

프로젝트

다음 동반 행렬의 특성방정식은 $\lambda^4 + a_3\lambda^3 + a_2\lambda^2 + a_1\lambda + a_0 = 0$가 됨을 보여라.

$$\begin{pmatrix} 0 & 1 & 0 & 0 \\ 0 & 0 & 1 & 0 \\ 0 & 0 & 0 & 1 \\ -a_0 & -a_1 & -a_2 & -a_3 \end{pmatrix}$$

또한 고유값을 구하는 방법을 사용하여 4차 다항식

$$x^4 + 2x^3 - 6x^2 - 3x + 5 = 0$$

의 근들을 모두 구하여라.

제 11 장

연습문제

고유값 문제

1. 정리 11.3에서 x_1, x_2, $\cdots$, x_n가 행렬 A의 고유벡터들이면 일차독립이 됨을 증명하였다. i번째 열이 x_i가 되는 행렬을 P라고 할 때 $P^{-1}AP = D$가 됨을 보여라. 여기서 D는 대각행렬이며 i번째 대각 원소는 i번째 고유값 λ_i이다(힌트 : $AP = PD$임을 먼저 보여라).

2. $A = \begin{pmatrix} 1 & 2 \\ 2 & -3 \end{pmatrix}$일 때 a_{12}의 값이 0이 되는 직교행렬 Q를 구하여라.

3. $A = \begin{pmatrix} 2 & 1 & 3 \\ 1 & 4 & 6 \\ 3 & 6 & 5 \end{pmatrix}$일 때 a_{23}의 값이 0이 되는 직교행렬 Q를 구하여라.

4. $A = \begin{pmatrix} -3 & 0 & 1 \\ 2 & -4 & 5 \\ 1 & 1 & 6 \end{pmatrix}$일 때 Householder 방법을 이용하여 A의 첫 번째 열 $x = (-3, 2, 1)^T$이 $e_1 = (1, 0, 0)^T$의 배수가 되는 직교행렬 P를 구하여라.

5. 멱방법을 사용하여 문제 3에 주어진 행렬 A에 대하여 절대값이 가장 큰 고유값을 구하여라.

6. 멱방법을 사용하여 문제 4에 주어진 행렬 A에 대하여 절대값이 가장 큰 고유값을 구하여라.

7. 문제 3에 주어진 행렬 A의 고유값들을 Jacobi 방법으로 모두 구하여라.

8. 문제 4에 주어진 행렬 A의 고유값들을 QR 방법으로 모두 구하여라.

9.

$A=\begin{pmatrix} 0&1&1&0\\ 1&0&0&1\\ 1&0&0&1\\ 0&1&1&0 \end{pmatrix}$일 때

a) 2가 A의 고유값이 됨을 특성방정식의 근을 구하지 않고 증명해 보아라.
b) 멱방법을 이용하여 절대값이 가장 큰 A의 고유값을 구하여라.

10. 문제 9에 주어진 행렬 A의 고유값들을 Jacobi 방법으로 모두 구하여라.

11.

행렬 $A=\begin{pmatrix} 15&-4&3&0&1&3\\ -4&7&2&0&-2&-3\\ 3&2&10&0&3&-4\\ 0&0&0&1&2&3\\ 1&-2&3&2&8&6\\ 3&-3&-4&3&6&14 \end{pmatrix}$의 고유값들을 모두 구하여라.

제 12 장

경계값 문제

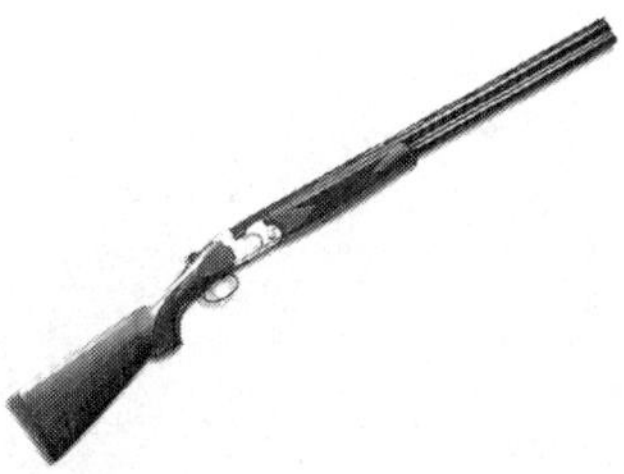

이 장의 내용

제 12 장

경계값 문제

경계값 문제는 다음 형태를 갖는 미분방정식이다.

2계 상미분방정식

$$y'' = f(x,\ y,\ y'),\ a \le x \le b \tag{12.1}$$

와 경계 조건

$$y(a) = \alpha,\ y(b) = \beta \tag{12.2}$$

초기값 문제와 달리 경계값 문제는 시작점과 끝점에서 만족해야 하는 조건(경계 조건)이 주어졌다는 것이다. 따라서 이 장에서는 구간 $[a,\ b]$를 분할하는 망점(mesh point) $x_i = a + ih,\ i = 0,\ 1,\ 2,\ \cdots,\ N+1$에서 (12.1)과 (12.2)를 만족하는 수치해 $y_i \approx y(x_i)$를 구하는 방법들에 대해서 알아본다.

12.1 개요

경계값 문제를 다루는 방법으로는 경계값 문제를 초기값 문제로 대체하여 다루는 사격법(shooting method), 도함수 대신에 근사 도함수(유한-차분 공식)를 사용하는 유한차분법(finite difference method), 기저함수들을 이용하여 구하고자 하는 해의 함수를 근사시키는 병치법(collocation method), 같은 원리지만 직교함수들을 사용하는 Galerkin 방법, 조각다항함수들을 활용하는 유한요소법(finite element method) 등 여러 가지 방법들이 있다. 이 장에서는 사격법과 유한차분법을 소개한다.

다음 정리는 (12.1)과 (12.2)를 만족하는 해가 과연 존재 하는지, 존재하면 유일하게 존재하는지에 대한 조건을 먼저 제시한다.

정리 12.1 (Keller, 1968)

f, $\partial f/\partial y$, $\partial f/\partial y'$가 $\Omega = (\mathrm{x},\ \mathrm{y},\ \mathrm{y}')|\mathrm{a} \le \mathrm{x} \le \mathrm{b},\ \mathrm{y},\ \mathrm{y}' \in \mathrm{R}$ 상에서 연속이고 Ω 상에서 $\partial f/\partial y > 0$ 그리고 어떤 $M > 0$가 존재해서 $|\partial f / \partial y'| \le M$이면 (12.1)과 (12.2)를 만족하는 유일한 해 $y(x)$가 존재한다.

예제 12.1 경계값 문제 $y'' + y' - 2y = -2x + 1,\ y(0) = 1,\ y(1) = 1 + e$에 대한 유일한 해가 존재하는지 알아보아라.

$f(x,\ y,\ y') = -2x + 1 + 2y - y'$, $\partial f/\partial y = 2 > 0$, $|\partial f/\partial y'| = 1$이며 함수와 편도함수들은 모두 연속이다. 또한 정리 12.1의 조건들을 모두 만족하기 때문에 주어진 경계값 문제의 유일한 해가 존재한다. 참고로 이 경계값 문제의 실제해는 $y(x) = x + e^x$이다.

경계값 문제는 선형 또는 비선형으로 분류되는데 (12.1)에 주어진 함수 f가 $f(x,\ y,\ y') = p(x)y' + q(x)y + r(x)$의 형태를 가지면 선형이라 부르고 그 외는 비선형이라 부른다. 이 장에서 다루는 사격법은 선형, 비선형 구분없이 다루지만 초기 기울기의 수열을 생성하는 할선법과 Newton 방법 두 가지의 서로 다른 접근 방법들에 대해서 소개한다. 유한차분법은 선형과 비선형 문제를 구분해서 설명한다.

12.2 사격법

2계 상미분방정식 초기값 문제를 다루는 방법은 9장에서 충분히 소개를 하였다. 따라서 (12.1), (12.2)에 주어진 경계값 문제를 다루기 위해서의 한 가지 방법은 경계값 문제를 초기값 문제로 대체하는 것이다. 개략적으로 설명하자면 초기 기울기 값 $y'(a) = s^{(0)}$을 예측하여 다음의 초기값 문제(s에 $s^{(0)}$를 대입)를 다룬다.

$$y'' = f(x,\ y,\ y') \quad a \le x \le b,\ y(a) = \alpha,\ y'(a) = s \tag{12.3}$$

만약 여기서 얻은 해 $y(x)$가 끝점 b에서 두 번째 경계 조건 $y(b)=\beta$를 만족한다면 $y(x)$는 경계값 문제의 해가 된다. 그렇지 않으면 또 다른 초기 기울기 값을 추정하여(예. $y'(a)=s^{(1)}$) 그에 대응하는 초기값 문제를 다룬다. 이 과정을 $y(b)=\beta$을 만족할 때까지 되풀이 시행할 수 있는데 이러한 접근 방법을 사격법(Shooting method)이라 부른다.

초기 기울기 값을 반복적으로 추정하는 방법은 두 가지가 있는데 먼저 할선법에 대해서 알아보자. $y(b,\ s^{(0)})$를 경계점 b에서 (12.3)에 주어진 초기값 문제의 해라고 하고 $y(b,\ s^{(1)})$를 초기값 $y'(a)=s^{(1)}$에 대한 경계점 b에서의 해라고 할 때 그 다음 추정값 $s^{(2)}$은 그림 12.1과 같이 삼각형의 유사성질을 이용하면 다음과 같이 주어진다.

$$s^{(2)}=s^{(1)}+[\beta-y(b,s^{(1)})]\frac{(s^{(1)}-s^{(0)})}{y(b,\ s^{(1)})-y(b,\ s^{(0)})}$$

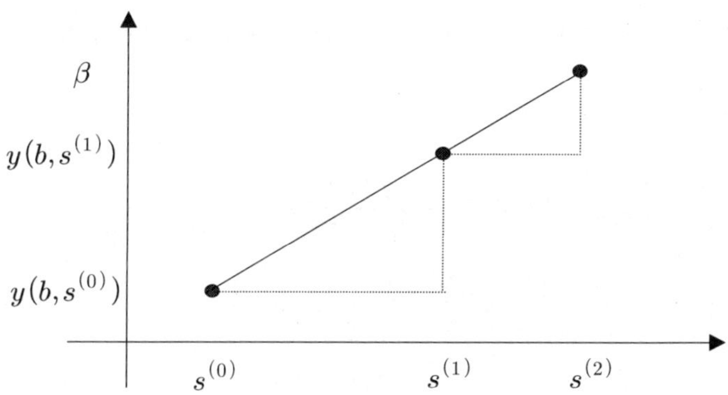

그림 12.1

일반적으로 다음과 같이 나타낼 수 있다.

$$s^{(k+1)}=s^{(k)}+[\beta-y(b,s^{(k)})]\frac{(s^{(k)}-s^{(k-1)})}{y(b,\ ^{(k)})-y(b,\ s^{(k-1)})},\ n\geq 1 \tag{12.4}$$

요약하면, 두 다른 추정값 $y'(a)=s^{(0)}$와 $y'(a)=s^{(1)}$을 임의로 선정하여 (12.3)에 주어진 초기값 문제를 각각 다루고 (12.4)를 이용하여 그 다음 추정값 $s^{(2)}$을 구한다. 이 추정값에 대하여 초기값 문제를 다루고 $|y(b,\ s^{(2)})-\beta|$의 값이 원하는 만큼 작다면 정지하고 그렇지 않으면 위의 과정을 반복한다. 이 방법은 2개의 초기 추정값이 필요하고

(12.4)에 주어진 공식은 4장에서 방정식의 해를 구하는 할선법과 같은 공식이기 때문에 여기서도 초기 기울기의 수열을 생성하는 할선법이라 부른다(만약 경계값 문제가 선형이면 $s^{(2)}$까지만 구해주면 되며 이에 대응하는 초기값 문제를 다루면 끝 점에서의 경계조건을 만족하는 수치해가 주어진다).

이제 1개의 초기 추정값이 필요한 공식에 대한 유도에 대해서 알아보자. 사실, 이 경우는 식(12.1)과 (12.2)에 주어진 경계값 문제를 다루는 실질적이고 효과적인 방법이라고 할 수 있는데 위의 경계값 문제를 1계 상미분연립방정식형 $\boldsymbol{Y}' = \boldsymbol{F}(x, \boldsymbol{Y})$, $\boldsymbol{Y}(a) = \boldsymbol{Y}_0$로 변환하여 다룬다.

구체적으로 (12.3)에 주어진 초기값 문제의 해를 $y(x, s)$라고 하자. $x = b$일 때

$$F(s) = y(b, s) - \beta = 0 \tag{12.5}$$

가 되는 s를 찾는 것이 궁극적인 목적이기 때문에 Newton 방법을 방정식 (12.5)에 적용하면

$$\begin{aligned} s^{(k+1)} &= s^{(k)} - \frac{F(s^{(k)})}{F'(s^{(k)})} \\ &= s^{(k)} - \frac{y(b, s^{(k)}) - \beta}{F'(s^{(k)})} \end{aligned} \tag{12.6}$$

을 얻는다. 이제 $z = \partial y / \partial s = y'$로 놓으면, $z' = \partial y' / \partial s$,

$$\begin{aligned} z'' = \frac{\partial}{\partial s} y'' &= \frac{\partial}{\partial s}[f(x, y(x, s), y'(x, s))] \\ &= \frac{\partial f}{\partial y}\frac{\partial y}{\partial s} + \frac{\partial f}{\partial y'}\frac{\partial y'}{\partial s} \\ &= \frac{\partial f}{\partial y} z + \frac{\partial f}{\partial y'} z' \end{aligned}$$

가 되며 $y(a, s) = \alpha$, $y'(a, s) = s$로부터 $z(a) = 0$, $z'(a) = 1$가 된다. 나아가 $y_1 = y$, $y_2 = y'_1$, $y_3 = z$, $y_4 = z'$로 두면 1계 연립상미분방정식

$$
\begin{aligned}
y'_1 &= y_2 \\
y'_2 &= f(x,\ y_1,\ y'_1) \\
y'_3 &= y_4 \\
y'_4 &= \frac{\partial f}{\partial y_1} y_3 + \frac{\partial f}{\partial y_2} y_4
\end{aligned}
\tag{12.7}
$$

와 초기 조건

$$
y_1(a) = \alpha,\ y_2(a) = s^{(k)},\ y_3(a) = 0,\ y_4(a) = 1
$$

가 주어진다.

한 편 $F'(s^{(k)}) = \frac{\partial}{\partial s}[y(b,\ s^{(k)}) - \beta] = z(b,\ s^{(k)}) = y_3(b)$이고 $y(b,\ s^{(k)}) = y_1(b)$이다. 따라서 (12.6)은

$$
s^{(k+1)} = s^{(k)} - \frac{(y_1(b) - \beta)}{y_3(b)} \tag{12.8}
$$

로 나타낼 수 있다. 여기서 초기값 $s^{(0)}$는 임의로 정할 수 있지만 보편적으로 $s^{(0)} = (\beta - \alpha)/(b - a)$를 택한다.

요약하면, 식 (12.1)과 (12.2)에 주어진 경계값 문제를 다루기 위해서 다음 과정을 따른다.

1. 초기값 $s^{(0)}$를 예측한다.
2. 식 (12.7)에 있는 1계 연립미분방정식을 다루고 $y_1(b)$, $y_3(b)$를 얻는다.
3. $|y_1(b) - \beta|$의 값이 원하는 만큼 작으면 정지하고 그렇지 않으면 (12.8)에 있는 반복공식을 이용하여 $s^{(1)}$를 구한다.
4. 단계 2로 간다.

이 경우 역시 경계값 문제가 선형이면 $s^{(2)}$까지만 구해주면 된다.

예제 12.2 사격 방법을 이용하여 다음 비선형 경계값 문제

$$y'' + 3xyy' + 2y^3 = 0,\ y(0) = 1,\ y(1) = 1/2$$

의 수치해를 구하여라. 실제 해는 $y(x) = 1/(1+x^2)$이다.

$f(x,\ y,\ y') = -3xyy' - 2y^3$, $\partial f / \partial y = -3xy' - 6y^2$, $\partial f / \partial y' = -3xy$가 된다. 따라서, 1계 연립상미분방정식은

$$
\begin{aligned}
y_1' &= y_2 \\
y_2' &= -3xy_1y_2 - 2y_1^3 \\
y_3' &= y_4 \\
y_4' &= (-3xy_2 - 6y_1^2)y_3 + (-3xy_1)y_4
\end{aligned}
$$

$$y_1(0) = 1,\ y_2(0) = -1/2,\ y_3(0) = 0,\ y_4(0) = 1$$

로 주어진다. $h = 1/4$로 두고 연립방정식에 대한 4차 Runge-Kutta 방법을 적용할 수 있다. $s^{(0)} = -1/2$의 값부터 시작하여 식 (12.8)을 4번 실행하면 $s^{(5)} = -0.000503$가 주어진다. 이 때 $y_4 = 0.499999$이다. 표 12.1은 위의 문제에 대한 프로그램 RK4sys.m을 4번 실행했을 때(k = 4)의 결과를 보여준다.

표 12.1

i	y_i	실제값	오차
1	0.941156	0.941176	2.014628e-005
2	0.800083	0.800000	8.317228e-005
3	0.640039	0.640000	3.921310e-005
4	0.499999	0.500000	7.694101e-007

RK4sys.m과 RK4funs.m은 각각 따로 작성하여 MATLAB 폴더 안에 있는 work 폴더에 저장해야 한다. RK4sys.m에서 $x(1)$은 x를 $x(2)$는 구하고자 하는 해 y를 의미한다.

```
% RK4sys.m %
  a = 0 ; b = 1 ; alpa = 1 ; beta = 0.5 ;
  za = 0 ; zprimea = 1 ; sk = (beta-alpa) / (b-a) ;
  x = [a ; alpa ; sk ; za ; zprimea] ;
  h = 1/4 ; h2 = 0.5*h ; nstep = (b-a)/h ; xlast = length(x) ;
  start1 = x(1) ; error2 = 100 ; eps = 10^(-5) ;
  k = 0 ;
  while error2 >= eps
    k = k+1 ;
    fprintf('k = %4d\n', k) ;
    fprintf('    i        y_i        ytrue        error\n') ;
    for i = 1 : nstep
      k1 = h*RK4funs(x) ;
      xf = [x(1)+h2 ; x(2 : xlast,1)+0.5*k1] ;
      k2 = h*RK4funs(xf) ;
      xf = [x(1)+h2 ; x(2 : xlast,1)+0.5*k2] ;
      k3 = h*RK4funs(xf) ;
      xf = [x(1)+h ; x(2 : xlast,1)+k3] ;
      k4 = h*RK4funs(xf) ;
      x(2 : xlast,1) = x(2 : xlast,1)+(k1+2*k2+2*k3+k4)/6.0 ;
      x(1) = start1+h*i ;
      ytrue = 1/(1+x(1)^2) ;
      error1 = abs(ytrue-x(2)) ;
      fprintf('%4d %10.6f %10.6f %14.6e\n', i, x(2), ytrue, error1)
    end
  error2 = abs(x(2)-beta) ;
  fprintf('\n sk = %10.6f \t y(b) = %10.6f \t beta = %10.6f \t
        error = %14.6e\n\n', sk, x(2), beta, error2) ;
  sk = sk-(x(2)-beta)/x(4) ;
  x = [a ; alpa ; sk ; za ; zprimea] ;
  end
```

```
% RK4funs.m %
  function [f] = RK4funs(x)
    f(1) = x(3) ;
    f(2) = -3*x(1)*x(2)*x(3)-2*x(2)^3 ;
    f(3) = x(5) ;
    f(4) = (-3*x(1)*x(3)-6*x(2)^2)*x(4)-3*x(1)*x(2)*x(5) ;
    f = f' ;
  end
```

12.3 유한차분법

유한차분법은 여러 분야에 가장 많이 적용하는 방법 중 하나이다. 앞에서도 언급하였지만 이 방법의 특징은 미분방정식 안에 있는 도함수들 대신에 근사 도함수(유한-차분 공식)를 대신 대입하여 사용한다는 것이다. 또한 사격방법에 비해 보다 안정적인 방법이라 할 수 있다. 아래에 주어진 2계 상미분방정식에 대한 수치해법에 대하여 살펴보도록 하자.

$$y'' = f(x,\ y,\ y'),\ a \le x \le b \tag{12.9}$$

$$y(a) = \alpha,\ y(b) = \beta$$

주어진 전체 구간 $[a,\ b]$를 $N+1$등분 하면 $N+2$개의 망점 $x_i = a + ih$, $i = 0,\ 1,\ 2,\ \cdots,\ N+1$들이 생긴다. 여기서 $x_0 = a$, $x_{N+1} = b$, $h = (b-a)/(N+1)$를 의미한다. 또한 h를 단계 크기(step size)라 부른다.

이 절에서 사용하는 유한-차분 공식은 다음과 같다.

$$y'(x_i) = \frac{y(x_i + h) - y(x_i - h)}{2h} + O(h^2) \tag{12.10}$$

$$y''(x_i) = \frac{y(x_i + h) - 2y(x_i) + y(x_i - h)}{h^2} + O(h^2) \tag{12.11}$$

각 내부 망점 $x = x_i$에 대하여 (12.10)와 (12.11)에 주어진 유한-차분 공식을 (12.9)에 대입한다. 따라서 (12.9)가 선형 또는 비선형에 따라 관련되는 선형 또는 비선형 연립방정식이 도출된다.

12.3.1 선형 미분방정식

2계 선형 미분방정식을 먼저 고려해 보자.

$$y'' = p(x)y' + q(x)y + r(x),\ a \le x \le b \tag{12.12}$$

$$y(a) = \alpha,\ y(b) = \beta$$

내부 망점 $x = x_i$에 대한 위의 표현은

$$y''(x_i) = p(x_i)y'(x_i) + q(x_i)y(x_i) + r(x_i) \tag{12.13}$$

로 나타내어진다. 식 (12.13)에 (12.10)과 (12.11)을 대입하고 $y_{i+1} \approx y(x_i + h)$, $y_i \approx y(x_i)$, $y_{i-1} \approx y(x_i - h)$로 표시하면 다음과 같이 N개의 방정식이 주어진다.

$$\frac{y_{i+1} - 2y_i + y_{i-1}}{h^2} = p(x_i)\frac{y_{i+1} - y_{i-1}}{2h} + q(x_i)y_i + r(x_i),\ i = 1,\ 2,\ \cdots,\ N \tag{12.14}$$

여기서 $y_0 = y(a) = \alpha$, $y_{N+1} = y(b) = \beta$를 의미한다. 따라서 모두 N개의 미지수 y_1, y_2, $\cdots$, y_N를 형성한다.

식 (12.14)을 같은 항끼리 묶고 정리하면 다음과 같이 쓸 수 있다.

$$(1 + \frac{h}{2}p(x_i))y_{i-1} - (2 + h^2q(x_i))y_i + (1 - \frac{h}{2}p(x_i))y_{i+1} = h^2r(x_i) \tag{12.15}$$

$i = 1,\ 2,\ \cdots,\ N$. 그리고

$$c_i = 1 + \frac{h}{2}p(x_i),\ d_i = -(2 + h^2q(x_i)),\ e_i = 1 - \frac{h}{2}p(x_i)$$

로 두면 (12.15)은

$$c_iy_{i-1} + d_iy_i + e_iy_{i+1} = h^2r(x_i),\ i = 1,\ 2,\ \cdots,\ N$$

로 나타내어진다. 이를 행렬·벡터 식 $Ay = b$로 나타내면

$$A = \begin{pmatrix} d_1 & e_1 & 0 & \cdots & 0 & 0 \\ c_2 & d_2 & e_2 & \cdots & 0 & 0 \\ 0 & c_3 & d_3 & \cdots & 0 & 0 \\ \vdots & \vdots & \vdots & \ddots & \vdots & \vdots \\ 0 & 0 & 0 & \cdots & d_{N-1} & e_{N-1} \\ 0 & 0 & 0 & \cdots & c_N & d_N \end{pmatrix},\ y = \begin{pmatrix} y_1 \\ y_2 \\ y_3 \\ \vdots \\ y_{N-1} \\ y_N \end{pmatrix},\ b = \begin{pmatrix} h^2 r(x_1) - c_1\alpha \\ h^2 r(x_2) \\ h^2 r(x_3) \\ \vdots \\ h^2 r(x_{N-1}) \\ h^2 r(x_N) - e_N\beta \end{pmatrix}$$

가 된다.

요약하면, (12.12)에 주어진 경계값 문제를 유한차분법으로 다루는 과정은 다음과 같다.

1. 단계 크기 h를 정한다.
2. 식 (12.12)를 (12.14)의 형태로 나타낸다.
3. 식 (12.14)에서 A의 성분값 c_i, d_i, e_i와 오른쪽 벡터 b의 성분값들을 계산한다.
4. 선형 연립방정식 $Ay = b$의 해 y(즉, 수치해)를 구한다.

단계 크기 h가 상대적으로 크면 오차 또한 상대적으로 크며 그 값이 작을수록 더 정확한 해를 얻는다. 하지만 이 경우 행렬의 사이즈가 증가한다는 단점이 있다. 이 방법의 전체적인 오차는 $O(h^2)$이다.

유한차분법에 의한 2계 선형 미분방정식에 대한 해의 존재성에 대해서는 다음 정리에 의해서 정립된다.

정리 12.2

함수 $p(x)$, $q(x)$, $r(x)$는 구간 $[a, b]$에서 연속이고 $q(x) \geq 0$ 그리고 $h < 2/\max_{a \leq x \leq b}|p(x)|$이면 (12.15)에 주어진 선형 연립방정식($Ay = b$)의 해는 유일하게 존재한다.

증명 $i = 2, 3, \cdots, N-1$에 대하여 $|c_i| + |e_i| = 2 < |d_i| = 2 + h^2 q(x_i)$이며 또한 $|e_1| = |1 - hp(x_1)/2| < 1 < |d_1|$, $|c_N| = |1 + hp(x_N)/2| < 2 < |d_N|$이다. 즉, 행렬 A는 강대각지배 행렬(strictly diagonally dominant matrix)이 된다. 따라서, 식 (12.15)는 유일한 해를 갖는다.

예제 12.3 예제 12.1에 주어진 경계값 문제

$$y'' + y' - 2y = -2x + 1,\ y(0) = 1,\ y(1) = 1 + e$$

를 유한차분법에 의해서 다루어 보아라.

$p(x) = -1,\quad q(x) = 2,\ r(x) = -2x + 1$이다. $h = 1/4$로 정하면, 즉 $N = 3$이면 망점들은 $x_0 = 0,\ x_1 = 1/4,\ x_2 = 1/2,\ x_3 = 3/4,\ x_4 = 1$가 되며 $y_0 = 1,\ y_4 = 1 + e$가 된다. 따라서 A의 성분값 $c_i,\ d_i,\ e_i$와 오른쪽 벡터 b의 성분값들을 계산하면

$$A = \begin{pmatrix} -\frac{17}{8} & \frac{9}{8} & 0 \\ \frac{7}{8} & -\frac{17}{8} & \frac{9}{8} \\ 0 & \frac{7}{8} & -\frac{17}{8} \end{pmatrix},\ y = \begin{pmatrix} y_1 \\ y_2 \\ y_3 \end{pmatrix},\ b = \begin{pmatrix} -\frac{27}{32} \\ 0 \\ -\frac{1}{32} - \frac{9}{8}(1+e) \end{pmatrix}$$

를 얻는다. 이 선형 연립방정식의 해 y는 경계값 문제의 근사해가 된다. 실제 해는 $y(x) = x + e^x$이다. 표 12.1은 위에서 구한 근사값(y_i)과 실제값$y(x_i)$ 그리고 오차$(|y(x_i) - y_i|)$를 보여준다.

표 12.1

i	y_i	$y(x_i)$	$\lvert y(x_i) - y_i \rvert$
1	1.536044	1.534025	0.002018
2	2.151416	2.148721	0.002695
3	2.869085	2.867000	0.002085

12.3.2 비선형 미분방정식

2계 상미분방정식이 비선형인 경우 이에 대응되는 연립방정식 또한 비선형이 된다. 미분방정식 (12.9)에 유한-차분 공식 (12.10), (12.11)을 적용하면

$$y_{i+1}-2y_i+y_{i-1}=h^2f(x_i,\ y_i,\ \frac{y_{i+1}-y_{i-1}}{2h}),\ i=1,\ 2,\ \cdots,\ N \tag{12.16}$$

을 얻는다. 비선형 연립방정식에 대한 Newton 방법의 공식은 다음과 같은 형태를 갖는다.

$$\boldsymbol{Y}^{(k+1)}=\boldsymbol{Y}^{(k)}-J(\boldsymbol{Y}^{(k)})^{-1}\boldsymbol{F}(\boldsymbol{Y}^{(k)}) \tag{12.17}$$

여기서 $\boldsymbol{Y}^{(k)}=(y_1^{(k)},\ y_2^{(k)},\ \cdots,\ y_N^{(k)})^T$, $J(\boldsymbol{Y}^{(k)})$는 $N\times N$ Jacobian 행렬이다.

예제 12.4 유한차분법을 이용하여 다음 비선형 경계값 문제

$$y''+3xyy'+2y^3=0,\ y(0)=1,\ y(1)=1/2$$

의 수치해를 구하여라. 실제 해는 $y(x)=1/(1+x^2)$이다.

구간 [0, 1]을 4 등분하면 $N+1=4$, $h=1/4$, 망점들은 $x_0=0$, $x_1=1/4$, $x_2=1/2$, $x_3=3/4$, $x_4=1$가 된다. 유한-차분 공식을 경계값 문제에 대입하면

$$y_{i-1}-2y_i+y_{i+1}+h^2[3x_iy_i(\frac{y_{i+1}-y_{i-1}}{2h})+2y_i^3]=0,\ i=1,\ 2,\ 3$$

가 주어진다. 따라서 $y_0=1$, $y_4=1/2$에 의하여

$$f_1(y_1,\ y_2,\ y_3)=-\frac{67}{32}y_1+\frac{3}{32}y_1y_2+\frac{1}{8}y_1^3+y_2+1=0$$

$$f_2(y_1,\ y_2,\ y_3)=y_1-\frac{3}{16}y_1y_2-2y_2+\frac{3}{16}y_2y_3+\frac{1}{8}y_2^3+y_3=0$$

$$f_3(y_1,\ y_2,\ y_3)=y_2-\frac{9}{32}y_2y_3-\frac{119}{64}y_3+\frac{1}{8}y_3^3+\frac{1}{2}=0$$

가 되며

$$J(Y)=\begin{pmatrix} \frac{\partial f_1}{\partial y_1} & \frac{\partial f_1}{\partial y_2} & \frac{\partial f_1}{\partial y_3} \\ \frac{\partial f_2}{\partial y_1} & \frac{\partial f_2}{\partial y_2} & \frac{\partial f_2}{\partial y_3} \\ \frac{\partial f_3}{\partial y_1} & \frac{\partial f_3}{\partial y_2} & \frac{\partial f_3}{\partial y_3} \end{pmatrix}$$

$$=\begin{pmatrix} -\frac{67}{32}+\frac{3}{32}y_2+\frac{3}{8}y_1^2 & 1+\frac{3}{32}y_1 & 0 \\ 1-\frac{3}{16}y_2 & -2-\frac{3}{16}y_1+\frac{3}{16}y_3+\frac{3}{8}y_2^2 & 1+\frac{3}{16}y_2 \\ 0 & 1-\frac{9}{32}y_3 & -\frac{119}{64}-\frac{9}{32}y_2+\frac{3}{8}y_3 \end{pmatrix}$$

가 된다. 초기값 $Y^{(0)}=(y_1^{(0)},\ y_2^{(0)},\ y_3^{(0)})^T=(1,\ 1,\ 1)^T$로 정하고 Newton 방법 (12.17)을 반복 실행하면 다음 결과를 얻는다.

표 12.2

k	y1	y2	y3	오차
0	1.000000	1.000000	1.000000	
1	0.896643	0.732155	0.598930	3.784341e−001
2	0.942969	0.799850	0.639503	6.573845e−002
3	0.944828	0.801784	0.640120	1.973385e−003
4	0.944830	0.801786	0.640120	1.932866e−006

실제값은 $y(x_1)=0.941176$, $y(x_2)=0.800000$, $y(x_3)=0.640000$이다.

```
% Newtnsys.m %
  f1 = '(-67/32)*y(1)+(3/32)*y(1)*y(2)+(1/8)*y(1)^3+y(2)+1' ;
  f2 = 'y(1)-(3/16)*y(1)*y(2)-2*y(2)+(3/16)*y(2)*y(3)+(1/8)*y(2)^3+y(3)' ;
  f3 = 'y(2)-(9/32)*y(2)*y(3)-(119/64)*y(3)+(1/8)*y(3)^3+1/2' ;
  f1y1 = '-67/32+(3/32)*y(2)+(3/8)*y(1)^2' ;
  f1y2 = '1+(3/32)*y(1)' ;
  f1y3 = '0' ;
  f2y1 = '1-(3/16)*y(2)' ;
  f2y2 = '-2-(3/16) * *y(1)+(3/16)*y(3)+(3/8)*y(2)^2' ;
```

```
f2y3 = '1+(3/16)*y(2)' ;
f3y1 = '0' ;
f3y2 = '1-(9/32)*y(3)' ;
f3y3 = '-(119/64)-(9/32)*y(2)+(3/8)*y(3)^2' ;
y = [1 ; 1 ; 1] ; eps = 10^(-5) ;
k = 0 ; error = 1000 ;
fprintf('    k          y1          y2          y3          오차\n') ;
fprintf('%4d %10.6f %10.6f %10.6f\n', k, y(1), y(2), y(3)) ;
while error >= eps
   k = k+1 ;
   F1 = eval(f1) ; F2 = eval(f2) ; F3 = eval(f3) ;
   F = [F1 ; F2 ; F3] ;
   J11 = eval(f1y1) ; J12 = eval(f1y2) ; J13 = eval(f1y3) ;
   J21 = eval(f2y1) ; J22 = eval(f2y2) ; J23 = eval(f2y3) ;
   J31 = eval(f3y1) ; J32 = eval(f3y2) ; J33 = eval(f3y3) ;
   J = [J11 J12 J13 ; J21 J22 J23 ; J31 J32 J33] ;
   ynext = y-inv(J)*F ;
   error = norm(ynext-y)/norm(ynext) ;
   fprintf('%4d %10.6f %10.6f %10.6f %15.6e\n', k, ynext(1), ynext(2), ynext(3), error) ;
   y = ynext ;
end
```

위의 프로그램에서 f1, f2, f3은 함수 $f_1(y_1,\ y_2,\ y_3)$, $f_2(y_1,\ y_2,\ y_3)$, $f_3(y_1,\ y_2,\ y_3)$을 각각 나타내며 f1y1, f1y2, f1y3은 f_1에 대한 편도함수들, f2y1, f2y2, f2y3은 f_2에 대한 편도함수들, f3y1, f3y2, f3y3은 f_3에 대한 편도함수들을 의미한다.

프로젝트

Schlichting(1960)은 아래의 그림과 같이 반지름이 r_1인 원통과 반지름이 r_2인 원통 사이를 흐르는 어떤 Newtonian 유체의 속도 $u(r)$는 다음 미분방정식을 만족한다는 것을 밝혔다.

$$\frac{d^2u}{dr^2}+\frac{d}{dr}\left(\frac{u}{r}\right)=0$$

$r_1=1/2$, $r_2=1$일 때 원통의 경계부분에 대하여 각속도(angular velocity)를 감안한 유체 속도는 $u(1/2)=5/2$, $u(1)=10$이라고 할 때 유체의 속도를 구하여라.

즉, $u(r)$, $1/2\le r\le 1$의 수치해를 구하고 실제해 $u(r)=\frac{1}{3}(35r-\frac{5}{r})$와 비교하여라. $h=1/10$을 사용한다.

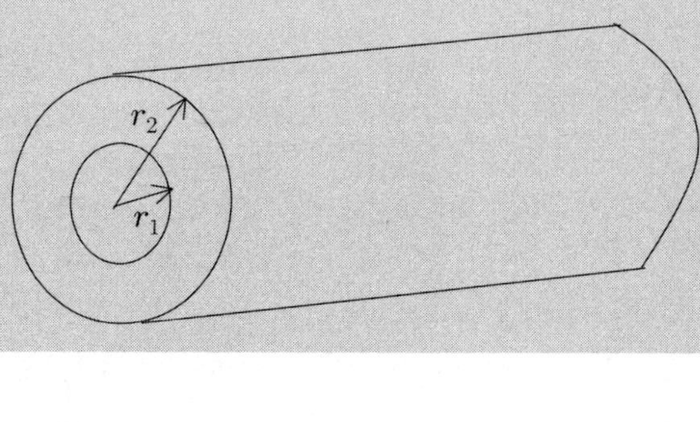

제 12 장

연습문제

경계값 문제

1. 다음 각 경계값 문제에 대하여 해가 무엇인지 구해보고 해의 유일성에 대하여 논하여라.

a) $y''-y=0$, $y(0)=1$, $y(1)=e$

b) $y''+y=0$, $y(0)=1$, $y(\pi/2)=0$

2. 다음 초기값 문제

$$y''=p(x)y'+q(x)y+r(x),\ y(a)=\alpha,\ y'(a)=0$$

의 해가 $y_1(x)$이고 또한 아래의 초기값 문제

$$y''=p(x)y'+q(x)y,\ y(a)=0,\ y'(a)=1$$

의 해가 $y_2(x)$이라면 두 해의 결합인

$$y(x)=y_1(x)+\frac{\beta-y_1(b)}{y_2(b)}y_2(x)$$

는 다음 선형 경계값 문제의 해가 됨을 증명하여라.

$$y''=p(x)y'+q(x)y+r(x),\ y(a)=\alpha,\ y(b)=\beta$$

3. 사격법으로 다음 선형 경계값 문제

$$y'' + y' - 2y = -2x + 1, \quad y(0) = 1, \quad y(1) = 1 + e$$

의 수치해를 구하고 실제해 $y(x) = x + e^x$와 비교하여라. 4차 Runge-Kutta 방법을 적용하고 $h = 1/4$로 둔다.

4. 사격법으로 다음 선형 경계값 문제

$$y'' = -y + xy' + 2x\sin x, \quad y(0) = 2, \quad y(\pi/2) = \pi/2$$

의 수치해를 구하고 실제해 $y(x) = x + 2\cos x$와 비교하여라. 4차 Runge-Kutta 방법을 적용하고 $h = \pi/8$로 둔다.

5. 문제 4에 주어진 선형 문제를 유한차분법으로 다루어 보고 실제해와 비교해 보아라. $h = \pi/8$로 놓는다.

6. 사격방법을 이용하여 다음 비선형 경계값 문제

$$y'' = -yy' + y^3, \quad y(0) = 1, \quad y(1) = 1/2$$

의 수치해를 구하고 실제해 $y(x) = 1/(1+x)$와 비교하여라. 4차 Runge-Kutta 방법을 적용하고 $h = 1/4$로 둔다.

7. 문제 6에 주어진 비선형 문제를 유한차분법으로 다루어 보고 실제해와 비교해 보아라. $h=1/4$로 놓는다.

8. 유한차분법을 이용하여 다음 선형 경계값 문제

$$y''=\frac{y'}{x}-\frac{y}{x^2},\ \ y(1)=2,\ \ y(2)=2(\ln 2+2)$$

의 수치해를 구하고 실제해 $y(x)=x\ln x+2x$와 비교하여라. $h=1/4$로 둔다.

9. 사격 방법을 이용하여 다음 비선형 경계값 문제

$$y''=2yy',\ \ y(0)=0,\ \ y(\pi/12)=3$$

의 수치해를 구하고 실제해 $y(x)=3\tan 3x$와 비교하여라. 4차 Runge-Kutta 방법을 적용하고 $h=\pi/48$로 둔다.

10. 문제 9에 주어진 비선형 문제를 유한차분법으로 다루어 보고 실제해와 비교해 보아라. $h=\pi/48$로 놓는다.

제 13 장 편미분방정식의 수치해법

이 장의 내용

제 13 장

편미분방정식의 수치해법

편미분방정식은 자연과학, 공학 등의 여러 분야에서 물리적 현상에 의해서 자주 일어나지만 대수적인 방법으로 이에 대한 정확한 해를 구하기는 쉽지 않다. 이 장에서는 2차 편미분방정식

$$
\begin{aligned}
a(x,\ y)\frac{\partial^2 u}{\partial x^2}+b(x,\ y)\frac{\partial^2 u}{\partial x\partial y}+c(x,\ y)\frac{\partial^2 u}{\partial y^2}+d(x,\ y)\frac{\partial u}{\partial x}\\
+e(x,\ y)\frac{\partial u}{\partial y}+f(x,\ y)u=g(x,\ y)
\end{aligned}
\tag{13.1}
$$

의 해 $u(x,\ y)$에 대한 근사해를 구하는 수치방법을 다루고자 한다. 여기서, $a=a(x,\ y)$, $b=b(x,\ y)$, $\cdots$는 xy-평면에 주어진 어떤 영역 R상에서 연속함수이다.

13.1 개요

식 (13.1)에 주어진 편미분방정식은 b^2-4ac의 부호에 따라 다음과 같이 3가지의 형태로 분류된다.

$b^2-4ac=0$: 포물형(parabolic)

$b^2-4ac<0$: 타원형(elliptic)

$b^2-4ac>0$: 쌍곡형(hyperbolic)

다음은 각 형에 대한 전형적인 예들이다.

포물형 : $a^2\dfrac{\partial^2 u}{\partial x^2}-\dfrac{\partial u}{\partial y}=0$ (열방정식)

열방정식은 횡단면의 온도가 균일한 막대기의 열 흐름 또는 변화하는 온도분포를 나타내어 준다.

타원형 : $\dfrac{\partial^2 u}{\partial x^2}+\dfrac{\partial^2 u}{\partial y^2}=0$ (Laplace 방정식)

$\dfrac{\partial^2 u}{\partial x^2}+\dfrac{\partial^2 u}{\partial y^2}=g(x,\ y)$ (Poisson 방정식)

Laplace 방정식과 Poisson 방정식은 얇은 금속판의 정상상태 온도분포를 나타내어 준다.

쌍곡형 : $a^2\dfrac{\partial^2 u}{\partial x^2}-\dfrac{\partial^2 u}{\partial y^2}=0$ (파동방정식)

파동방정식은 탄력이 있는 줄을 위로 당겼을 때 진동하는 줄의 위치(수직 변위)를 나타내어 준다.

편미분방정식의 수치 해는 유한차분법, 유한요소법(finite element method) 등의 기법으로 구할 수 있다. 유한차분법은 주어진 편미분방정식의 도함수들을 유한차분 공식으로 대체 한다는 특징을 가지고 있으며 주어진 영역의 경계가 사각형일 때 주로 사용된다. 유한요소법은 주어진 영역의 경계가 사각형이 아니거나 경계조건이 도함수와 관련이 있는 경우 유용하게 사용된다. 이 장에서는 유한차분법을 중점적으로 다루고자 한다.

유한차분 공식에는 전향차분, 중심차분, 그리고 후향차분 공식이 있다. 1변수 함수 $f(x)$에 대해서 이 들은 Taylor 정리

$$f(x+h)=f(x)+f'(x)h+\frac{f''(x)h^2}{2!}+\frac{f'''(x)h^3}{3!}\cdots$$

로부터 다음과 같이 유도할 수 있다. 2변수에 대한 유한차분 공식들은 이와 유사하게 유도할 수 있다.

1계 도함수

$f'(x)=\dfrac{f(x+h)-f(x)}{h}+O(h)$ (전향차분)

$$f'(x) = \frac{f(x+h) - f(x-h)}{2h} + O(h^2) \qquad \text{(중심차분)}$$

$$f'(x) = \frac{f(x) - f(x-h)}{h} + O(h) \qquad \text{(후향차분)}$$

2계 도함수

$$f''(x) = \frac{f(x+h) - 2f(x) + f(x-h)}{h^2} + O(h^2) \qquad \text{(중심차분)}$$

13.2 포물형(Parabolic) 편미분방정식

포물형 편미분방정식의 대표적인 열방정식은 아래와 같이 주어진다.

$$\frac{\partial^2 x}{\partial x^2}(x,\ t) - \frac{\partial u}{\partial t}(x, t) = 0,\ 0 < x < 1,\ 0 < t \le T \tag{13.2}$$

$$u(0,\ t) = c_0,\ u(1,\ t) = c_1,\ 0 < t \le T \tag{13.3}$$

$$u(x,\ 0) = f(x),\ 0 \le x \le 1 \tag{13.4}$$

식 (13.2)의 실제 해 $u(x,\ t)$는 점 x와 시간 t에서의 아래에 주어진 원기둥 모양을 갖는 막대기의 온도를 나타낸다.

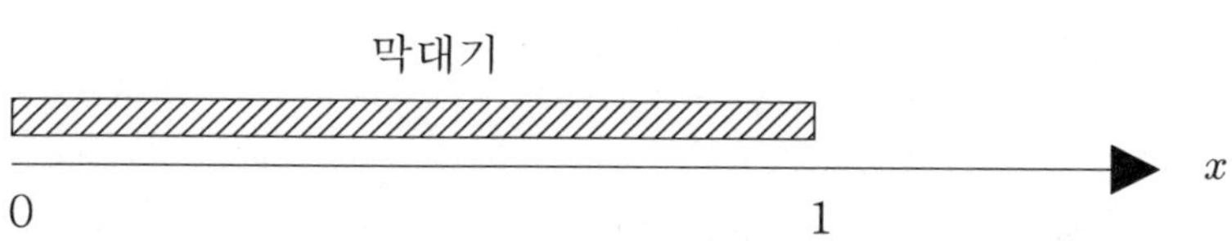

그림 13.1

막대기는 아주 얇고 측면은 단열되었기 때문에 열은 x축 방향으로만 흐른다고 가정한다. 식 (13.3)에 주어진 조건은 경계조건이라 부르며 (13.4)에 주어진 조건을 초기조건이라 부른다. 경계조건은 다루고자 하는 영역의 경계에 주어지는 값 또는 계산하고자 하는 범위의 경계에 해당되는 값을 의미한다. 초기조건은 $t = 0$일 때 x의 위치에 따라 주어진 초기온도를 가리키는 데 여기서는 $f(x)$로 주어진다. 각 점 x에 대한 막대기의 단면(cross section)에 대한 온도는 막대기가 아주 얇기 때문에 일정하다고 가정하고, 양 끝점에 대한 온도는 변하지 않고 항상 c_0와 c_1에 고정되어 있다고 가정한다.

열방정식의 근사해를 구하기 위해서는 다음 수순을 밟는다. 공간 x의 구간 $[0, 1]$을 N등분($h = 1/N$)하고 시간 t의 구간 $[0, T]$를 M등분($k = T/M$)한다. 각 구간에 속하는 점들을 다음과 같이 정의한다.

$$x_i = ih, \quad i = 0, 1, \cdots, N$$
$$t_j = jk, \quad j = 0, 1, \cdots, M$$

순서쌍 (x_i, t_j), $i = 1, 2, \cdots, N-1$, $j = 1, 2, \cdots, M$을 공간·시간 영역 $[0, 1] \times [0, T]$에서의 내부점(또는 망점)이라 부른다. 이제, 내부점 (x_i, t_j)에 대한 실제 해 $u(x_i, t_j)$의 근사값을 유한차분법을 사용하여 구한다.

13.2.1 전향차분법

전향 유한차분 방법은 1계도함수 유한차분 공식 $f'(x) = [f(x+h) - f(x)]/h$의 변수 x를 t로 바꾸고 t의 단계 크기(증분 값)를 k로 그리고 2계 도함수

$$f''(x) = [f(x+h) - 2f(x) + f(x-h)]/h^2$$

의 변수 x의 단계 크기를 h로 두고 2변수 함수에 적용하면 점 (x_i, t_j)에서 다음을 얻는다.

$$\frac{\partial u}{\partial t}(x_i, t_j) \approx \frac{u(x_i, t_j + k) - u(x_i, t_j)}{k} \tag{13.5}$$

$$\frac{\partial^2 u}{\partial x^2}(x_i, t_j) \approx \frac{u(x_i - h, t_j) - 2u(x_i, t_j) + u(x_i + h, t_j)}{h^2} \tag{13.6}$$

위의 첫 번째 식 (13.5)에서는 변수 x를 두 번째 식 (13.6)에서는 변수 t를 상수로 취급하였다. 이제 위의 식들을 열방정식 (13.2)에 대입하면

$$\frac{1}{h^2}[u(x_i-h,\ t_j)-2u(x_i,\ t_j)+u(x_i+h,\ t_j)]-\frac{1}{k}[u(x_i,\ t_j+k)-u(x_i,\ t_j)]\approx 0$$

을 얻고 이를 다시 정리하면

$$u(x_i,\ t_j+k)\approx \alpha u(x_i-h,\ t_j)+(1-2\alpha)u(x_i,\ t_j)+\alpha u(x_i+h,\ t_j) \tag{13.7}$$

가 주어진다. 앞으로 점 $(x_i,\ t_j)$에서 실제해 $u(x_i,\ t_j)$의 근사해를 $u_{i,j}$로 나타내기로 하자. 이 경우 $u(x_i+h,\ t_j)$는 $u_{i+1,j}$, $u(x_i,\ t_j+k)$는 $u_{i,j+1}$ 등으로 바뀌게 되며 따라서 (13.7)은 다음과 같이 적을 수 있다.

$$u_{i,j+1}=\alpha u_{i-1,j}+(1-2\alpha)u_{i,j}+\alpha u_{i+1,j} \tag{13.8}$$

위의 방법을 전향차분법(forward-difference method)이라 부른다. 여기서, $\alpha=k/h^2$이다. 위의 방법의 오차는 $O(h^2,\ k)$로 주어지며, 아래의 그림과 같이 세 점$(x_i-h,\ t_j)$, $(x_i,\ t_j)$, $(x_i+h,\ t_j)$에 대한 값들이 주어졌을 때(즉, 알고 있을 때) 그 다음 단계에 주어지는 점 $(x_i,\ t_j+k)$에 대한 값을 (13.7)에 의해서 명확하게 구할 수 있기 때문에 명시적(explicit) 방법이라 부르기도 한다. 이에 반대되는 개념인 암시적 방법은 나중에 다룬다.

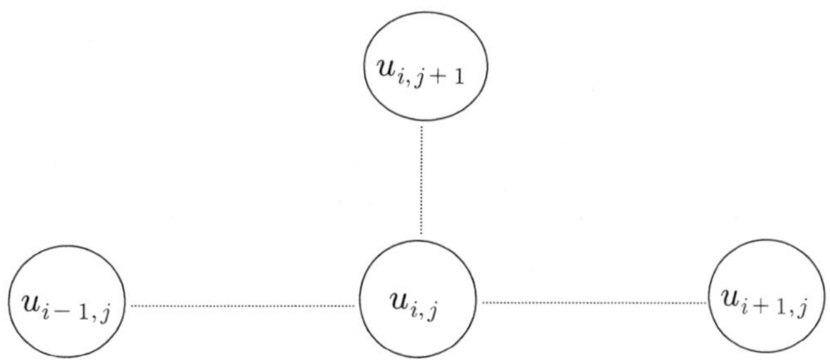

그림 13.2

수치방법을 이용하여 근사해를 구할 때 안정성(stability)을 고려해야 한다. 반복실행 중 어떤 단계에서 오차가 발생했을 때 그 다음 단계들에서 오차가 점점 누적되어 증폭되는 경우 의미 없는 결과가 주어진다. 즉, 어떤 수치방법이 안정적이기 위해서는 실행 초기 또는 어떤 단계에서 오차가 발생하더라도 그 다음 단계들에서는 오차가 크게 발생하지 않아야 한다. 전향차분법이 안정적이기 위해서는 $1-2\alpha \geq 0$이라야 한다는 것이 밝혀져 있다. 구체적으로 전향차분 방법을 사용하기 위하여 단계 크기 k와 h를 정하고자 할 때

$$k \leq \frac{h^2}{2}$$

을 만족할 수 있도록 정해야만 안정적인 근사값을 구할 수 있다.

예제 13.1 유한차분 방법을 이해하기 위하여 열방정식

$$\frac{\partial^2 u}{\partial x^2}(x,\ t) - \frac{\partial u}{\partial t}(x,\ t) = 0,\ 0 < x < 1,\ t > 0$$

와 경계값 및 초기값이

$$u(0,\ t) = 0,\ u(1,\ t) = 0,\ u(x,\ 0) = \sin(\pi x)$$

일 때 전향차분법을 사용하여 $h = 0.2$, $k = 0.02$, $T = 0.5$일 때 까지 근사해를 구해보도록 하자. 실제해는 $u(x,\ t) = e^{-\pi^2 t}\sin \pi x$이다.

최대 실행 횟수는 $M = 25$가 되며 $\alpha = 1/2$가 된다. 공간 구간 [0, 1]은 5등분이 되고 시간 구간 [0, 0.5]는 25등분 된다(즉, 해의 범위는 $[0,\ 1] \times [0,\ 0.5]$). 초기 내부 망점들은 $x_1 = 1/5$, $x_2 = 2/5$, $x_3 = 3/5$, $x_4 = 4/5$로 주어진다. 따라서

$$u_{1,\ 0} = \sin\frac{\pi}{5} = 0.587785,\ u_{2,0} = \sin\frac{2\pi}{5} = 0.951057,$$

$$u_{3,0} = \sin\frac{3\pi}{5} = 0.951057,\ u_{4,0} = \sin\frac{4\pi}{5} = 0.587785$$

의 초기값을 가진다. $\alpha = 1/2$이기 때문에 (13.8)은

$$u_{i,j+1} = \frac{1}{2}(u_{i-1,j} + u_{i+1,j})$$

로 나타내어진다.

$j = 0$일 때 (13.9)는 $u_{i,1} = 0.5(u_{i-1,0} + u_{i+1,0})$, $i = 1, 2, 3, 4$가 된다. 따라서

$$u_{1,1} = 0.5(u_{0,0} + u_{2,0}) = 0.475528,\ u_{2,1} = 0.5(u_{1,0} + u_{3,0}) = 0.769421,$$
$$u_{3,1} = 0.5(u_{2,0} + u_{4,0}) = 0.769421,\ u_{4,1} = 0.5(u_{3,0} + u_{5,0}) = 0.475528$$

을 얻는다. $j = 1$일 때 위와 같은 방법으로

$$u_{1,2} = 0.5(u_{0,1} + u_{2,1}) = 0.384710,\ u_{2,2} = 0.5(u_{1,1} + u_{3,1}) = 0.622475,$$
$$u_{3,2} = 0.5(u_{2,1} + u_{4,1}) = 0.622475,\ u_{4,2} = 0.5(u_{3,1} + u_{5,1}) = 0.384710$$

$$u_{1,2} = u_{2,1} + u_{0,1} - u_{1,0} = 0.0,\ u_{2,2} = u_{3,1} + u_{1,1} - u_{2,0} = 0.0,$$
$$u_{3,2} = u_{4,1} + u_{2,1} - u_{3,0} = 0.0$$

을 얻는다. 프로그램 forward.m을 실행하면 $u_{i,j}$, $j = 25$일 때의 근사값과 실제값을 얻을 수 있고 그 결과는 표 13.1에서 보여준다.

표 13.1

(x_i, t_j)	근사값 $u_{i,j}$	실제값 $u(x_i, t_j)$
(0.2, 0.5)	0.002939	0.004227
(0.4, 0.5)	0.004755	0.006840
(0.6, 0.5)	0.004755	0.006840
(0.8, 0.5)	0.002939	0.004227

```
% forward.m %
  ustart = 'sin(pi*x)' ;
  utrue = 'exp(-0.5*pi^2) * sin(pi*x)' ;
  h = 0.2 ; k = 0.02 ; istep = 4 ; jstep = 25 ;
  alpa = (h^2)/k ;
  x = 0 ;
  for i = 1 : 6
     u(i,1) = eval(ustart) ;
     x = x+h ;
  end
  for j = 1 : jstep
     u(1,j) = 0 ; u(6,j) = 0 ;
  end
  for j = 1 : jstep
     fprintf('j = %4d\n', j) ;
     for i = 2 : istep+1
        u(i,j+1) = 0.5*(u(i-1,j)+u(i+1,j)) ;
        fprintf('%10.6f', u(i,j+1)) ;
     end
     fprintf('\n') ;
  end
```

13.2.2 후향차분법

시간에 대한 미분 $\frac{\partial u}{\partial t}(x_i,\ t_j)$를 다음과 같이 후향차분 형태로 나타낼 수 있다.

$$\frac{\partial u}{\partial t}(x_i,\ t_j) \approx \frac{u(x_i,\ t_j) - u(x_i,\ t_j - k)}{k} \tag{13.9}$$

식 (13.9)와 (13.6)을 열방정식 (13.2)에 대입하면

$$\frac{1}{h^2}[u(x_i - h,\ t_j) - 2u(x_i,\ t_j) + u(x_i + h,\ t_j)] - \frac{1}{k}[u(x_i,\ t_j) - u(x_i, t_j - k)] \approx 0$$

을 얻고, 이를 다시 정리하면 아래와 같이 주어진다.

$$-\alpha u(x_i - h,\ t_j) + (1+2\alpha)u(x_i,\ t_j) - \alpha u(x_i + h,\ t_j) \approx u(x_i,\ t_j - k) \qquad (13.10)$$

실제해 $u(x_i,\ t_j)$의 근사해를 $u_{i,j}$로 나타내면 (13.10)은 다음과 같이 적을 수 있다.

$$-\alpha u_{i-1,j} + (1+2\alpha)u_{i,j} - \alpha u_{i+1,j} = u_{i,j-1} \qquad (13.11)$$

위의 방법을 후향차분법(backward-difference method)이라 부른다. 여기서, $\alpha = k/h^2$ 이며 위의 방법 역시 오차는 $O(h^2,\ k)$로 주어진다. 아래의 그림과 같이 $t-k$ 단계에서 점 $(x_i,\ t_j - k)$에 대한 값은 알고 있지만 그 다음의 t 단계에 주어지는 세 점$(x_i - h,\ t_j)$, $(x_i,\ t_j)$, $(x_i + h,\ t_j)$에 대한 값들은 미지수이다.

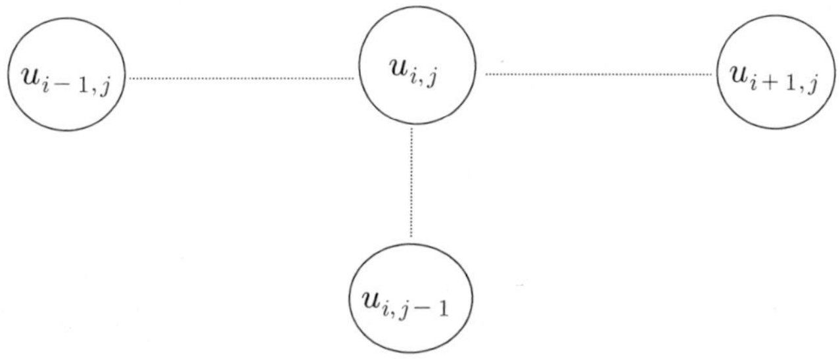

그림 13.3

따라서, 내부점들에 대한 근사해를 구하기 위해서는 각 단계($j = 1,\ 2,\ \cdots,\ M$)에서 다음 선형 연립방정식을 다루어야 한다.

$$\begin{pmatrix} \beta & -\alpha & & & & \\ -\alpha & \beta & -\alpha & & 0 & \\ & -\alpha & \beta & -\alpha & & \\ & & \ddots & \ddots & \ddots & \\ & 0 & & -\alpha & \beta & -\alpha \\ & & & & -\alpha & \beta \end{pmatrix} \begin{pmatrix} u_{1,j} \\ u_{2,j} \\ \vdots \\ u_{N-2,j} \\ u_{N-1,j} \end{pmatrix} = \begin{pmatrix} u_{1,j-1} + \alpha u_{0,j} \\ u_{2,j-1} \\ \vdots \\ u_{N-2,j-1} \\ u_{N-1,j-1} + \alpha u_{N,j} \end{pmatrix}$$

여기서 $\beta = 1 + 2\alpha$이다. 경계조건에 의하여 모든 j에 대하여 $u_{0,j} = c_0$, $u_{N,j} = c_1$이며 초기조건에 의해서 $u_{i0} = f(x_i)$, $i = 1,\ 2,\ \cdots,\ N-1$을 갖는다. 구하고자 하는 근사해는 명확하게 주어지지 않고 위의 선형 연립방정식을 다루어야만 구할 수 있기 때문에 이 방법을 암시적(implicit) 방법이라 부른다. 위의 연립방정식의 계수행렬은 강대각지배 행렬이기 때문에 유일한 해가 존재한다. 또한, 후향차분법은 안정적인 방법이라는 것이 밝혀져 있다. 따라서 앞에서 다룬 전향차분법처럼 단계 크기 k와 h를 정하고자 할 때 굳이 다음 조건

$$k \le \frac{h^2}{2}$$

을 만족할 필요는 없다.

예제 13.2 열방정식

$$\frac{\partial^2 u}{\partial x^2}(x,t) - \frac{\partial u}{\partial t}(x,t) = 0, \quad 0 < x < 1, \quad t > 0,$$

와 경계값 및 초기값이

$$u(0,\ t) = 0,\ u(1,\ t) = 0,\ u(x,\ 0) = \sin(\pi x)$$

일 때 후향차분법을 사용하여 $h = 0.2$, $k = 0.02$, $T = 0.5$일 때까지 근사해를 구해보도록 하자. 실제해는 $u(x,\ t) = e^{-\pi^2 t}\sin \pi x$이다.

예제 13.1에서와 같이 최대 실행 횟수는 $M = 25$가 되며 $\alpha = 1/2$가 된다. 공간 구간 $[0,\ 1]$은 5등분이 되고 시간 구간 $[0,\ 0.5]$는 25등분 된다. 초기 내부 망점들 역시 $x_1 = 1/5$, $x_2 = 2/5$, $x_3 = 3/5$, $x_4 = 4/5$로 주어진다. 따라서

$$u_{1,0} = \sin\frac{\pi}{5} = 0.587785,\ u_{2,0} = \sin\frac{2\pi}{5} = 0.951057,$$
$$u_{3,0} = \sin\frac{3\pi}{5} = 0.951057,\ u_{4,0} = \sin\frac{4\pi}{5} = 0.587785$$

의 초기값을 가진다. $\alpha = 1/2$이기 때문에 (13.11)은

$$\frac{1}{2}u_{i-1,j} - 2u_{i,j} + \frac{1}{2}u_{i+1,j} = -u_{i,j-1}$$

가 된다.

$j=1$일 때, $i=1,\ 2,\ 3,\ 4$에 대하여 다음의 선형 연립방정식 $Au_1=b_1$을 얻는다.

$$\begin{aligned}
-2u_{1,1}+\frac{1}{2}u_{2,1} \qquad\qquad\qquad &= -u_{1,0}-\frac{1}{2}u_{0,1}\\
\frac{1}{2}u_{1,1}-2u_{2,1}+\frac{1}{2}u_{3,1} \qquad &= -u_{2,0}\\
\frac{1}{2}u_{2,1}-2u_{3,1}+\frac{1}{2}u_{4,1} &= -u_{3,0}\\
\frac{1}{2}u_{3,1}-2u_{4,1} &= -u_{4,0}-\frac{1}{2}u_{5,1}
\end{aligned}$$

초기값을 대입하고 행렬 · 벡터 형태로 나타내면

$$\begin{pmatrix} -2 & 0.5 & 0 & 0 \\ 0.5 & -2 & 0.5 & 0 \\ 0 & 0.5 & -2 & 0.5 \\ 0 & 0 & 0.5 & -2 \end{pmatrix}\begin{pmatrix} u_{1,1} \\ u_{2,1} \\ u_{3,1} \\ u_{4,1} \end{pmatrix}=\begin{pmatrix} -0.587785 \\ -0.951057 \\ -0.951057 \\ -0.587785 \end{pmatrix}$$

로 주어진다. 위의 해는

$$u_1=(0.493529,\ 0.798548,\ 0.798548,\ 0.493529)^T$$

가 된다.

$j=2$일 때, 다시 식 (13.11)과 위의 결과를 이용하면 그 다음 연립방정식을 구할 수 있으며 아래와 같이 주어진다.

$$\begin{pmatrix} -2 & 0.5 & 0 & 0 \\ 0.5 & -2 & 0.5 & 0 \\ 0 & 0.5 & -2 & 0.5 \\ 0 & 0 & 0.5 & -2 \end{pmatrix}\begin{pmatrix} u_{1,2} \\ u_{2,2} \\ u_{3,2} \\ u_{4,2} \end{pmatrix}=\begin{pmatrix} -0.493529 \\ -0.798548 \\ -0.798548 \\ -0.493529 \end{pmatrix}$$

위의 해는

$$u_2=(0.414388,\ 0.670495,\ 0.670495,\ 0.414388)^T$$

가 된다. 이 과정을 $j = 25$일 때 까지 반복 실행하는 프로그램은 backward.m 에 작성되어 있으며 그 결과는 표 13.2에 주어져 있다.

표 13.2

$(x_i,\ t_j)$	근사값 $u_{i,j}$	실제값 $u(x_i,\ t_j)$
(0.2, 0.5)	0.007440	0.004227
(0.4, 0.5)	0.012038	0.006840
(0.6, 0.5)	0.012038	0.006840
(0.8, 0.5)	0.007440	0.004227

```
% backward.m %
  ustart = 'sin(pi*x)' ;
  utrue = 'exp(-0.5*pi^2)*sin(pi*x)' ;
  h = 0.2 ; k = 0.02 ; istep = 4 ; jstep = 25 ; x = 0 ;
  A = [-2 0.5 0 0 ; 0.5 -2 0.5 0 ; 0 0.5 -2 0.5 ; 0 0 0.5 -2] ;
  IA = inv(A) ;
  for i = 1 : istep+2
    u(i,1) = eval(ustart) ;
    x = x+h ;
  end
  for i = 1 : istep
    b(i) = -u(i+1,1) ;
  end
  b(1) = b(1)-0.5*u(1,1) ;
  b(istep) = b(istep)-0.5*u(istep+2,1) ;
  b = b' ;
  for j = 1 : jstep
    u(1,j) = 0 ; u(istep+2,j) = 0 ;
  end
  for j = 1 : jstep
    fprintf('j = %4.0f\n', j) ;
    sol = IA*b ;
    for i = 1 : istep
      fprintf('%10.6f', sol(i)) ;
    end
    fprintf('\n') ;
    b = -sol ;
    b(1) = b(1)-0.5*u(1,j+1) ;
    b(istep) = b(istep)-0.5*u(istep+2,j+1) ;
  end
```

13.2.3 Crank-Nicolson 방법

비록 후향차분법은 어떠한 h와 k의 값을 택하더라도 해로 수렴하는 안정적인 방법이지만 이 방법의 절단오차는 $O(h^2, k)$이다. 후향차분법의 정확도를 좀 더 향상시키는 방법은 없을까? 이에 대한 해답은 $t = t_{j-1}$에서의 전향차분 공식

$$\frac{1}{h^2}(u_{i-1,j-1} - 2u_{i,j-1} + u_{i+1,j-1}) = \frac{1}{k}(u_{i,j} - u_{i,j-1})$$

와 $t = t_j$에서의 후향차분 공식

$$\frac{1}{h^2}(u_{i-1,j} - 2u_{i,j} + u_{i+1,j}) = \frac{1}{k}(u_{i,j} - u_{i,j-1})$$

을 결합하여

$$\frac{1}{2h^2}(u_{i-1,j-1} - 2u_{i,j-1} + u_{i+1,j-1} + u_{i-1,j} - 2u_{i,j} + u_{i+1,j}) = \frac{1}{k}(u_{i,j} - u_{i,j-1})$$

를 얻고, 이를 다시 정리하여

$$\begin{aligned} &\alpha u_{i-1,j} - (2\alpha + 2)u_{i,j} + \alpha u_{i+1,j} \\ &\quad = -\alpha u_{i-1,j-1} + (2\alpha - 2)u_{i,j-1} - \alpha u_{i+1,j-1} \end{aligned} \tag{13.12}$$

로 나타내는 것이다. 이 방법을 Crank-Nicolson 방법이라 부른다. 여기서, $\alpha = k/h^2$이며 위의 방법의 절단오차는 $O(h^2, k^2)$로 주어진다. 정확도가 향상된 안정적인 암시적 방법이라고 할 수 있다. 이 방법에 대해서는 프로젝트에서 다루기로 한다.

13.3 타원형(Elliptic) 편미분방정식

타원형 문제의 한 예로 물리학이나 공학 분야에서 자주 발생하는 Poisson 방정식

$$\nabla^2 u(x,\ y) \equiv \frac{\partial^2 u}{\partial x^2} + \frac{\partial^2 u}{\partial y^2} = g(x,\ y) \tag{13.13}$$

을 들 수 있다. 특히 $g(x,\ y)=0$일 때 (13.13)을 Laplace 방정식이라 부른다.

Poisson 방정식의 영역은

$$\Omega = \{(x,\ y) \mid a \le x \le b,\ c \le y \le d\}$$

이며 영역 Ω의 경계 S상에서의 경계조건은

$$u(x,\ y) = f(x,\ y) \tag{13.14}$$

이다. 타원형 문제는 2차원 영역 Ω을 여러 사각형 형태로 분할하여 망점 $(x_i,\ y_j)$에서 편미분방정식 (13.13)과 경계조건 (13.14)를 만족하는 수치해 $u_{i,j} \approx u(x_i,\ y_j)$을 구하고자 하는 문제이다.

영역 Ω을 수평선과 수직선을 그어서 분할한다. 구간 $[a,\ b]$를 N등분하고 구간 $[c,\ d]$를 M등분 하면 격자선(grid line)의 교점들이며 $x_i = a + ih,\ y_j = c + jk,\ i = 0,\ 1,\ 2,\ \cdots,\ N,\ j = 0,\ 1,\ 2,\ \cdots,\ M$을 갖는 망점 $(x_i,\ y_j)$들이 생긴다. 여기서 $h = (b-a)/N$, $k = (d-c)/M$이다.

망점 $(x_i,\ y_j)$에서 편미분방정식 (13.13)는

$$\frac{\partial^2 u}{\partial x^2}(x_i,\ y_j) + \frac{\partial^2 u}{\partial y^2}(x_i,\ y_j) = g(x_i,\ y_j) \tag{13.15}$$

가 된다. 식 (13.15)에 2변수 중앙차분 공식을 대입하고 점 $(x_i,\ t_j)$에서 실제 해 $u(x_i,\ t_j)$의 근사해를 $u_{i,j}$로 나타내면

$$\frac{1}{h^2}(u_{i-1,j} - 2u_{i,j} + u_{i+1,j}) = \frac{1}{k^2}(u_{i,j-1} - 2u_{i,j} + u_{i,j+1}) = g_{i,j}$$

가 되며 이를 정리하면 다음 5-점(five-point) 공식이 도출된다.

$$u_{i-1,j} - 2(1+\alpha)u_{i,j} + u_{i+1,j} + \alpha u_{i,j-1} + \alpha u_{i,j+1} = h^2 g_{i,j} \tag{13.16}$$

$i = 1, 2, \cdots, N-1$, $j = 1, 2, \cdots, M-1$. 여기서 $\alpha = h^2/k^2$이다. 경계점에 대한 경계값은 (13.14)에서 얻을 수 있다.

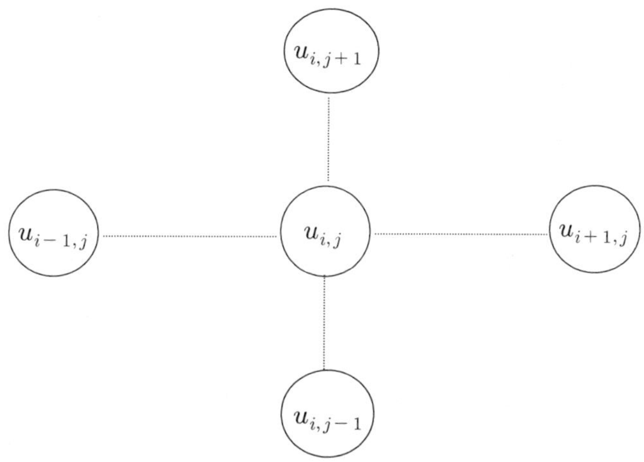

그림 13.4

이 방법의 오차는 $O(h^2, k^2)$이다.

예제 13.3 다음 Poisson 방정식

$$\frac{\partial^2 u}{\partial x^2} + \frac{\partial^2 u}{\partial y^2} = 2e^{x+y}, \quad 0 < x < 1, \quad 0 < y < 1$$

와 경계조건

$$u(x, 0) = e^x, \quad u(x, 1) = e^{x+1}, \quad u(0, y) = e^y, \quad u(1, y) = e^{y+1}$$

을 만족하는 근사해를 구하여라. 실제해는 $u(x, y) = e^{x+y}$이다.

$N = M = 4$로 놓으면 $h = k = 1/4$가 된다. 따라서

$$x_0 = y_0 = 0,\ x_1 = y_1 = 1/4,\ x_2 = y_2 = 1/2,\ x_3 = y_3 = 3/4,\ x_4 = y_4 = 1$$

가 되며 $\alpha = 1$이기 때문에 (13.16)은 다음과 같이 정리된다.

$$u_{i-1,j} - 4u_{i,j} + u_{i+1,j} + u_{i,j-1} + u_{i,j+1} = h^2 g_{i,j},\ i,\ j = 1,\ 2,\ 3 \qquad (13.17)$$

식 (13.17)로부터 모두 9개의 미지수 $u_{i,j}$, $i,\ j = 1,\ 2,\ 3$과 방정식이 나온다. 9개의 미지수의 위치는 그림 13.5에 정확히 나타나 있다.

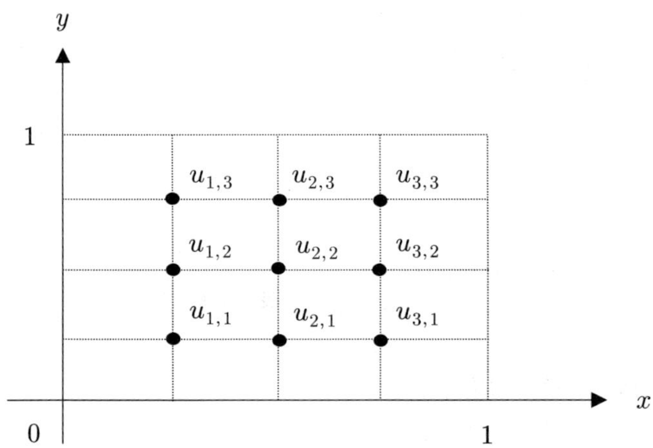

그림 13.5

필요한 경계점들에 대한 경계값은 다음과 같이 주어지는데

$$\begin{aligned}
&u_{1,0} = e^{1/4},\ u_{2,0} = e^{1/2},\ u_{3,0} = e^{3/4} \\
&u_{1,4} = e^{5/4},\ u_{2,4} = e^{3/2},\ u_{3,4} = e^{7/4} \\
&u_{0,1} = e^{1/4},\ u_{0,2} = e^{1/2},\ u_{0,3} = e^{3/4} \\
&u_{4,1} = e^{5/4},\ u_{4,2} = e^{3/2},\ u_{4,3} = e^{7/4}
\end{aligned}$$

이를 (13.17)에 대입하고 정리하면 선형 연립방정식 $\boldsymbol{Au} = \boldsymbol{b}$형태로 나타낼 수 있다. 여기서

$$A=\begin{pmatrix} -4 & 1 & 0 & 1 & 0 & 0 & 0 & 0 & 0 \\ 1 & -4 & 1 & 0 & 1 & 0 & 0 & 0 & 0 \\ 0 & 1 & -4 & 0 & 0 & 1 & 0 & 0 & 0 \\ 1 & 0 & 0 & -4 & 1 & 0 & 1 & 0 & 0 \\ 0 & 1 & 0 & 1 & -4 & 1 & 0 & 1 & 0 \\ 0 & 0 & 1 & 0 & 1 & -4 & 0 & 0 & 1 \\ 0 & 0 & 0 & 1 & 0 & 0 & -4 & 1 & 0 \\ 0 & 0 & 0 & 0 & 1 & 0 & 1 & -4 & 1 \\ 0 & 0 & 0 & 0 & 0 & 1 & 0 & 1 & -4 \end{pmatrix}$$

$$u=\begin{pmatrix} u_{1,1} \\ u_{2,1} \\ u_{3,1} \\ u_{1,2} \\ u_{2,2} \\ u_{3,2} \\ u_{3,1} \\ u_{3,2} \\ u_{3,3} \end{pmatrix} \qquad b=\begin{pmatrix} (1/16)e^{1/2}-2e^{1/4} \\ (1/16)e^{3/4}-e^{1/2} \\ (1/16)e-e^{3/4}-e^{5/4} \\ (1/16)e^{3/4}-e^{1/2} \\ (1/16)e \\ (1/16)e^{5/4}-e^{3/2} \\ (1/16)e-e^{3/4}-e^{5/4} \\ (1/16)e^{5/4}-e^{3/2} \\ (1/16)e^{3/2}-2e^{7/4} \end{pmatrix}$$

위의 연립방정식에서 구한 해(근사해)와 실제 해는 표 13.3에 주어져 있다.

표 13.3

$(i,\ j)$	근사값 $u_{i,j}$	실제값 $u(x_i,\ y_j)$
(1, 1)	1.743183	1.648721
(2, 1)	2.253863	2.117000
(3, 1)	2.839020	2.718282
(1, 2)	2.253863	2.117000
(2, 2)	2.916841	2.718282
(3, 2)	3.664765	3.490343
(1, 3)	2.839110	2.718282
(2, 3)	3.664765	3.490343
(3, 3)	4.639658	4.481689

13.4 쌍곡형(Hyperpolic) 편미분방정식

파동방정식은 다음과 같은 형태를 갖는 편미분방정식이다.

$$\frac{\partial^2 u}{\partial x^2} = \frac{\partial^2 u}{\partial t^2}, \ \Omega = (\mathrm{x},\ \mathrm{t}) | \mathrm{a} < \mathrm{x} < \mathrm{b},\ 0 < \mathrm{t} \qquad (13.18)$$

경계조건 : $u(0,\ t) = u(1,\ t) = 0$

초기조건 : $u(x,\ 0) = f(x),\ \frac{\partial u}{\partial t}(x,\ 0) = 0$

실제해는 아래와 같이 주어진다.

$$u(x,\ t) = \frac{1}{2}[f(x+t) + f(x-t)]$$

단, $f(-x) = -f(x)$, $f(x+2) = f(x)$을 만족해야 한다.

예를 들면, 식 (13.18)에 주어진 파동방정식의 초기 조건이

$$u(x,\ 0) = f(x) = \sin\pi x$$

이면 실제해는 $u(x,\ t) = (1/2)[\sin\pi(x+t) + \sin\pi(x-t)]$이 된다는 뜻이다. 항등식을 이용하여 정리하면 $u(x,\ t) = \sin\pi x \cos\pi t$로 다시 나타낼 수 있으며 파동방정식의 모든 조건을 만족하는 해가 된다는 것을 확인할 수 있다.

파동방정식은 그림 13.6과 같이 수평면상에서 탄력이 있는 줄을 위로 당겼을 때 시간 t에 점 x에서의 진동하는 줄의 수직 변위 $u(x,\ t)$를 나타내어 준다.

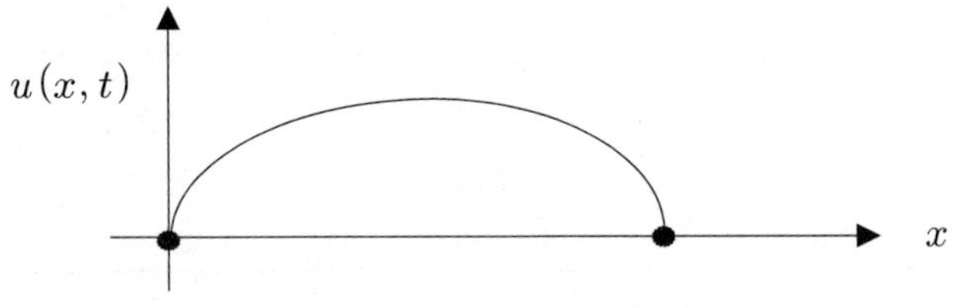

그림 13.6

앞에서와 유사하게 영역 Ω을 분할하는데 공간 구간 $[a,\ b]$의 단계 크기는 $h = (b-a)/N$로 놓고 시간 영역 t의 단계 크기는 k로 둔다. 따라서 $i = 0,\ 1,\ 2,\ \cdots,\ N$, $j = 0,\ 1,\ 2,\ \cdots$에 대하여 망점 $(x_i,\ y_j)$들이 발생한다.

유한차분 공식으로는 식 (13.18)에 있는 2계 편도함수를 2변수 중앙차분 공식

$$\frac{\partial^2 u}{\partial x^2}(x_i,\ t_j) \approx \frac{u(x_i-h,\ t_j)-2u(x_i,\ t_j)+u(x_i+h,\ t_j)}{h^2}$$
$$\frac{\partial^2 u}{\partial t^2}(x_i,\ t_j) \approx \frac{u(x_i,\ t_j-k)-2u(x_i,\ t_j)+u(x_i,\ t_j+k)}{k^2}$$

로 대체하고 점 $(x_i,\ t_j)$에서 실제 해 $u(x_i,\ t_j)$의 근사해를 $u_{i,j}$로 나타내고 정리하면

$$u_{i,j+1} = \alpha u_{i+1,j} + 2(1-\alpha)u_{i,j} + \alpha u_{i-1,j} - u_{i,j-1} \tag{13.19}$$

가 된다. 여기서 $\alpha = k^2/h^2$이다.

$u_{i,j+1}$을 계산하기 위해서는 시간 $t = t_j$와 $t = t_{j-1}$에서의 u값들이 필요하다. 특히 $j = 1$일 때 (13.19)는

$$u_{i,2} = \alpha u_{i+1,1} + 2(1-\alpha)u_{i,1} + \alpha u_{i-1,j} - u_{i,0}$$

가 된다. 물론 $u_{i,0}$의 값들은 초기조건 $(u(x,\ 0) = f(x))$에서 구할 수 있다. $u_{i,1}$의 값들은 다음 과정을 거쳐서 유도할 수 있다. 즉, 초기 조건을 다음 유한차분 공식으로 대체하는 것이다.

$$\frac{\partial u}{\partial t}(x_i,\ 0) = \frac{u(x_i,\ t_1)-u(x_i,\ t_{-1})}{2k} + O(k^2) \tag{13.20}$$

초기조건을 근사해의 표현으로 나타내면

$$u_{i,-1} = u_{i,1} \tag{13.21}$$

가 되며 $j = 0$을 (12.19)에 대입하면

$$u_{i,1} = \alpha u_{i+1,0} + 2(1-\alpha)u_{i,0} + \alpha u_{i-1,0} - u_{i,-1} \tag{13.22}$$

가 된다. 식 (13.21)을 (13.22)에 대입하고 정리하면 다음을 얻는다.

$$u_{i,1} = \frac{\alpha}{2}(u_{i-1,0} + u_{i+1,0}) + (1-\alpha)u_{i,0} \tag{13.23}$$

이 방법은 $\alpha \leq 1$일 때 안정적이다. 요약하면, 파동방정식의 근사해는 $j=0$인 경우는 (13.23)을 사용하고 $j \geq 1$인 경우는 (13.19)를 사용하면 된다.

예제 13.4 다음 쌍곡형 문제의 근사해를 구하여라.

$$\frac{\partial^2 u}{\partial x^2} = \frac{\partial^2 u}{\partial t^2},\ 0 < x < \pi,\ 0 < t$$

$$u(0,\ t) = u(\pi,\ t) = 0$$

$$u(x,\ 0) = \sin x,\ \frac{\partial u}{\partial t}(x,\ 0) = 0$$

실제해는 $u(x,\ t) = \sin x \cos t$이다.

공간 구간 $[0,\ \pi]$를 4등분하고 시간 구간 역시 $t = \pi$까지 4등분하도록 하자. 이 경우 $h = k = \pi/4$가 되며, $\alpha = 1$이 된다. 내부 망점들은

$$x_1 = \pi/4,\ x_2 = \pi/2,\ x_3 = 3\pi/4$$

이다. 따라서

$$u_{1,0} = \sin\frac{\pi}{4} = 0.707107,\ u_{2,0} = \sin\frac{\pi}{2} = 1.0,\ u_{3,0} = \sin\frac{3\pi}{4} = 0.707107$$

의 초기값을 가진다. 먼저 식 (13.23)에 의해서

$$u_{1,1} = \frac{1}{2}(u_{0,0} + u_{2,0}) = 0.5,\ u_{2,1} = \frac{1}{2}(u_{1,0} + u_{3,0}) = 0.707107,$$

$$u_{3,1} = \frac{1}{2}(u_{2,0} + u_{4,0}) = 0.5$$

을 얻는다. 나아가 (13.19)을 이용하여

$$u_{1,2}= u_{2,1}+u_{0,1}-u_{1,0}= 0.0,\ \ u_{2,2}= u_{3,1}+u_{1,1}-u_{2,0}= 0.0,$$
$$u_{3,2}= u_{4,1}+u_{2,1}-u_{3,0}= 0.0$$

을 얻는다. 다른 시간에 대한 값들도 (13.19)를 이용하여 구할 수 있고 그 결과는 표13.4에서 보여준다.

표 13.4

j	$u_{1,j}$	$u_{2,j}$	$u_{3,j}$
0	0.707107	1.000000	0.707107
1	0.500000	0.707107	0.500000
2	0.000000	0.000000	0.000000
3	−0.500000	−0.707107	−0.500000
4	−0.707107	−1.000000	−0.707107

프로젝트

아래의 열방정식

$$\frac{\partial^2 x}{\partial x^2}(x,\ t)-\frac{\partial u}{\partial t}(x,\ t)= 0,\ \ 0< x< 1,\ \ t> 0$$

와 경계값 및 초기값

$$u(0,\ t)= 0,\ \ u(1,\ t)= 0,\ \ u(x,\ 0)= \sin(\pi x)$$

을 만족하는 근사해를 Crank-Nicolson 방법(식 13.12)으로 구하고(프로그램 작성) 실제해 및 예제 13.1(전향차분법)과 예제 13.2(후향차분법)의 결과와 비교해 보아라. $h= 0.2$, $k= 0.02$, $T= 0.5$일 때 까지 근사해를 구하여라.

제13장 연습문제

편미분방정식의 수치해법

1. 전향차분법으로 다음의 포물형 편미분방정식(열방정식)의 근사해를 구하여라.

$$\frac{\partial^2 x}{\partial x^2}(x,\ t) - \frac{\partial u}{\partial t}(x,\ t) = 0,\ \ 0 < x < 2,\ \ t > 0,$$
$$u(0,\ t) = 0,\ \ u(2,\ t) = 0,\ \ u(x,\ 0) = \sin(2\pi x)$$

$h = 0.2$, $k = 0.02$로 놓고 $T = 0.5$일 때까지 근사해를 구하고 실제해 $u(x,\ t) = e^{-4\pi^2 t}\sin(2\pi x)$와 비교해 보아라.

2. 문제 1에 주어진 문제를 후향차분법으로 다루어 보아라. $h = 0.2$, $k = 0.02$로 놓고 $T = 0.5$일 때까지 근사해를 구한다.

3. 한 변이 1m 인 정사각형 모양을 갖는 금속판이 있다. 이 금속판의 가장자리의 온도는 아래의 그림과 같이 주어졌고

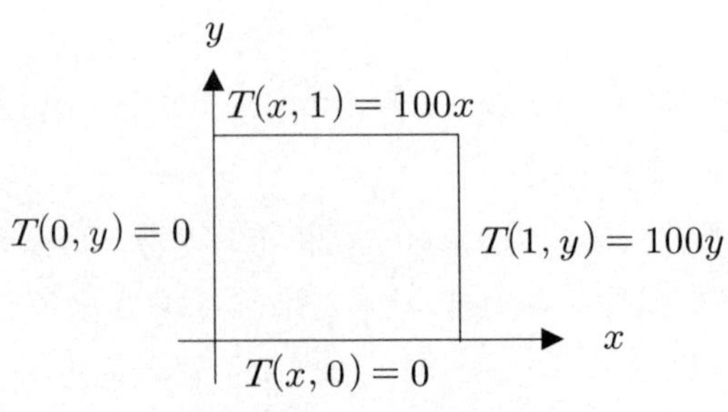

내부에 대한 온도분포는 다음 편미분방정식(Laplace 방정식)을 따른다고 한다.

$$\frac{\partial^2 T}{\partial x^2}(x,\ y)+\frac{\partial^2 T}{\partial y^2}(x,\ y)=0$$

이 금속판의 온도분포를 구하여라. $N=M=4$로 놓는다.

4. 다음 타원형(Poisson) 편미분방정식의 근사해를 유한차분법(식 13.16)으로 구하여라.

$$\frac{\partial^2 u}{\partial x^2}+\frac{\partial^2 u}{\partial y^2}=(x^2+y^2)e^{xy},\ \ 0<x<1,\ \ 0<y<1,$$

$$u(x,\ 0)=x^2,\ \ u(x,\ 1)=(1+x^2)e^x,\ \ u(0,\ y)=y^2,\ \ u(1,\ y)=(1+y^2)e^y$$

$N=M=4$로 놓는다. 실제해는 $u(x,\ y)=e^{xy}$이다.

5. $h=k$를 가정하여 식 (13.13)에서 다음과 같이 표현되는 9-점(nine-point) 공식을 유도하여라.

$$\frac{1}{6h^2}[4(u_{i+1,j}+u_{i-1,j}+u_{i,j+1}+u_{i,j-1})+u_{i+1,j+1}+u_{i-1,j+1}+$$
$$u_{i+1,j-1}+u_{i-1,j-1}-20u_{i,j}]=g_{i,j}$$

6. 예제 13.4에 주어진 문제의 해를 컴퓨터로 구할 수 있도록 프로그램을 작성하고 실행결과를 비교해 보아라.

7. 다음 쌍곡형 문제(파동방정식)의 근사해를 구하여라.

$$\frac{1}{16\pi^2}\frac{\partial^2 u}{\partial x^2} = \frac{\partial^2 u}{\partial t^2}, \quad 0 < x < 1, \quad 0 < t$$

$$u(0, t) = u(1, t) = 0$$

$$u(x, 0) = \sin \pi x, \quad \frac{\partial u}{\partial t}(x, 0) = 0$$

프로그램을 작성하여 $h = k = 1/4$로 놓고 $t = 1$일 때까지 근사해를 구한다. 실제해 $u(x, t) = \cos t \sin 4\pi x$와 비교해 본다.

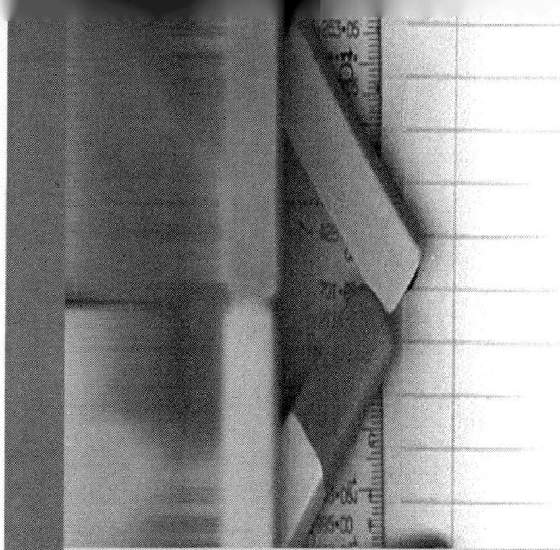

부 록

A. 수치 미분 공식(Collatz(1966))

1계 도함수

$$f'(x) = \frac{f(x+h) - f(x)}{h} + O(h)$$

$$f'(x) = \frac{f(x) - f(x-h)}{h} + O(h)$$

$$f'(x) = \frac{f(x+h) - f(x-h)}{2h} + O(h^2)$$

$$f'(x) = \frac{-3f(x) + 4f(x+h) - f(x+2h)}{2h} + O(h^2)$$

$$f'(x) = \frac{f(x-2h) - 8f(x-h) + 8f(x+h) - f(x+2h)}{12h} + O(h^4)$$

2계 도함수

$$f''(x) = \frac{f(x-h) - 2f(x) + f(x+h)}{h^2} + O(h^2)$$

$$f''(x) = \frac{2f(x) - 5f(x+h) + 4f(x+2h) - f(x+3h)}{h^2} + O(h^2)$$

$$f''(x) = \frac{-f(x-2h) + 16f(x-h) - 30f(x) + 16f(x+h) - f(x+2h)}{12h^2} + O(h^4)$$

3계 도함수

$$f'''(x) = \frac{-f(x-2h)+2f(x-h)-2f(x+h)+f(x+2h)}{2h^3} + O(h^2)$$

4계 도함수

$$f^{(4)}(x) = \frac{f(x-2h)-4f(x-h)+6f(x)-4f(x+h)+f(x+2h)}{h^4} + O(h^2)$$

B. Newton-Cotes 적분 공식

전체 구간 $[a, b]$을 n등분

1. 구간 $[a, b]$ 1등분

$$\int_a^b f(x)dx \approx \frac{h}{2}[f(a)+f(b)]$$ (사다리꼴 법칙)

2. 구간 $[a, b]$를 2등분

$$\int_a^b f(x)dx \approx \frac{h}{3}[f(a)+4f(a+h)+f(b)]$$ (심슨 법칙)

3. 구간 $[a, b]$를 3등분

$$\int_a^b f(x)dx \approx \frac{3h}{8}[f(a)+3f(a+h)+3f(a+2h)+f(b)]$$

4. 구간 $[a, b]$를 4등분

$$\int_a^b f(x)dx \approx \frac{2h}{45}[7f(a)+32f(a+h)+12f(a+2h)+32f(a+3h)+7f(b)]$$

5. 구간 $[a, b]$를 5등분

$$\int_a^b f(x)dx \approx \frac{5h}{288}[19f(a)+75f(a+h)+50f(a+2h)+50f(a+3h)$$
$$+75f(a+4h)+19f(b)]$$

6. 구간 $[a,\ b]$를 6등분

$$\int_a^b f(x)dx \approx \frac{h}{140}[41f(a)+216f(a+h)+27f(a+2h)+272f(a+3h)$$
$$+27f(a+4h)+216f(a+5h)+41f(b)]$$

7. 구간 $[a,\ b]$를 7등분

$$\int_a^b f(x)dx \approx \frac{7h}{17280}[751f(a)+3577f(a+h)+1323f(a+2h)+2989f(a+3h)$$
$$+2989f(a+4h)+1323f(a+5h)+3577f(a+6h)+751f(b)]$$

C. MATLAB의 다른 유용한 함수

MATLAB 함수	의미
cond(A)	행렬 A의 조건수
det(A)	행렬 A의 행렬식
diag(x)	벡터 x의 원소를 가지는 대각행렬
eig(A)	행렬 A의 고유값
fzero('f',x0)	함수 f의 해(x0는 초기값)
inv(A)	행렬 A의 역행렬
length(x)	벡터 x의 길이
lu(A)	행렬 A의 LU 분해
norm(x)	벡터 x의 노름
ones(n,m)	원소가 1인 n×m 행렬
pause	잠시 기다림
polyfit(x,y,n)	n차 보간다항식
rem(a,b)	a를 b로 나눈 나머지
roots(p)	다항함수의 근(p는 계수)
size(A)	행렬 A의 크기
trace(A)	행렬 A의 대각원소의 합

참고문헌

김규철·나연목, 알기쉬운 수치해석, Faires & Burden 원저, 시그마프레스, 1996.

김선영, 수치해석, 제2판, Kendall Atkinson 원저, 희중당, 1994.

김창근, MATLAB을 이용한 수치해석, 제2판, 교우사, 2003.

장건수·박은재, 알기쉬운 수치해석, 청문각, 2004.

정상권·하성남, 수치해석, 경문사, 1994.

정세영·윤재헌·이규봉·오세영, 수치해석학, 경문사, 1997.

K. E. Atkinson, An Introduction to Numerical Analysis, 2nd ed., John Wiley & Sons, New York, 1989.

W. F. Ames, Numerical Methods for Partial Differential Equations, 3rd ed., Academic Press, New York, 1992.

G. J. Borse, Fortran 77 and Numerical Methods for Engineers, PWS Engineering, Boston, 1985.

R. L. Burden and J. D. Faires, Numerical Analysis, 7th ed., Brooks/Cole Publishing Company, 2001.

S. C. Chapra and R. P. Canale, Numerical Methods for Engineers, 2nd ed., McGraw-Hill Book Company, 1988.

W. Cheney and D. Kincaid, Numerical Mathematics and Computing, 2nd ed., Brooks/Cole Publishing Company, 1985.

J. E. Dennis and R. B. Schnabel, Numerical Methods for Unconstrained Optimization and Nonlinear Equations, Prentice-Hall, Inc., 1983.

J.G.F. Francis, The QR Transformation: A Unitary Analogue to the LR Transformation, Parts I and II, Comp. J. 4 (1961).

W. Givens, Computation of Plane Unitary Rotations Transforming a General Matrix to

Triangular Form, SIAM J. Applied Math. 6 (1958).

G. H. Golub and C. F. Van Loan, Matrix Computations, The Johns Hopkins University Press, Baltimore, Maryland, 1983.

D. Kahaner, C. Moler, and S. Nash, Numerical Methods and Software, Prentice Hall PTR, 1989.

H. B. Keller, Numerical Methods for Two-Point Boundary Value Problems, Blaisdell, Waltham, Massachusetts, 1968.

L. Lapidus and G. F. Pinder, Numerical Solution of Partial Differential Equations in Science and Engineering, Wiley-Interscience, New York, 1982.

Matlab Reference Guide, The Math Works Inc., 1992.

R. H. F. Pao, Fluid Dynamics, Charles E. Merrill Books, Inc., Columbus, Ohio, 1966.

V. A. Patel, Numerical Analysis, Saunders College Publishing, 1994.

A. L. Peressini, F. E. Sullivan and J. J. Uhl, The Mathematics of Nonlinear Programming, Springer-Verlag, 1991.

G. Strang, Linear Algebra and its Applications, 3rd ed., Harcourt Brace Jovanovich, Publishers, San Diego, 1988.

J. H. Wilkinson, The Algebraic Eigenvalue Problem, Oxford Univ. Press, London, 1965.

D. M. Young, Iterative Solution of Large Linear Systems, Academic Press, New York, 1971.

D. G. Zill, A First Course in Differential Equations, The Classic Fifth Edition, Brooks/Cole, 2001.

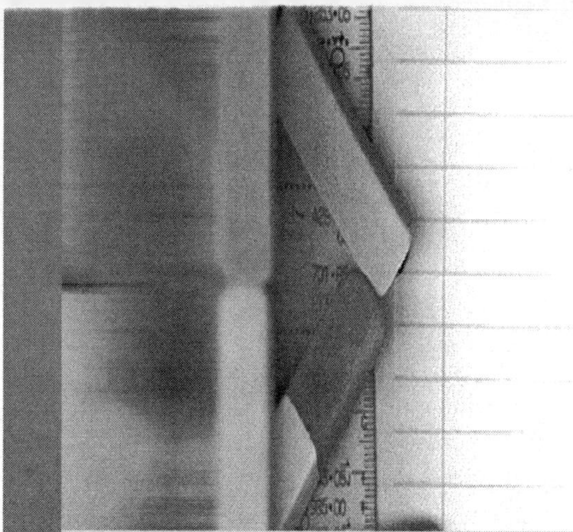

찾아보기

기타

이공학을 위한
MATLAB 활용 수치해석

지은이 김군찬 · 김경찬
펴낸이 박문규
펴낸곳 경문사
펴낸날 2007년 6월 28일 1판 1쇄
2014년 9월 1일 1판 2쇄
등 록 1979년 11월 9일 제313-1979-23호
주 소 121-818, 서울특별시 마포구 와우산로 174
전 화 (02)332-2004 팩스 (02)336-5193
이메일 kyungmoon@kyungmoon.com

값 21,000원

ISBN 89-7282-974-9